高等职业教育"互联网+"创新型系列教材

电子技术及其应用

主　编　钟晓强　李雄杰
副主编　董晓红　董晓利
参　编　周庆红　韩　梅
主　审　忻元华　邵双喜

机械工业出版社

本书根据高等职业技术教育特点编写，内容包括二极管及其应用、晶体管及其应用、场效应晶体管及其应用、模拟集成电路及其应用、逻辑门及其应用、触发器及其应用和数字集成电路及其应用。本书突出电子技术的应用，理论简明扼要，重视实践，亦教材亦工作手册。本书各章配有实践操作、复习思考题、习题及自测题，便于学生学习、巩固与提高。

本书可作为高等职业教育院校电子信息类、机电类和计算机类等专业的电子技术课程教材，也可作为开放大学、成人教育、自学考试、中职学校及培训班的教材。

为方便教学，本书有多媒体课件、习题与自测题答案、模拟试卷及答案等教学资源，凡选用本书作为授课教材的老师，均可通过电话（010-88379564）或QQ（2314073523）咨询。

图书在版编目（CIP）数据

电子技术及其应用/钟晓强，李雄杰主编. —北京：机械工业出版社，2022.5（2023.1重印）
高等职业教育"互联网+"创新型系列教材
ISBN 978-7-111-70612-0

Ⅰ.①电⋯ Ⅱ.①钟⋯ ②李⋯ Ⅲ.①电子技术-高等职业教育-教材 Ⅳ.①TN

中国版本图书馆CIP数据核字（2022）第066430号

机械工业出版社（北京市百万庄大街22号 邮政编码100037）
策划编辑：曲世海　　　　　责任编辑：曲世海　王　荣
责任校对：肖　琳　贾立萍　封面设计：马精明
责任印制：李　昂
北京捷迅佳彩印刷有限公司印刷
2023年1月第1版第2次印刷
184mm×260mm · 14.5印张 · 359千字
标准书号：ISBN 978-7-111-70612-0
定价：49.80元

电话服务　　　　　　　　　　网络服务
客服电话：010-88361066　　　机　工　官　网：www.cmpbook.com
　　　　　010-88379833　　　机　工　官　博：weibo.com/cmp1952
　　　　　010-68326294　　　金　书　网：www.golden-book.com
封底无防伪标均为盗版　　　　　机工教育服务网：www.cmpedu.com

前　言

传统电子技术教材均是以电子电路的"功能"作为各章名称进行编写，如放大电路、集成运放电路、功放电路、振荡电路、电源电路、组合逻辑电路、时序逻辑电路和模/数转换电路等。这种结构的教材往往是偏重电路的工作原理分析，理论太多，高职学生学习难度较大。

高等职业技术教育的培养方向不是侧重于研究、设计，而是侧重于应用，只要学生能看懂电路就行，所以理论教学应尽量简明。在模拟电路中，如 PN 结单向导电原理、晶体管内部载流子分配规律、绝缘栅场效应晶体管结构、放大电路图解法、交流等效电路、芯片内电路等内容与应用关系不大，因此均可省略。在数字电路中，如复杂逻辑函数化简、卡诺图、TTL 与非门、主从触发器和边沿触发器等内容与应用关系也不大，在教材中也应尽量简明，甚至删除，无须面面俱到，主要应突出数字芯片的应用。

本书以电子元器件的应用作为各章名称进行编写，精心选择内容，理论简明扼要，突出应用，重视实践，让学生在应用中、实践中学习电子技术。教材各章配有实践操作、复习思考题、习题及自测题，便于学生学习、巩固与提高。

考虑到各校的学时数不同，建议教材的三种参考学时分配如下表所示。若学时数为 48，建议第 3、7 章内容让学生自学。

序号	章　名	参考学时		
		48	64	80
1	绪论、二极管及其应用	6	6	8
2	晶体管及其应用	14	16	20
3	场效应晶体管及其应用	—	4	6
4	模拟集成电路及其应用	8	10	12
5	逻辑门及其应用	8	10	12
6	触发器及其应用	8	10	10
7	数字集成电路及其应用	—	4	8
8	复习与机动	4	4	4

注：参考学时包括讲解学时实践学时。

本书由钟晓强、李雄杰担任主编，由董晓红、董晓利担任副主编，周庆红、韩梅参与编写。由钟晓强负责统稿，董晓红和董晓利协助统稿。具体编写分工如下：钟晓强编写第 1 章和第 7 章，董晓红编写第 5 章，董晓利编写第 6 章，韩梅编写第 4 章，周庆红编写第 3 章，李雄杰编写第 2 章。

本书在编写过程中，聘请宁波市老科技工作者协会忻元华、邵双喜为教材主审，在此表示深切感谢。由于编者水平有限，书中错误和缺点难免，敬请广大读者批评指正。

编　者

目 录

前言
绪论 ··· 1

第 1 章 二极管及其应用 ··· 4

1.1 半导体基础知识 ··· 4
1.1.1 自由电子与空穴 ·· 4
1.1.2 N 型与 P 型半导体 ·· 5
1.1.3 PN 结及其单向导电性 ··· 6

1.2 认识二极管 ·· 7
1.2.1 二极管的结构、符号及类型 ······································ 7
1.2.2 二极管的伏安特性曲线 ·· 7
1.2.3 二极管的主要参数 ·· 8
1.2.4 二极管的选用 ··· 9

1.3 二极管的应用 ·· 12
1.3.1 二极管整流电路 ··· 12
1.3.2 稳压管稳压电路 ·· 16
1.3.3 二极管照明电路 ·· 18

1.4 二极管应用实践操作 ·· 19
1.4.1 电烙铁焊接操作 ·· 19
1.4.2 万用表的使用 ··· 21
1.4.3 二极管的测试操作 ·· 24
1.4.4 桥式整流电路的焊接与测试 ······································ 24

习题 ·· 25
读图练习 ··· 27
自测题 ·· 27

第 2 章 晶体管及其应用 ··· 29

2.1 认识晶体管 ·· 29
2.1.1 晶体管的结构、符号与类型 ······································ 29
2.1.2 晶体管的电流放大作用 ·· 29
2.1.3 晶体管的伏安特性曲线 ·· 31

| 2.1.4 | 晶体管的主要参数 | 32 |
| 2.1.5 | 晶体管的选用 | 34 |

2.2 晶体管的应用 35
2.2.1	晶体管电子开关	35
2.2.2	单级放大电路	38
2.2.3	多级放大电路	47
2.2.4	放大电路中的负反馈	50
2.2.5	差分放大电路	54
2.2.6	功率放大电路	56
2.2.7	正弦波振荡电路	60
2.2.8	晶体管稳压电路	64

2.3 晶体管应用实践操作 65
2.3.1	晶体管的测试	65
2.3.2	电压放大电路的制作	67
2.3.3	OTL 功率放大电路的测试	68
2.3.4	RC 正弦波振荡电路的测试	70

习题 71
读图练习 76
自测题 77

第 3 章 场效应晶体管及其应用 79

3.1 认识场效应晶体管 79
3.1.1	场效应晶体管的结构与原理	79
3.1.2	场效应晶体管的类型	80
3.1.3	场效应晶体管的主要参数	82
3.1.4	场效应晶体管的选用	82

3.2 场效应晶体管的应用 83
3.2.1	场效应晶体管单级放大电路	83
3.2.2	场效应晶体管功率放大电路	85
3.2.3	场效应晶体管电子开关电路	87

3.3 场效应晶体管应用实践操作 89
| 3.3.1 | 场效应晶体管的测试 | 89 |
| 3.3.2 | 场效应晶体管放大电路的测试 | 89 |

习题 90
读图练习 92
自测题 93

第 4 章 模拟集成电路及其应用 ········ 95

4.1 集成运算放大器 ········ 95
4.1.1 认识集成运放 ········ 95
4.1.2 集成运放的线性应用 ········ 99
4.1.3 集成运放的非线性应用 ········ 106

4.2 集成功率放大器 ········ 110
4.2.1 LM 系列集成功放 ········ 110
4.2.2 TDA 系列集成功放 ········ 110
4.2.3 LA 系列集成功放 ········ 112

4.3 三端集成稳压器 ········ 114
4.3.1 三端固定式集成稳压器 ········ 114
4.3.2 三端可调式集成稳压器 ········ 115

4.4 集成函数发生器 ········ 116
4.4.1 8038 集成函数发生器 ········ 117
4.4.2 MAX038 高频函数发生器 ········ 118

4.5 模拟集成电路应用实践操作 ········ 120
4.5.1 集成运放 LM324 的焊接与测试 ········ 120
4.5.2 扩音机电路的制作 ········ 122
4.5.3 8038 集成函数发生器的制作 ········ 124

习题 ········ 125
读图练习 ········ 129
自测题 ········ 129

第 5 章 逻辑门及其应用 ········ 131

5.1 逻辑代数基础及逻辑门 ········ 131
5.1.1 数制与编码 ········ 131
5.1.2 基本逻辑运算 ········ 135
5.1.3 逻辑代数的基本定律 ········ 138
5.1.4 逻辑函数的化简 ········ 140
5.1.5 逻辑门电路 ········ 141

5.2 逻辑门的应用 ········ 144
5.2.1 逻辑门在奇偶校验中的应用 ········ 144
5.2.2 逻辑门在表决器中的应用 ········ 145
5.2.3 逻辑门在加法器中的应用 ········ 146
5.2.4 逻辑门在编码器中的应用 ········ 147
5.2.5 逻辑门在译码器中的应用 ········ 150

5.2.6　逻辑门在数据选择器中的应用 …………………………………… 156
5.3　逻辑门应用实践操作 …………………………………………………… 159
　　5.3.1　基本逻辑门芯片测试 ……………………………………………… 159
　　5.3.2　74LS138 译码器芯片测试 ………………………………………… 160
　　5.3.3　数字抢答器的制作 ………………………………………………… 161
习题 ………………………………………………………………………………… 162
自测题 ……………………………………………………………………………… 165

第 6 章　触发器及其应用 …………………………………………………… 167

6.1　认识触发器 ……………………………………………………………… 167
　　6.1.1　基本 RS 触发器 ……………………………………………………… 167
　　6.1.2　同步 RS 触发器 ……………………………………………………… 169
　　6.1.3　同步 D 触发器 ……………………………………………………… 170
　　6.1.4　同步 JK 触发器 ……………………………………………………… 171
　　6.1.5　空翻现象与边沿触发器 ……………………………………………… 172
　　6.1.6　由 JK 触发器构成 D、T、T′触发器 ……………………………… 172
6.2　触发器的应用 …………………………………………………………… 173
　　6.2.1　触发器在寄存器中的应用 …………………………………………… 173
　　6.2.2　触发器在计数器中的应用 …………………………………………… 176
　　6.2.3　触发器在 555 定时器中的应用 ……………………………………… 181
　　6.2.4　计数器在电子钟中的应用 …………………………………………… 185
6.3　触发器应用实践操作 …………………………………………………… 190
　　6.3.1　555 定时器应用测试 ………………………………………………… 190
　　6.3.2　30/60s 计数器的制作 ………………………………………………… 191
　　6.3.3　电子钟的制作 ………………………………………………………… 192
习题 ………………………………………………………………………………… 192
自测题 ……………………………………………………………………………… 194

第 7 章　数字集成电路及其应用 …………………………………………… 196

7.1　存储器芯片及其应用 …………………………………………………… 196
　　7.1.1　存储器类型 …………………………………………………………… 196
　　7.1.2　ROM …………………………………………………………………… 197
　　7.1.3　RAM …………………………………………………………………… 198
　　7.1.4　常用 RAM 芯片 ……………………………………………………… 199
7.2　A/D 转换芯片及其应用 ………………………………………………… 201
　　7.2.1　A/D 转换的基本原理 ………………………………………………… 201
　　7.2.2　常用 A/D 转换芯片 …………………………………………………… 202

7.2.3　数字电压表 …………………………………………………………… 204
7.3　D/A 转换芯片及其应用 ……………………………………………………… 206
　　7.3.1　D/A 转换的基本原理 …………………………………………………… 206
　　7.3.2　常用 D/A 转换芯片 ……………………………………………………… 207
　　7.3.3　程控放大器 ……………………………………………………………… 209
　　7.3.4　数控电源 ………………………………………………………………… 209
7.4　单片机芯片及其应用 ………………………………………………………… 211
　　7.4.1　单片机的硬件与软件 …………………………………………………… 211
　　7.4.2　单片机芯片 89C51 介绍 ………………………………………………… 213
　　7.4.3　单片机 C 语言程序设计 ………………………………………………… 214
　　7.4.4　汽车转向灯控制 ………………………………………………………… 216
7.5　数字集成电路应用实践操作 ………………………………………………… 218
　　7.5.1　ADC0801 芯片测试 ……………………………………………………… 218
　　7.5.2　DAC0832 芯片测试 ……………………………………………………… 219
　　7.5.3　单片机控制 LED 发光电路的制作 ……………………………………… 220
习题 …………………………………………………………………………………… 221
自测题 ………………………………………………………………………………… 222

参考文献 …………………………………………………………………………… 224

绪 论

1. 电子技术历史回顾

1879 年，闻名世界的大发明家爱迪生（T. Edison）发明了白炽灯。在这个过程中，爱迪生还发现了一个奇特的现象：碳丝加热后会散发出电子云，后人称之为爱迪生效应。

1904 年，英国科学家弗莱明（J. Fleming）在真空中加热的灯丝前加了一块板极，从而发明了真空二极管，可以利用它给电流整流。

1906 年，美国发明家德·福雷斯特（De Forest）在真空二极管的灯丝和板极之间巧妙地加了一个栅板，从而发明了真空三极管，它集检波、放大和振荡三种功能于一体。

真空三极管最早用于无线通信，从而推动了无线电电子学的蓬勃发展，就连飞机、雷达、火箭的发明及它们的进一步发展，也有真空三极管的一份功劳。但是，真空三极管十分笨重，其能耗大、寿命短、噪声大，制造工艺也十分复杂。

1947 年，美国物理学家肖克利（W. Shockley）、巴丁（J. Bardeen）和布拉顿（W. Brattain）三人合作发明了晶体管。晶体管的发明是电子技术史中具有划时代意义的伟大事件，它开创了一个崭新的时代——固体电子技术时代。他们三人共同获得 1956 年诺贝尔物理学奖。

20 世纪 60 年代，随着电子技术应用的不断推广，电子设备中应用的电子器件越来越多。为确保设备的可靠性，减小其重量和缩小其体积，人们迫切需要在电子技术领域来一次新的突破。在冷战时期激烈的军备竞赛的刺激下，在已有晶体管技术的基础上，一种新兴技术诞生了，那就是集成电路。

集成电路是在一块几平方毫米的半导体晶片上将成千上万的晶体管、电阻、电容及连接线制作在一起。集成电路技术的发展历史主要经历了六个阶段。

1）1962 年，制造出包含 12 个晶体管的小规模集成电路（Small-Scale Integration, SSI）。

2）1966 年，发展到集成度为 100~1000 个晶体管的中规模集成电路（Medium-Scale Integration, MSI）。

3）1967~1973 年，研制出包含 1000~10 万个晶体管的大规模集成电路（Large-Scale Integration, LSI）。

4）1977 年，研制出在 $30mm^2$ 的硅晶片上集成 15 万个晶体管的超大规模集成电路（Very Large-Scale Integration, VLSI），这是电子技术的第四次重大突破，从此真正迈入了微电子时代。

5）1993 年，随着集成了 1000 万个晶体管的 16MB FLASH（闪存）和 256MB DRAM（动态随机存储器）的研制成功，进入了特大规模集成电路（Ultra Large-Scale Integration, ULSI）时代。

6）1994 年，由于集成 1 亿个器件的 1GB DRAM 的研制成功，标志着进入巨大规模集成电路（Giga Scale Integration, GSI）时代。

电子技术及其应用

人类进入 21 世纪，以集成电路为核心的微电子技术飞速发展。微电子技术包括半导体器件物理、集成电路系统设计与工艺、高密度电子组装和纳米电子等一系列微型化技术。微电子技术的特点是体积小、重量轻、可靠性高和工作速度快。微电子技术促进了信息产业（计算机、现代通信、网络等）的飞速发展，使数字电视、互联网、物联网、云计算、机器人和智能手机就在人们身边。

另外，电子技术与光技术相结合，形成了光电子技术，涉及光纤通信、光电显示、半导体照明、光盘存储和激光器等多个应用领域，是信息和通信产业的核心技术。

2. 电子技术的应用

人类已经进入了 21 世纪，电子技术的应用也越来越广泛，现在还找不出哪一门学科和哪一个行业与电子技术无缘。

在家庭，电视机、智能手机、数码相机、计算机和电话机就属于电子产品，空调器、电冰箱、洗衣机及各式各样的小家电也都离不开电子技术。

在实验室，万用表、稳压电源、示波器、信号发生器、扫频仪及毫伏表等各种仪表和仪器都离不开电子技术。

在机械制造业，电子技术应用于数控机床，电机驱动，压力检测及振动、冲击和位移的检测，转速测量和吊车控制等。

在电力行业，电子技术用于电流检测、电能检测、电网频率检测、超负荷控制、过电压和过电流的检测与保护等。

在石油化工行业，电子技术用于液体温度和液体压力的检测，溶液电导值检测、浓度检测，IC 卡智能煤气表和防爆光电控制等。

在矿山煤炭行业，电子技术用于物料称重、料位控制、带式输送机失速保护、交流电动机自动换向及遥控爆破等。

在纺织行业，电子技术用于断线检测、织机节电、织机保护、棉花水分检测、单片机测温测湿和张力控制等。

在交通运输行业，电子技术用于红绿灯控制、停车泊位检测、停车库调度、机动车信号灯故障监测和油箱液位检测等。

在汽车行业，电子技术用于发动机控制、底盘控制、车身控制（安全气囊、遥控门锁、电动座椅等）、后座娱乐系统和汽车信息系统。

在农牧业方面，电子技术用于土壤温度和湿度检测、空气流检测、农用设备防盗报警、电围栏控制、温室恒温控制和鱼塘加氧控制等。

在智能建筑方面，电子技术用于防盗监控、防火探测报警、可视门铃、背景音响、电缆电视、电梯控制和卷闸门控制等。

在航空航天领域，卫星发射、宇宙飞船都离不开电子技术，如航空航天通信系统、导航系统、显示系统和飞行控制系统。

在地质学方面，电子技术用于遥感探测，对地面、海面、地下和水下的资源及外貌和其他特性进行探测。

在生物学方面，生物电子学包括生物信息检测、生物信息处理、生物系统建模和仿真、生物分子电子学、生物医学仪器等。

在医学方面，电子技术用于诊、断、治三个方面，如 CT（计算机断层扫描）技术、磁共振、超声、X射线、激光照射、内窥镜、心率监测、pH值检测和血压检测等。

在人工智能方面，有机器人、神经网络、图像识别、语音识别和计算机视觉（安防、自动驾驶）等电子技术应用。

在军事方面，电子技术用于导弹、雷达、仿真军事演习、电子信息战和电子遥控战等。

3. 电子技术课程的特点

电子技术按照其处理信号的不同，可分为模拟电子技术和数字电子技术两大类。取值随时间连续变化的信号是模拟信号，产生、传输和处理模拟信号的电路统称为模拟电子电路。时间上和数值上都不连续的信号是数字信号，产生、传输和处理数字信号的电路称为数字电子电路。

电子技术课程与电工技术课程相比较，具有下列特点：

（1）非线性元器件较多

电工课中基本上只讨论线性元器件和线性电路，而电子电路则主要与非线性元器件及非线性电路打交道。如不加分析地搬用某些电工原理，就会引起错误，如叠加原理、互易定理和诺顿定理就不适用于非线性电路。在电子电路中，为了简化问题，在一定条件下，可将非线性电路近似转换为线性电路。

（2）直流与交流同时存在

电工课中对直流电路和交流电路是分开研究的；而电子电路几乎是交流、直流共存于同一电路之中，即既有直流通路，又有交流通路，它们既相互联系，又相互区别，增加了分析问题的复杂性。

（3）受控源较多

电工课中独立源较多；而在电子电路中，晶体管通常等效为一个受控电流源，因而要求学生对电压源与电流源的转换、分压与分流公式很熟悉。

（4）抓主要、略次要

电工课强调严格性，进行的是严密分析；而电子技术课程抓主要、略次要，如近似估算电压放大倍数等。抓主要、略次要也是一种科学的方法。

（5）存在反馈

电工课中研究网络输出对于输入的依赖关系，不涉及输出对于输入的反作用；而电子电路却几乎都有这样那样的反馈，从而构成了学习中的又一个难点。

第1章　二极管及其应用

半导体器件是现代电子电路的核心，学习现代电子技术，必须先学习有关半导体的知识。本章介绍半导体的基础知识，并重点讨论二极管的物理结构、工作原理、导电特性、主要参数、类型及其应用。

1.1　半导体基础知识

1.1.1　自由电子与空穴

自然界中的各种物质按导电能力通常划分为导体、绝缘体和半导体三类。

1）导体：导体一般由低价元素构成，它们的最外层电子极易挣脱原子核的束缚而成为自由电子，所以其导电能力很强。

2）绝缘体：绝缘体的最外层电子受原子核的束缚很强，难以成为自由电子，所以其导电能力极弱。

3）半导体：半导体的导电能力介于导体和绝缘体之间，它具有热敏性、光敏性和掺杂性。利用光敏性可制成光敏电阻及光电半导体器件；利用热敏性可制成各种热敏电阻；利用掺杂性可制成二极管、晶体管及场效应晶体管等半导体器件。

1. 共价键结构

在半导体器件中，用得最多的材料是硅和锗。硅和锗都是四价元素，其原子最外层轨道上具有四个电子，称为价电子。每个原子的四个价电子不仅受自身原子核的束缚，而且还与周围相邻的四个原子发生联系。这些价电子一方面围绕自身的原子核运动，另一方面也时常出现在相邻原子所属的轨道上。这样，相邻的原子就被共有的价电子联系在一起，称为共价键结构，如图1-1所示。

完全纯净、结构完整的半导体又称为本征半导体。在温度为0K（零开尔文，相当于-273.15℃）时，每一个原子的外围电子被共价键所束缚，不能自由移动。这样，本征半导体中虽有大量的价电子，但没有自由电子，此时半导体是不导电的。

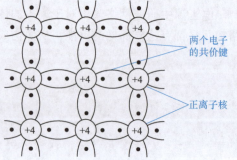

图1-1　硅和锗的共价键结构

2. 自由电子与空穴的产生

当温度升高或受光照时，价电子从外界获得一定的能量，少数价电子会挣脱共价键的束缚，成为自由电子；同时，在原来共价键的相应位置上留下一个空位，这个空位称为空穴，如图1-2所示。空穴的出现是半导体区别于导体的一个重要特点。显然，自由电子和空穴是成对出现的，所以称它们为电子空穴对。在本征半导体中，自由电子与空穴的数量总是相等的。

由于共价键中出现了空穴，在外电场或其他能源的作用下，邻近的价电子就可填补到这个空穴上，而在这个价电子原来的位置上又留下新的空穴，以后其他价电子又可转移到这个新的空穴上，如图1-3所示。

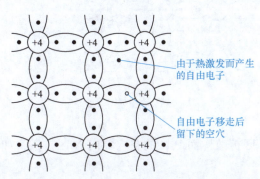

图1-2 本征激发产生电子空穴对

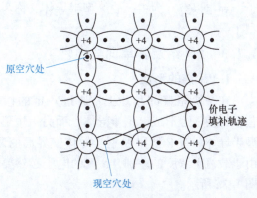

图1-3 电子与空穴的填补运动

这种价电子的填补运动称为空穴运动，空穴是一种带正电荷的载流子。由此可见，本征半导体中存在着两种导电的带电粒子：一种是带负电的自由电子，另一种是带正电的空穴，它们都能形成电流，通称为载流子。而金属导体中只有一种载流子——自由电子。本征半导体在外电场作用下，两种载流子的运动方向相反而形成的电流方向相同，如图1-4所示。

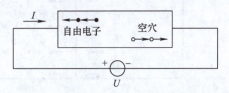

图1-4 两种载流子定向运动产生的电流

1.1.2 N型与P型半导体

在本征半导体内部，自由电子和空穴总是成对出现的，因此，对外呈电中性。如果在本征半导体中掺入少量的杂质，就会使半导体的导电能力发生显著的变化。根据掺入杂质的不同，可形成两种不同的杂质半导体，即N型半导体和P型半导体。

1. N型半导体

在纯净的半导体硅（或锗）中掺入微量的五价元素（如磷）后，就可成为N型半导体，如图1-5所示。由于五价的磷原子同相邻的四个硅（或锗）原子组成共价键时，有一个多余的价电子不能构成共价键，这个价电子就变成了自由电子。在这种半导体中，自由电子数远大于空穴数，自由电子为多数载流子（简称"多子"），空穴为少数载流子（简称"少子"），导电以自由电子为主，故N型半导体又称为电子型半导体。

2. P型半导体

在纯净的半导体硅（或锗）中掺入少量的三价元素（如硼等），就可成为P型半导体。硼原子只有三个价电子，它与周围硅原子组成共价键时，因缺少一个电子，在共价键中便产生了一个空穴，如图1-6所示。这个空穴与本征

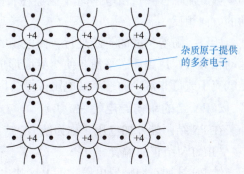

图1-5 N型半导体

激发产生的空穴都是载流子，具有导电性能。

在这种半导体中，空穴数远大于自由电子数，空穴为多数载流子，自由电子为少数载流子，导电以空穴为主，故 P 型半导体又称为空穴型半导体。

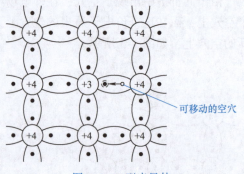

图 1-6　P 型半导体

1.1.3　PN 结及其单向导电性

1. PN 结的形成

在一块完整的晶片上，通过一定的掺杂工艺，可使一边形成 P 型半导体，而另一边形成 N 型半导体。在 P 型和 N 型半导体交界面的两侧，由于载流子浓度的差别，N 区的电子必然要向 P 区扩散，而 P 区的空穴要向 N 区扩散，如图 1-7a 所示。

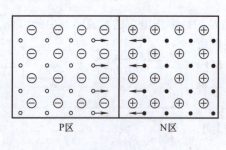
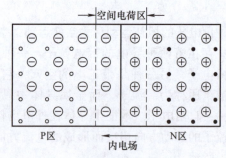

a) 多数载流子的扩散　　　　　　　　b) PN 结的形成

图 1-7　PN 结的形成

P 区一侧因失去空穴而留下不能移动的负离子，N 区一侧因失去电子而留下不能移动的正离子，这些离子被固定排列在晶格的结点上，不能自由运动，所以并不参与导电。这样，在交界面两侧形成一个带异性电荷的离子层，称为空间电荷区，并产生内电场，其方向是从 N 区指向 P 区，如图 1-7b 所示。

内电场的建立阻碍了多数载流子的扩散运动，同时随着内电场的加强，多数载流子的扩散运动也逐步减弱。另外，这个内电场使 N 区的少数载流子——空穴向 P 区漂移，使 P 区的少数载流子——自由电子向 N 区漂移，少数载流子漂移运动的方向与多数载流子扩散运动的方向相反。

所以，随着扩散的不断进行，内电场的不断加强，漂移也不断加强，当扩散运动与漂移运动相等时，达到动态平衡，使交界面形成一个稳定、特殊的薄层，即 PN 结。由于 PN 结是载流子数量非常少的一个高电阻区域，因此又称为耗尽层。

2. PN 结的单向导电特性

在 PN 结两端外加电压，称为给 PN 结加偏置电压。

（1）PN 结正向偏置

给 PN 结加正向偏置电压，即 P 区接电源正极，N 区接电源负极，称 PN 结为正向偏置。由于外加电源产生的外电场的方向与 PN 结产生的内电场的方向相反，因而削弱了内电场，使 PN 结变薄，因此有利于两区多数载流子向对方扩散，形成正向电流。此时，PN 结处于正向导通状态，正向电流 I 较大。

(2) PN 结反向偏置

给 PN 结加反向偏置电压，即 N 区接电源正极，P 区接电源负极，称 PN 结为反向偏置。由于外加电源产生的外电场的方向与 PN 结产生的内电场的方向一致，因而加强了内电场，使 PN 结加宽，阻碍了多数载流子的扩散运动。在外电场的作用下，只有少数载流子形成了很微弱的电流，称为反向电流。

综上所述，PN 结具有单向导电性，即加正向电压时导通，加反向电压时截止。

复习思考题

1.1.1 名词解释：半导体、本征半导体、N 型半导体、P 型半导体。

1.1.2 名词解释：自由电子、空穴、载流子。

1.1.3 PN 结为什么具有单向导电性能？

1.2 认识二极管

1.2.1 二极管的结构、符号及类型

1. 结构与符号

在形成 PN 结的 P 型半导体上和 N 型半导体上分别引出两根金属引线，并用管壳封装，就制成了二极管。其中，从 P 区引出的线为正极（或称阳极），从 N 区引出的线为负极（或称阴极）。二极管的结构与符号如图 1-8 所示。

图 1-8 二极管的结构与符号

2. 类型

1) 按材料分：有硅二极管、锗二极管和砷化镓二极管等。

2) 按结构分：有面接触型（大功率）、点接触型（小功率）及集成平面型等二极管。

3) 按用途分：有整流、稳压、开关、发光、光电及变容等二极管。

4) 按封装形式分：有塑封及金属封等二极管。

5) 按功率分：有大功率、中功率及小功率二极管。

1.2.2 二极管的伏安特性曲线

二极管是非线性器件，常利用伏安特性曲线来形象地描述二极管的导电性。所谓伏安特性，是指二极管两端的电压和流过二极管的电流之间的关系。二极管的外形与伏安特性曲线如图 1-9 所示。下面对二极管的伏安特性曲线加以说明。

1. 正向特性

二极管两端加正向电压，如图 1-9b 所示。当正向电压较小时，正向电流极小（几乎为零），这一部分称为死区，相应的 $A(A')$ 点的电压称为开启电压（也称阈值电压）。硅管的

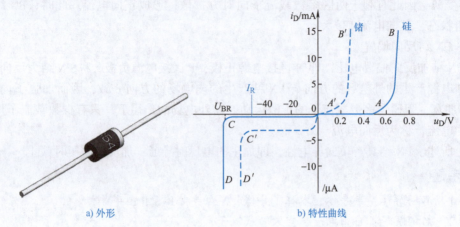

a) 外形   b) 特性曲线

图1-9 二极管外形与伏安特性曲线

开启电压约为0.5V（锗管的开启电压约为0.1V），对应图1-9b中的$OA(OA')$段。

当正向电压超过开启电压时，正向电流就会急剧地增大，二极管呈现很小电阻而处于导通状态。这时硅管的正向导通压降为0.6~0.7V（锗管的正向导通压降为0.2~0.3V），如图1-9b中的$AB(A'B')$段所示。

2. 反向特性

二极管两端加上反向电压时，在开始的很大范围内，二极管相当于一个非常大的电阻，反向电流很小，且不随反向电压的改变而变化。此时的电流称为反向饱和电流I_R，如图1-9b中$OC(OC')$段所示。

当二极管的反向电压加到一定数值时，反向电流急剧增大，这种现象称为反向击穿。此时，对应的电压称为反向击穿电压，用U_{BR}表示，如图1-9b中$CD(C'D')$段所示。

3. 温度对特性的影响

由于二极管的核心是一个PN结，它的导电性能与温度有关。当温度升高时，二极管正向特性曲线向左移动，正向压降减小；反向特性曲线向右下方移动，反向电流增大。

1.2.3 二极管的主要参数

二极管的参数是正确使用二极管的依据。使用时，应特别注意不要超过其最大整流电流和最高反向工作电压，否则二极管容易损坏。

1. 最大整流电流I_F

二极管的最大整流电流I_F是指二极管长期工作时允许通过的最大正向平均电流。使用时，正向平均电流不能超过此值，否则会烧坏二极管。

2. 最高反向工作电压U_{RM}

二极管的最高反向工作电压U_{RM}是指二极管正常工作时所承受的最高反向电压（峰值）。通常，手册上给出的最高反向工作电压是反向击穿电压U_{BR}的一半左右。

3. 反向饱和电流I_R

二极管的反向饱和电流I_R是指在规定的反向电压和室温下所测得的反向电流值。其值越小，说明二极管的单向导电性能越好。

4. 极间电容

二极管的极间电容是指二极管两电极之间的电容，其中包括 PN 结的结电容、引出线电容等。

5. 最高工作频率 f_M

二极管的最高工作频率 f_M 是指二极管正常工作时的上限频率值。它的大小与 PN 结的结电容有关。超过此值，二极管的单向导电性能变差。

1.2.4 二极管的选用

1. 整流二极管

整流二极管一般为平面型硅二极管，如图 1-10 所示。选用整流二极管时，主要应考虑其最大整流电流、最高反向工作电压等参数。常用的有 1N 系列，如 1N4001（50V，1A）、1N4002（100V，1A）、1N4003（200V，1A）、1N4004（400V，1A）、1N4005（600V，1A）、1N4006（800V，1A）和 1N4007（1000V，1A）。注：括号中的参数是最大整流电流和最高反向工作电压。

2. 开关二极管

开关二极管是半导体二极管的一种，是为在电路上进行"开""关"而特殊设计制造的一类二极管。它由导通变为截止或由截止变为导通所需的时间比一般二极管短，主要用于电子计算机、脉冲和开关电路中。玻璃封装开关二极管如图 1-11 所示，常用进口高速开关二极管有 1N 系列，如 1N4148，其最高反向工作电压为 75V，最大整流电流为 150mA，结电容为 4pF，反向恢复时间为 4ns。

3. 检波二极管

因检波是对高频小信号进行整流，检波二极管的结电容一定要小，工作频率高，正向压降小，通常为 2AP 系列，如图 1-12 所示。如 2AP1～2AP7 点接触型锗二极管主要用于检波及小电流整流，其正向导通电压仅为 0.2V，最大整流电流为 12～25mA，最高反向工作电压为 20～100V，最高工作频率为 150MHz，极间电容小于 1pF。

图 1-10　整流二极管

图 1-11　开关二极管

图 1-12　检波二极管

4. 稳压二极管

稳压二极管简称稳压管，其外形、电路符号、伏安特性曲线如图 1-13 所示。稳压管和普通二极管的正向特性相同，不同的是反向击穿电压较低，且击穿特性陡峭，这说明反向电流在较大范围内变化时（ΔI_Z 很大），反向电压基本不变（ΔU_Z 很小）。稳压管正是利用反向击穿特性来实现稳压的，此时击穿电压为稳定工作电压，用 U_Z 表示。下面介绍稳压管的主要参数：

1) 稳定电压 U_Z。稳定电压 U_Z 即为反向击穿后的电压。例如，2CW1 的 U_Z 为 7.0～8.8V；2CW2 的 U_Z 为 8.5～9.5V；2CW3 的 U_Z 为 9.2～10.5V；2CW4 的 U_Z 为 10.0～11.8V；

2CW5 的 U_Z 为 11.5～12.5V；2CW21A 的 U_Z 为 4～5.5V；2CW55A 的 U_Z 为 6.2～7.5V。

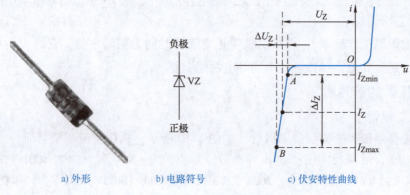

a) 外形　　　　b) 电路符号　　　　c) 伏安特性曲线

图 1-13　稳压二极管

2）稳定电流 I_Z。稳定电流 I_Z 是指稳压管工作于稳压状态时其中流过的电流。当稳压管的稳定电流小于最小稳定电流 I_{Zmin} 时，没有稳定作用；大于最大稳定电流 I_{Zmax} 时，稳压管会因过电流而损坏。

3）动态电阻 r_Z。动态电阻 r_Z 是稳压管工作在稳压区时，端电压变化量与其电流变化量之比，即

$$r_Z = \frac{\Delta U_Z}{\Delta I_Z} \tag{1-1}$$

r_Z 越小，电流变化时，U_Z 变化越小，即稳压管的稳压特性越好。

4）温度系数 α。温度系数 α 表示温度变化 1℃时，其稳定电压值的变化量，即

$$\alpha = \frac{\Delta U_Z}{\Delta T} \tag{1-2}$$

一般稳定电压值小于 4V 的稳压管具有负温度系数，即温度升高时其稳定电压值下降；稳定电压值大于 7V 的稳压管具有正温度系数，即温度升高时其稳定电压值上升；而稳定电压值在 4～7V 之间的稳压管，其温度系数非常小。

5. 普通发光二极管

发光二极管简称 LED（Light Emitting Diode），也是由 PN 结构成的，具有单向导电性，当正向导通电流足够大时才发光。发光二极管是一种把电能转换成光能的半导体器件。

普通发光二极管的外形及电路符号如图 1-14 所示，发光颜色有白、红、绿、黄、橙和蓝等。普通发光二极管应用广泛，除作为各种电子设备的电源指示灯外，还可用于制作七段数码显示器件、液晶显示屏的背光灯、LED 显示屏和汽车用灯，已成为新一代照明器件。

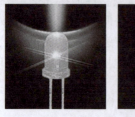 

a) 外形　　　　　　　　　　　　b) 电路符号

图 1-14　普通发光二极管

小功率 LED 灯的额定电流不超过 20mA，驱动电压为 3V 左右，其亮度与正向电流呈比例关系。

6. 红外发光二极管

红外发光二极管是一种能发出红外线的二极管，通常应用于遥控器等场合。常用的红外发光二极管的外形和发光二极管相似，如图 1-15 所示。红外发光二极管管压降约为 1.4V，工作电流一般小于 20mA，红外发射管波长有 850nm、870nm、880nm、940nm 和 980nm。

7. 激光二极管

激光二极管由一块 P 型和一块 N 型砷化铝镓半导体组合而成，其形状为长方形（长约 250μm，宽约 100μm），两端面磨成镜面，相互平行，构成一个"光学谐振腔"，如图 1-16 所示。当激光二极管正向导通时，形成一定的驱动电流，从光学谐振腔中发射出红色激光，有波长为 650nm 和 780nm 两种系列，主要用于 CD 机/视盘机/计算机的光盘驱动器、激光打印机、条形码阅读器及激光教鞭等电子设备中。

图 1-15　红外发光二极管

图 1-16　激光二极管

8. 光电二极管

光电二极管是将光能转换成电能的半导体器件，它工作在反偏状态，即在二极管两端加反向电压。它的管壳上有一个玻璃窗口，以便接受光照。它的反向电流随光照度的增加而增大，实现光电转换功能，广泛用于遥控接收器、激光头中。当制成大面积的光电二极管时，能将光能直接转换成电能，可当作一种能源器件，即光电池。光电二极管的外形及电路符号如图 1-17 所示。

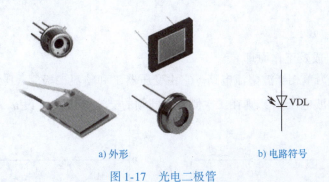

a) 外形　　　　　　b) 电路符号

图 1-17　光电二极管

光电二极管加反向电压工作，没有光照时，反向电流很小（一般小于 0.1μA），称为暗电流。当有光照时，反向电流明显变大，光照度越大，反向电流也越大。

9. 变容二极管

变容二极管是利用 PN 结电容可变原理制成的半导体器件，它工作在反向偏置状态。当外加反向偏置电压（3～30V）的大小变化时，其结电容容量也随之发生变化。变容二极管在电路中可当作可变电容器使用。

从 PN 结结构上看，二极管结电容可等效为平行板电容。若所加反向电压大，则空间电荷区变宽，相当于平行板电容两极板距离加大，电容量减小；若所加反向电压小，则空间电荷区变窄，相当于平行板电容两极板距离减小，电容量增大。变容二极管工作在反偏状态，其外形与电路符号如图 1-18 所示。

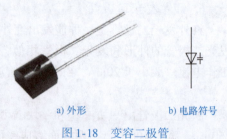

a) 外形　　　　　　b) 电路符号

图 1-18　变容二极管

常见变容二极管型号有 303B（3～18pF）、2AC1（2～27pF）、2CC1（3.6～20pF）、2CB14（3～30pF）、2CC-32（2.5～25pF）、ISV-149（30～540pF）、KV-1310（43～93pF）和 MV-2209（16～550pF）。

复习思考题

1.2.1　硅二极管和锗二极管的正向开启电压、正向导通压降分别是多少？
1.2.2　使用二极管时，如何使二极管不损坏？
1.2.3　整流二极管、开关二极管、检波二极管各有何特点？
1.2.4　稳压二极管工作在反向特性曲线击穿区域，为什么不会损坏？
1.2.5　发光二极管（LED）的正向导通电压与普通二极管一样吗？
1.2.6　变容二极管的结电容容量与反向电压是什么关系？

1.3　二极管的应用

1.3.1　二极管整流电路

二极管最多的应用是整流，整流就是利用二极管的单向导电特性将交流电变换成直流电。整流电路分为半波整流、全波整流、桥式整流及倍压整流电路等。在二极管整流的过程中，由于交流电压通常远大于二极管的正向开启电压，故认为二极管的正向导通电阻为零，反向电阻为无穷大。

1. 半波整流电路

（1）电路的组成及工作原理

图 1-19a 所示为单相半波整流电路。它由变压器 T 和整流二极管 VD 组成。如果变压器的一次侧输入正弦波电压 u_1，则在二次侧可得同频的交流电压 u_2，设 $u_2 = \sqrt{2} U_2 \sin\omega t$。

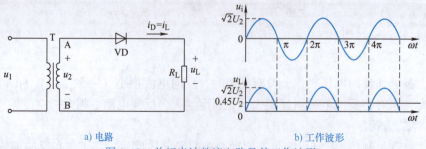

a) 电路　　　　　　　　　　b) 工作波形

图 1-19　单相半波整流电路及其工作波形

当 u_2 为正半周时，即 A 端为正、B 端为负时，VD 正向导通，电流路径为 A 端→VD→R_L→B 端，在 R_L 上得到上正下负的电压 u_L。若忽略 VD 的正向压降，则负载上的电压 $u_L = u_2$。波形如图 1-19b 所示。

当 u_2 为负半周时，即 A 端为负、B 端为正时，VD 反向截止，电路中无电流，负载电压 u_L 为零。

由此可见，在交流电压 u_2 的整个周期内，负载 R_L 上将得到一个大小变化、方向不变的脉动直流电压。由于负载两端的电压只有半个周期的正弦波，故称为半波整流。

（2）输出直流电压

输出直流电压是指负载两端脉动电压的平均值，可按式（1-3）计算：

$$U_L = 0.45 U_2 \tag{1-3}$$

（3）整流二极管的参数选择

由图 1-19a 可知，流过整流二极管的平均电流 I_D 与流过负载的电流 I_L 相等，所以二极管的最大整流电流 I_F 的选择依据为

$$I_F > I_D = I_L = 0.45 \frac{U_2}{R_L} \tag{1-4}$$

因为二极管截止时所承受的反向峰值电压就是变压器二次电压的最大值，所以二极管的最高反向工作电压 U_{RM} 的选择依据为

$$U_{RM} > \sqrt{2} U_2 \tag{1-5}$$

式（1-3）和式（1-4）是选择整流二极管参数的依据。但考虑到电网电压的波动和其他因素，在具体选择二极管时要留有足够的余量，使二极管安全地工作。

2. 桥式整流电路

（1）电路组成及工作原理

桥式整流电路由变压器和四个二极管组成，如图 1-20a 所示。四个二极管接成桥式，在四个顶点中，相同二极管极性接在一起的一对顶点接直流负载 R_L，不同二极管极性接在一起的一对顶点接交流电源。

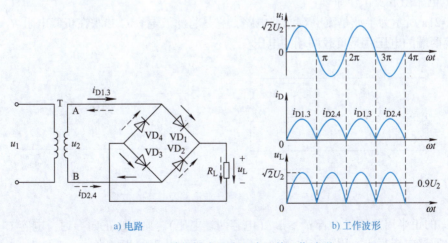

a) 电路   b) 工作波形

图 1-20 单相桥式整流电路及其工作波形

当 u_2 为正半周时,即 A 端为正、B 端为负时,VD_1 和 VD_3 导通,VD_2 和 VD_4 截止,电流路径为 A 端→VD_1→R_L→VD_3→B 端,自上而下流过 R_L,在 R_L 上得到上正下负的电压。当 u_2 为负半周时,即 A 端为负、B 端为正时,VD_2 和 VD_4 导通,VD_1 和 VD_3 截止,电流路径为 B 端→VD_2→R_L→VD_4→A 端,自上而下流过 R_L,在 R_L 上也得到上正下负的电压。这样,在 u_2 的整个周期内都有脉动的直流电压输出,输出波形如图 1-20b 所示。

(2) 输出直流电压

由上述分析可知,桥式整流的负载直流电压和直流电流是半波整流的两倍,由式(1-3) 可得

$$U_L = 0.9U_2 \tag{1-6}$$

(3) 整流二极管的参数选择

在图 1-20a 所示桥式整流电路中,因为 VD_1、VD_3 和 VD_2、VD_4 轮流导通,流过每个二极管的电流都等于负载电流的一半,所以二极管的最大整流电流 I_F 的选择依据为

$$I_F > \frac{1}{2}I_L \tag{1-7}$$

因为二极管截止时所承受的反向峰值电压就是变压器二次电压的最大值,所以二极管的最高反向工作电压 U_{RM} 的选择依据为

$$U_{RM} > \sqrt{2}U_2 \tag{1-8}$$

桥式整流电路是一种全波整流,与半波整流电路相比,电源利用率提高了一倍,同时输出电压波动小,因此桥式整流电路得到了广泛应用。目前,生产厂家常将四个整流二极管集成在一起,构成桥堆。

3. 电容滤波电路

整流电路输出的直流电压脉动大,仅适用于对直流电压要求不高的场合,如电镀和电解等设备。而在有些设备中,如音视频设备、通信设备、电子仪器及自动控制装置等,则要求直流电压非常平滑稳定。为了获得平滑的直流电压,必须要滤波,以滤除脉动直流电压中的交流成分。

(1) 电路组成及工作原理

图 1-21a 所示为半波整流电容滤波电路,它是将滤波电容 C 并联在负载电阻 R_L 的两端,滤波电容两端的电压就是负载两端的电压。

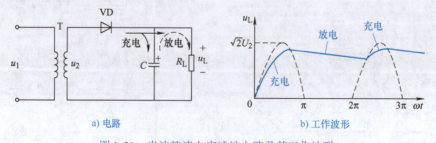

图 1-21 半波整流电容滤波电路及其工作波形

当 u_2 的正半周开始时,若 $u_2 > u_C$ (电容两端电压),则 VD 正向导通,电容 C 被充电。由于充电回路电阻很小,因而充电很快,u_C 和 u_2 变化几乎同步。当 $\omega t = \pi/2$ 时,u_2 达到峰值,C 两端的电压也近似充至 $\sqrt{2}U_2$ 值。

当 u_2 由峰值开始下降，使得 $u_2 < u_C$ 时，VD 截止，电容 C 向 R_L 放电。由于放电时间常数很大，故放电速度很慢。当 u_2 进入负半周时，VD 仍处于截止状态，C 继续放电，输出电压也逐渐下降。

当 u_2 的第二个周期的正半周到来时，C 仍在放电，直到 $u_2 > u_C$ 时，二极管 VD 又因正偏而导通，C 又再次充电，这样不断重复第一周期的过程。负载上的电压波形如图 1-21b 所示。

由此可见，加滤波电容后，二极管的导通角变小了，但输出电压变得平滑了。而且 R_L 和 C 的乘积越大，放电越缓慢，输出电压越平滑。

图 1-22 所示为桥式整流电容滤波电路及其工作波形，其滤波原理与半波整流电容滤波一样，不同点是在 u_2 全周期内，u_2 对电容 C 充电两次，电容向负载放电的时间缩短，输出电压更加平滑，平均电压值也自然升高一些。

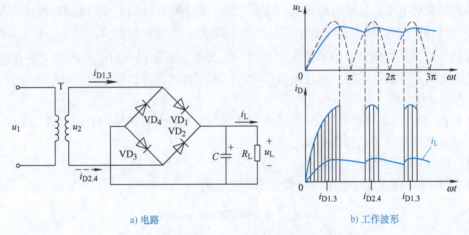

a) 电路　　　　　　　　　　　　　b) 工作波形

图 1-22　桥式整流电容滤波电路及其工作波形

（2）输出直流电压的估算

输出直流电压与滤波时间常数有关，R_L 和 C 的乘积越大，输出直流电压 U_L 也越大，通常可按下式估算：

$$U_L \approx (1 \sim 1.1) U_2 (半波) \tag{1-9}$$

$$U_L \approx 1.2 U_2 (桥式、全波) \tag{1-10}$$

（3）元器件选择

1）电容的选择。滤波电容 C 的容量越大，即 $R_L C$ 越大，输出电压脉动就越小。通常 $R_L C$ 的取值为

$$R_L C \geq (3 \sim 5) \frac{T}{2} (桥式、全波) \tag{1-11}$$

$$R_L C \geq (3 \sim 5) T (半波) \tag{1-12}$$

式中，T 为交流电源电压的周期。对于 50Hz 交流电，$T = 20\text{ms}$。由此可见，C 容量的选择与 R_L 值有关，即与负载电流的大小有关。若负载电流达到安［培］（A）数量级，则可选用 1000μF 以上的大电容；若负载电流为几十毫安，则可选用 500μF 以下的小电容。

此外，滤波电容的耐压值一般取 $(1.5 \sim 2)\sqrt{2} U_2$。

2）整流二极管的选择。二极管的最大整流电流 I_F 的选择依据为

$$I_F > I_L \quad （半波） \tag{1-13}$$

$$I_F > \frac{1}{2}I_L \quad （桥式） \tag{1-14}$$

二极管的最高反向工作电压 U_{RM} 的选择依据为

$$U_{RM} > 2\sqrt{2}U_2 \quad （半波） \tag{1-15}$$

$$U_{RM} > \sqrt{2}U_2 \quad （桥式） \tag{1-16}$$

（4）电容滤波的特点

1）结构简单，输出电压高，脉动小。电容滤波电路结构简单，滤波后的输出直流电压比滤波前高出许多，滤波效果较好，输出直流电压中的纹波小。

2）存在开机"浪涌电流"。因电源接通前电容所充电荷为零，在接通电源的瞬间，将产生强大的充电电流，这种电流称为"浪涌电流"，如图 1-22b 所示，易损坏整流二极管。

3）输出特性差。输出直流电压的大小受负载电流 I_L 的影响很大，当 $I_L = 0$ 时，滤波电容 C 只能充电不能放电，输出直流电压为 $\sqrt{2}U_2$。当负载电流很大时，电容放电的速度很快，不但输出电压变得不够平稳，而且输出平均直流电压也要下降，因此电容滤波电路只适用于负载电流较小的场合。

例 1-1 在图 1-22 所示的桥式整流电容滤波电路中，若要求输出直流电压为 12V、电流为 200mA，试选择滤波电容和整流二极管。

解： 1）整流二极管的选择。

由式(1-14)可求通过每个二极管的平均电流为

$$I_D = \frac{1}{2}I_L = \frac{1}{2} \times 200\text{mA} = 100\text{mA}$$

由式(1-10)可得变压器二次电压有效值为

$$U_2 = \frac{1}{1.2}U_L = \frac{1}{1.2} \times 12\text{V} = 10\text{V}$$

由式(1-16)可得最高反向工作电压为 $U_{RM} = \sqrt{2}U_2 \approx 14\text{V}$。

查手册，2CZ53A 的参数可以满足要求。

2）滤波电容的选择。

由式(1-11)可得

$$C \geq \frac{5T}{2R_L} = \frac{5 \times 0.02\text{s}}{2 \times (12\text{V} \div 0.2\text{A})} \approx 833\mu\text{F}$$

电容的耐压值为

$$(1.5 \sim 2)\sqrt{2}U_2 = (1.5 \sim 2) \times 14\text{V} \approx 21 \sim 28\text{V}$$

考虑余量，可选用 $1000\mu\text{F}/35\text{V}$ 的电解电容。

1.3.2 稳压管稳压电路

虽然整流滤波电路将正弦交流电压变换成较平滑的直流电压，但该直流电压是一个不稳定的电压。这是因为一方面整流滤波后的直流电压值与 220V 交流电网电压有关，而电网电压通常稳定性很差；另一方面，由于整流滤波电路内阻的存在，当负载电流发生变化时，内

阻上的压降将随之变化，于是输出直流电压也将发生变化。所以，为了获得稳定的直流电压，必须采取稳压措施。

1. 电路组成与稳压原理

稳压管稳压电路是最简单的稳压电路，如图 1-23 所示。它由稳压管 VZ 和限流电阻 R 组成，VZ 与负载 R_L 并联。设计电路时，输入电压 U_i 必须高于 VZ 的稳压值，VZ 的稳压值必须与负载电压值 U_o 相同。

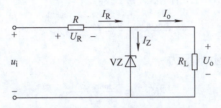

图 1-23　稳压管稳压电路

VZ 工作在反向击穿区。VZ 击穿后，VZ 中的反向电流发生变化时，其两端的电压不会变化，也就是 R_L 两端的电压获得稳定。

在图 1-23 中，有 $I_R = I_Z + I_o$，$U_i = U_R + U_o$。若输入电压 U_i 升高，则输出电压 U_o 有升高趋势，稳压管电流 I_Z 急增，I_R 也急增，电阻 R 上的压降 U_R 升高，U_R 的升高抵消了 U_i 的升高，从而使 U_o 保持稳定。上述过程可表述如下：

$$U_i\uparrow \to U_o\uparrow \to I_Z\uparrow \to I_R\uparrow \to U_R\uparrow \to U_o\downarrow$$

同理，如果输入电压 U_i 降低，其稳压过程与上述相反，输出电压仍将保持稳定。

当负载电流增大时，通常有输出电压下降的趋势，则 I_Z 将急降，I_R 也急降，电阻 R 上的压降 U_R 减小，从而使输出电压回升。上述过程可表述为

$$I_L\uparrow \to U_o\downarrow \to I_Z\downarrow \to I_R\downarrow \to U_R\downarrow \to U_o\uparrow$$

同理，当负载电流减小时，其稳压过程与上述相反，输出电压仍将保持稳定。

由以上分析可知，稳压管两端电压的微小变化引起电流 I_Z 的较大变化，通过电阻 R 起电压调整作用，保证了输出电压的稳定。

2. 输入电压及元器件选择

（1）输入电压 U_i 的确定

当电网电压波动时，输入电压 U_i 必须高于输出电压，这是实现稳压的前提。U_i 越高，限流电阻 R 的值可选得越大，稳压效果越好。但 U_i 太高，R 上的压降太大，则损耗会太大。

（2）稳压管的选择

稳压管的稳压值应等于输出电压值。

（3）限流电阻的选择

限流电阻 R 的阻值选得太大，则电流 I_R 太小，稳压管的电流 I_Z 太小甚至无电流，稳压电路就不能工作。若 R 的阻值选得太小，则电流 I_R 太大，稳压管 I_Z 电流太大，当超过稳压管的 I_{Zmax} 时，稳压管可能损坏。

当电网电压最高（即 U_i 最高）且负载电流最小时，流过稳压管的电流最大。此时，稳压管的电流不应超过手册上给出的最大允许电流 I_{Zmax}，即

$$\frac{U_{i\max} - U_o}{R} - I_{o\min} < I_{Z\max}$$

由此得出限流电阻的下限值为

$$R_{\min} = \frac{U_{i\max} - U_o}{I_{Z\max} + I_{o\min}} \tag{1-17}$$

当电网电压最低（即 U_i 最低）且负载电流最大时，流过稳压管的电流最小。此时，稳压管的电流应大于手册上给出的工作电流 I_Z，即

$$\frac{U_{i\min} - U_o}{R} - I_{o\max} > I_Z$$

由此可得出限流电阻的上限值为

$$R_{\max} = \frac{U_{i\min} - U_o}{I_Z + I_{o\max}} \tag{1-18}$$

例 1-2 在图 1-23 所示电路中，已知 $U_i = 12\text{V}$，电网电压允许波动范围为 $\pm 10\%$，稳压管的稳定电压 $U_Z = 5\text{V}$，最小稳定电流 $I_Z = 5\text{mA}$，最大稳定电流 $I_{Z\max} = 40\text{mA}$，负载电流为 $10 \sim 20\text{mA}$，试求 R 的取值范围。

解：根据式(1-17) 和式(1-18) 得

$$R_{\min} = \frac{U_{i\max} - U_o}{I_{Z\max} + I_{o\min}} = \frac{1.1 \times 12\text{V} - 5\text{V}}{0.04\text{A} + 0.01\text{A}} = 164\Omega$$

$$R_{\max} = \frac{U_{i\min} - U_o}{I_Z + I_{o\max}} = \frac{0.9 \times 12\text{V} - 5\text{V}}{0.005\text{A} + 0.02\text{A}} = 232\Omega$$

所以，R 的取值范围是 $164 \sim 232\Omega$。

1.3.3 二极管照明电路

随着技术的进步，LED 灯已替代白炽灯、荧光灯等，应用在照明领域。LED 灯发光效率高、节能省电、寿命长，LED 灯对其驱动电路的要求也在不断提高。

LED 光源有两种，一种是使用传统小功率 LED 组合，一般多达几十个甚至数百个，其电源驱动电路设计复杂；另一种是使用大功率 LED 作光源，价格比较贵。

小功率 LED 灯由于功率小、亮度高，广泛用于走廊、过道等长期需要照明的场合，也正因为功率小，驱动电路基本上采用阻容降压电路，成本也很低，可靠性却很高。

1. 多个小功率 LED 灯的连接

对于小功率 LED 灯，一般采用数个 LED 灯串联使用。为什么多采用串联而非并联方式来使用 LED 灯呢？答案是，LED 灯的发光亮度由电流大小决定，<u>串联使多个 LED 灯因电流相同而平衡发光</u>；若 LED 灯并联使用，一般无法保证多个 LED 灯能够平衡发光，同时，低电压、大电流电路技术要求较高。图 1-24 是 38 个 LED 灯串电路。

2. 小功率 LED 灯驱动电路

一般单个小功率白色 LED 灯珠的电

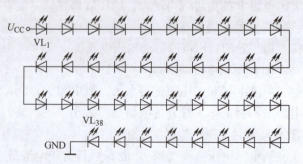

图 1-24　38 个 LED 灯串电路

压为 3.0~3.5V，电流为 18mA 左右。要驱动 38 个 LED 灯串电路，需要驱动电源提供 114~133V 驱动电压及 18mA 驱动电流。为此，所设计的小功率 LED 灯驱动电路如图 1-25 所示，这是阻容降压型电源，R_1 和 C_1 是阻容降压元件。

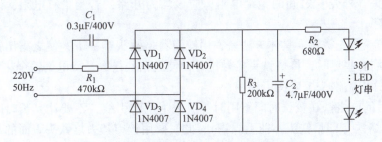

图 1-25　阻容降压的小功率 LED 灯驱动电路

电路要点如下：

1）因为电源驱动板放在灯杯里，所以电源驱动板体积应尽量小，采用阻容降压型电源，省去了笨重的电源变压器。

2）增加 R_3 的目的是为了在 LED 灯串开路的情况下能够给 C_2 提供放电回路。

3）由于没有稳压管，应将 C_2 的耐压提高到 400V，以防止 LED 灯串开路时将 C_2 过电压击穿。

4）R_2 用于 LED 灯串的限流。

5）由于 220V 交流电源直接输入，整流二极管耐压一定要高。采用 1N4007，其正向浪涌电流为 30A，最大正向平均整流电流为 1A，最高反向耐压为 1000V。

6）若再增加几十颗 LED 灯驱动，可考虑把 C_1 容量增加到 0.68μF，灯串增加为两个灯串并联。

复习思考题

1.3.1　桥式整流与半波整流相比，有何优点？

1.3.2　整流输出再经过电容滤波以后，输出直流电压为什么会升高？

1.3.3　稳压管为什么要工作在反向击穿区域？

1.3.4　多个小功率 LED 灯为什么串联使用而不是并联使用？

1.3.5　LED 灯的正向导通电压多大？

1.4　二极管应用实践操作

1.4.1　电烙铁焊接操作

电烙铁是电子制作和电器维修的必备工具，主要用于焊接电子元器件及导线。电子技术初学者必须熟练地使用电烙铁。

1. 电烙铁选用及使用注意事项

（1）电烙铁选用

1）20W 内热式电烙铁，主要用来焊接晶体管、集成电路、电阻器和电容器等元器件。内热式电烙铁具有预热时间短、体积小、效率高、质量轻和使用寿命长等优点。

2）60W 外热式电烙铁，主要用来焊接一些引脚较粗的元器件，如电池夹、电视机中的行输出变压器、插座引脚等。

（2）电烙铁使用注意事项

1）新电烙铁要进行安全检查。具体方法是，用万用表的 $R \times 10k$ 档分别测量插头两根引线与电烙铁头（外壳）之间的绝缘电阻，应该均为开路，若测量有电阻，说明这个电烙铁存在漏电故障。

2）新电烙铁要先烫锡。具体方法是，用锉刀将烙铁头锉一下，使之露出铜心，然后通电，待电烙铁刚有些热时，将烙铁头接触松香，使之粘些松香，待电烙铁全热后，给烙铁头吃些焊锡，这样电烙铁头上就烫了焊锡。

3）通电后的电烙铁在较长时间不用时，应拔下电源引线，不要让其长时间加热，否则会"烧死"电烙铁（即烙铁头不能上焊锡），此时要用锉刀锉去烙铁头表面的氧化物，再烫上焊锡。

4）在焊接中要养成一个良好的习惯，即电烙铁要放置在修理桌上的某一固定位置上，不能随便乱放，千万不要与塑料机壳相碰。

5）买来的电烙铁电源引线一般是橡胶线，当烙铁头碰到引线时就会烫坏外层橡胶，为了安全起见，应换成防烫的电源引线。在更换电源引线之后，还要进行安全检查，主要是引线头不能碰在电烙铁的外壳上。

2. 焊接材料

（1）焊锡丝

最好使用低熔点的细焊锡丝，细焊锡丝管内的助焊剂量正好与焊锡用去量一致，而粗焊锡丝焊锡的量较多。在焊接过程中，若焊点成为豆腐渣状，则很可能是焊锡质量不好，或者焊锡丝的熔点高，或是电烙铁的温度不够，这种焊点的质量是不过关的。

（2）助焊剂

用助焊剂来辅助焊接，可以提高焊接的质量和速度，因此，助焊剂在焊接中必不可少。在焊锡丝的管芯中有助焊剂，当用烙铁头去熔化焊锡丝时，焊锡丝芯内的助焊剂便与熔化的焊锡融合在一起。在电子产品修理中，只用焊锡丝中的助焊剂还是远远不够的，还需要有专门的助焊剂。助焊剂主要有成品助焊剂和松香。

成品助焊剂是酸性的，对电路板有一定的腐蚀作用，所以用量不能太多，焊完焊点后最好擦去多余的助焊剂；松香是常用的助焊剂，对电路板没有腐蚀作用，但使用松香后的焊点有斑点，不美观，此时可以用酒精棉球擦净。

3. 普通元器件的焊接方法

普通的电阻、电容、电感和晶体管引脚比较粗大，焊装方法如图1-26所示。先将元器件引脚弯曲，尺寸与安装孔距相等，如图1-26a所示；将元器件引脚插入电路板孔中，如图1-26b所示；插入后，将引脚向两侧弯曲，如图1-26c所示；用电烙铁将引脚焊牢，如图1-26d所示；焊接时，要使焊锡充分熔化，如图1-26e所示；焊接后，电烙铁离开焊点时，应使焊点成为圆形，如图1-26f所示；最后剪去多余引脚。

4. 导线的焊接方法

导线焊接步骤如下：

1）将导线头（约5cm长度）的绝缘皮剥去。

2）将导线头涂上锡。

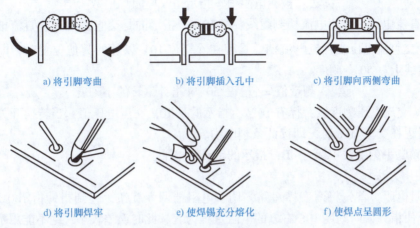

图 1-26　普通元器件焊接方法

3）将导线头焊在印制电路板上。

1.4.2　万用表的使用

万用表是最常用的测量工具，分为指针式万用表和数字式万用表两大类，电路中的电阻、电压、电流等都是采用万用表来测量的。

1. 指针式万用表的使用

（1）操作面板

500 型指针式万用表的操作面板如图 1-27 所示。万用表由表头、测量电路、转换开关三部分组成。表头上有四条刻度线，说明如下：

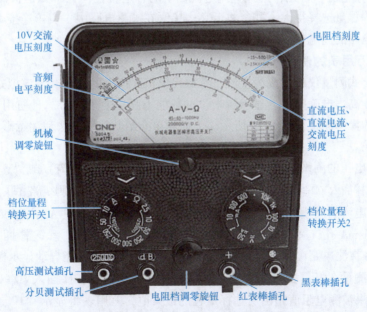

图 1-27　500 型指针式万用表的操作面板

1）电阻档刻度线：标有"Ω"。用万用表测电阻值时，读此条刻度线。右端电阻值为零，左端电阻值为无穷大。

读法：被测电阻值 = 指示值 × 电阻档倍数

2）交直流电压、直流电流档刻度线：标有⌒，指示的是交直流电压、直流电流值。当转换开关在交直流电压或直流电流档，量程在除交流 10V 以外的其他位置时，即读此条刻度线。刻度线上有 50 个刻度。

读法：测量值 =（量程/50）× 指针偏转的小刻度

3）10V 交流电压刻度线：标有 10V，指示的是 10V 交流电压值，当转换开关在交直流电压档，量程在交流 10V 时，即读此条刻度线。

4）音频电平刻度线：标有 dB，指示的是音频电平。

(2) 使用方法

1）测量电阻。首先将两表棒短路，调节电阻档调零旋钮，直到指针指示 0Ω；选择合适的量程，使指针偏向刻度中心右方的电阻量程为宜，此时误差较小；绝不能用手接触或握住电阻来进行电阻测量，因为皮肤的电阻可能影响读数；不能在通电的电路中测量电阻；万用表内部有电池，用于测量电阻时，黑表棒插孔与电池正极相连，红表棒插孔与电池负极相连。

2）测量直流电压。首先，选择直流电压档中的合适量程，在不知道被测电压大小的情况下，电压量程尽量选择得大一些；将万用表并联在被测电路中，表棒连接必须正确，即红表棒接在被测电路的高电位端、黑表棒接在被测电路的低电位端。

3）测量交流电压。首先，选择交流电压档中的合适量程，在不知道被测电压大小的情况下，电压量程应尽量选择得大一些；被测交流电压的频率应处在规定范围内，某些万用表的最高允许频率可能低到 60Hz；万用表只对平均值有响应，因此若交流电压具有直流分量，读数将出错，因为它不能单独测量交流分量的有效值。

4）测量直流电流。首先，选择直流电流档中的合适量程，在不知道被测电流大小的情况下，电流量程尽量选择得大一些。将万用表串联在被测电路中，表棒连接必须正确，即红表棒接在被测电路的高电位端、黑表棒接在被测电路的低电位端。

2. 数字式万用表的使用

如今，数字式测量仪表已成为主流，有取代模拟式仪表的趋势。与模拟式仪表相比，数字式仪表灵敏度高、准确度高、显示清晰、过载能力强、便于携带，且使用更简单。通常，数字式万用表的操作面板如图 1-28 所示，下面简单介绍其使用方法和注意事项。

(1) 使用方法

1）交直流电压的测量：根据需要将量程开关拨至"V⎓"（直流）或"V~"（交流）的合适量程，红表棒插入VΩ⇥孔，黑表棒插入 COM 孔，并将表棒与被测线路并联，读数即显示。

2）交直流电流的测量：将量程开关拨至"A⎓"（直流）或"A~"（交流）的合适量程，红表棒插入 mA 孔（<200mA 时）或 20A 孔（>200mA 时），黑表棒插入 COM 孔，并将万用表串联在被测电路中即可。测量直流量时，数字式万用表能自动显示极性。

3）电阻的测量：将量程开关拨至"Ω"的合适量程，红表棒插入VΩ⇥孔，黑表棒插入 COM 孔。如果被测电阻值超出所选择量程的最大值，万用表将显示"1"，这时应选择更高的量程。测量电阻时，红表棒为正极，黑表棒为负极，这与指针式万用表正好相反。

4）电容的测量：测量前，将电容两端短接，对电容进行放电，确保数字式万用表的安全。将功能量程开关旋至 F（电容）测量档，并选择合适的量程。将电容插入万用表 C_x 插

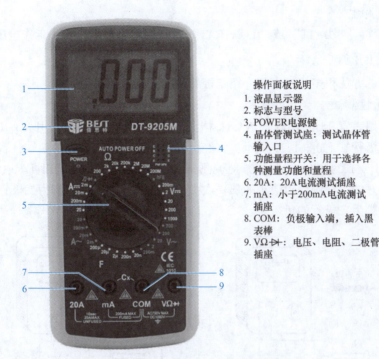

图 1-28 数字式万用表的操作面板

孔。读出显示器上的数字。电容的单位：$1F = 10^3 mF = 10^6 \mu F = 10^9 nF = 10^{12} pF$。

5）二极管的测量：表棒位置与电压测量一样，将功能量程开关旋到"二极管"档；用红表棒接二极管的正极，黑表棒接负极，这时会显示二极管的正向压降。肖特基二极管的压降是 0.2V 左右，普通硅整流二极管（1N4000、1N5400 系列等）约为 0.7V，普通发光二极管为 1.8 ~ 2.3V。

6）晶体管的测量：先假定 A 脚为基极，用黑表棒与该脚相接，红表棒与其他两脚分别接触；若两次读数均为 0.7V 左右，再用红表棒接 A 脚，黑表棒接触其他两脚，若均显示"1"，则 A 脚为基极，否则需要重新测量，且此管为 PNP 型管。再利用"hFE"档来判断集电极与发射极，将档位旋到"hFE"档，将基极插入对应管型"B"孔，其余两脚分别插入"C""E"孔，此时读取的数值即 β 值；再固定基极，其余两脚对调；比较两次读数，读数较大的管脚位置与表面"C""E"相对应。

（2）使用注意事项

1）如果无法预先估计被测电压或电流的大小，则应先拨至最高量程档测量一次，再视情况逐渐把量程减小到合适位置。测量完毕，应将量程开关拨到最高电压档，并切断电源。

2）满量程时，仪表仅在最高位显示数字"1"，其他位均消失，这时应选择更高的量程。

3）测量电压时，应将数字式万用表与被测电路并联。测电流时，应与被测电路串联，测直流量时不必考虑正、负极性。

4）当误用交流电压档去测量直流电压，或者误用直流电压档去测量交流电压时，显示屏将显示"000"，或低位上的数字出现跳动。

5）禁止在测量高电压（220V 以上）或大电流（0.5A 以上）时换量程，以防止产生电弧,从而烧毁开关触点。

6) 当显示"-""BATT"或"LOW BAT"时,表示电池电压低于工作电压。

1.4.3 二极管的测试操作

测试二极管的方法很多,本书仅介绍二极管的指针式万用表测试法。

1. 二极管极性测试

将 500 型万用表置于 $R \times 100$ 或 $R \times 1k$ 档(用 $R \times 1$ 档电流太大,用 $R \times 10k$ 档电压太高,都易损坏二极管)。如图 1-29 所示,将红、黑表棒分别接二极管的两端,若测得阻值很小(100Ω 到几千欧),再将红、黑表棒对调测试,若测得阻值很大(几百千欧到无穷大),则表明二极管是好的。在测得阻值小的那一次中,与黑表棒相连的管脚为二极管的正极,与红表棒相连的管脚为二极管的负极。

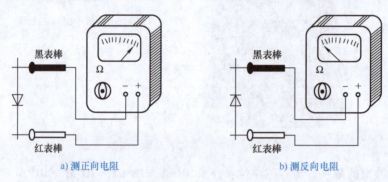

图 1-29 用指针式万用表测试二极管示意图

2. 二极管质量测试

若上述两次测得的阻值都为零,则表明二极管内部已经击穿(短路);若两次测得的阻值都很大,则表明二极管内部已经断极(开路)。当出现短路或开路时,表明二极管已损坏。

1.4.4 桥式整流电路的焊接与测试

1. 桥式整流电路的焊接

焊接一个桥式整流电路如图 1-30 所示,要求元器件排列整齐,二极管选用数 1N4008,负载电阻 R_L 选用 1kΩ。

2. 桥式整流电路的测试

桥式整流电路连接一个电源变压器,变压器二次绕组电压有效值为 5~10V。变压器一次绕组接 220V/50Hz 交流电源,然后完成下列测试。

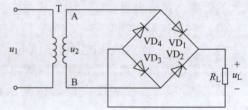

图 1-30 桥式整流电路

① 采用示波器测试输出波形,用万用表测试输出端的平均直流电压值。

② 将其中一个二极管断开,使桥式整流变成半波整流,重复①测试。

③ 将断开的二极管重新焊好,在负载电阻两端并联一个 100μF 滤波电容,再测试输出端直流电压值。

将上述测试结果填入表 1-1。

表 1-1 桥式整流电路测试

	①测试	②测试	③测试
波　形			
直流平均电压 /V			

习　题

1. 电路如图 1-31 所示。已知输入正弦波电压 $u_i(t) = 5\sin\omega t$，请画出输出波形。

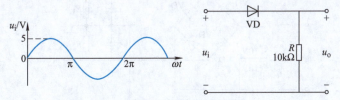

图 1-31　习题 1 电路

2. 试求图 1-32 所示电路的输出电压 U_o（忽略二极管的正向压降）。

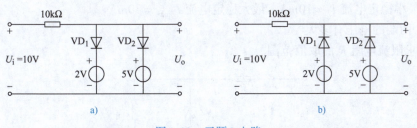

图 1-32　习题 2 电路

3. 已知图 1-33 所示电路中稳压管的稳压值为 10V，求输出电压值 U_o 及流过稳压管的电流 I_Z。

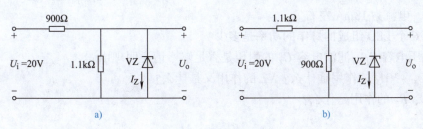

图 1-33　习题 3 电路

4. 整流电路如图 1-34 所示，已知输入电压 u_i 为正弦波电压。

1）请画出输出电压 u_o 的波形，求输出电压平均值 U_o 的表达式。

2）若 VD_1 开路，请画出输出电压的波形。

3）若将 VD_1 和 VD_2 的极性均反接，请画出输出电压 u_o 的波形。

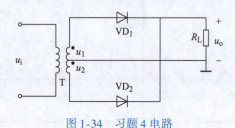

图 1-34　习题 4 电路

5. 两组全波整流电路如图 1-35 所示，已知 u_1 为正弦波，二次电压有效值为 10V。

1）当输入为正、负半周时，试分析各二极管的导通情况及各滤波电容的充电情况。

2）求输出电压 $+U_o$ 的值。

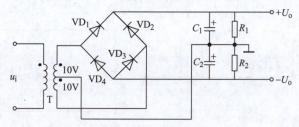

图 1-35　习题 5 电路

6. 在图 1-36 所示的电路中，已知 $U_i = 12V$，并有 ± 10% 的波动；稳压管的稳定电压 $U_Z = 6V$，最小稳定电流 $I_Z = 10mA$，最大稳定电流 $I_{Zmax} = 30mA$。

1）R_L 两端的电压有多大？

2）试求限流电阻 R 的取值范围。

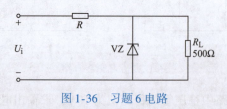

图 1-36　习题 6 电路

7. 阻容降压 6 个 LED 灯串驱动电路如图 1-37 所示。已知单个小功率白色 LED 灯珠的电压为 3.3V，电流为 18mA 左右。

1）由 6 个 LED 组成的灯串的功率是多少？

2）降压电容 C_1、滤波电容 C_2 的耐压是否足够？请说明理由。

3）$VD_1 \sim VD_4$ 的作用是什么？VZ 的作用又是什么？

4）R_1、R_2 的作用是什么？

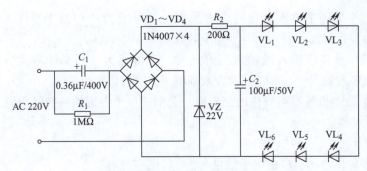

图 1-37 习题 7 电路

读图练习

请认真阅读图 1-38 所示的 LED 灯驱动电路。电路共驱动 140 只小功率白光 LED，采用 35 串 4 并的模式，采用电容降压驱动方式，安装在 1190mm×30mm 标准灯管中。图中，VTH 为单向晶闸管，其作用是对 LED 进行过电流保护，R_2 为过电流检测电阻，R_4 为 VTH 的限流电阻。

1) C_1、C_2 为并联的两个相同的电容，作用是什么？

2) L_1、C_3、C_4 和 R_3 的作用分别是什么？

3) LED 采用 35 串 4 并的模式，正常工作时，串电流为 16mA，串电压约为 100V，试计算 140 只 LED 所消耗的功率。

4) LED 电流经 R_2 流通，当 R_2 端电压超过 0.8V 时，单向晶闸管 VTH 导通，LED 电流急剧下降，受到保护。请问正常情况下，为什么 VTH 是截止的？

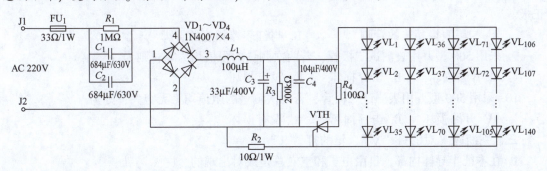

图 1-38 LED 灯驱动电路

自测题

一、填空题

1. 半导体的导电能力介于_____和_____之间。

2. 在半导体器件中，用得最多的材料是_____和_____。

3. 本征半导体中存在着两种导电的带电粒子：一种是带负电的_____，另一种是带正电的_____，它们都能形成电流，统称为_____。

4. 在纯净的半导体中掺入微量的五价元素，就可成为____型半导体，在这种半导体中，_____为多数载流子，_____为少数载流子。

5. 在纯净的半导体中掺入微量的三价元素，就可成为____型半导体，在这种半导体中，_____为多数载流子，_____为少数载流子。

6. 在 P 型半导体和 N 型半导体的交界面，会形成一个稳定的特殊的薄层，称为____结，它具有_____特性。

二、选择题

1. 在本征半导体内部，自由电子数量（　　）空穴数量。
   A. 等于　　　　B. 多于　　　　C. 少于

2. 本征半导体材料的热敏性是指（　　）。
   A. 温度升高，导电能力增强　　　B. 温度降低，导电能力增强

3. 通常整流二极管的正向导通压降是（　　）。
   A. 0.2V　　　B. 0.5V　　　C. 0.7V　　　D. 1.0V

4. 如果在 PN 结的 P 极加正电压，N 极加负电压，则此 PN 结（　　）。
   A. 导通　　　B. 截止

5. 桥式整流电路需要（　　）二极管。
   A. 4 个　　　B. 2 个　　　C. 1 个

6. 桥式整流的输入交流电压有效值为 10V，无电容滤波时的输出电压平均值为（　　）。
   A. 4.5V　　　B. 9.0V　　　C. 12V　　　D. 14.14V

7. 桥式整流的输入交流电压有效值为 10V，有电容滤波时的输出电压平均值为（　　）。
   A. 4.5V　　　B. 9.0V　　　C. 12V　　　D. 14.14V

8. 用 500 型万用表测试二极管两电极之间的电阻，读数较小，则（　　）为二极管的正极。
   A. 与黑表棒相连的管脚　　　B. 与红表棒相连的管脚

9. 采用 500 型万用表测试二极管，若两次测量的阻值均为零，则为（　　）。
   A. 开路损坏　　　B. 击穿损坏　　　C. 没有损坏

10. 采用 500 型万用表测试二极管，若两次测量的阻值均为无穷大，则为（　　）。
    A. 开路损坏　　　B. 击穿损坏　　　C. 没有损坏

三、判断题（对的打"√"，错的打"×"）

1. 在本征半导体内部，自由电子和空穴总是成对出现的。（　　）

2. 二极管由一个 PN 结构成，P 极就是二极管的正极。（　　）

3. 若整流二极管的实际电流超过 I_F，则整流二极管容易损坏。（　　）

4. 稳压管工作在反向特性曲线击穿区域。（　　）

5. 稳压管 2CW1 的稳压值比稳压管 2CW2 的稳压值要高一些。（　　）

6. 在桥式整流电容滤波电路中，若负载电流很大，则滤波电容的容量可小一些。（　　）

7. 在稳压管稳压电路中，必须串联一个限流电阻。（　　）

8. 发光二极管（LED）的正向导通电压与普通二极管一样。（　　）

9. 变容二极管两端的反向电压越大，其结电容的容量也越大。（　　）

10. 用 500 型万用表测试二极管，采用的电阻档量程越小越好。（　　）

第2章 晶体管及其应用

晶体管有三个电极,它是电子电路中十分重要的半导体器件。晶体管可用于放大交流信号,可用作电子开关,还可构成放大电路、振荡电路等各种各样的电子电路。

2.1 认识晶体管

2.1.1 晶体管的结构、符号与类型

1. 晶体管的结构与符号

晶体管的结构示意图如图 2-1a 所示,有 NPN 型管和 PNP 型管两大类。晶体管内部有三个区:发射区、基区和集电区。从三个区各引出一个金属电极,分别称为发射极(E、e)、基极(B、b)和集电极(C、c);同时在三个区的两个交界处形成两个 PN 结,发射区与基区之间形成的 PN 结称为发射结,集电区与基区之间形成的 PN 结称为集电结。晶体管的电路符号如图 2-1b 所示,符号中的箭头方向表示发射结正向偏置时的电流方向。

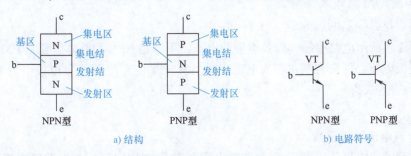

图 2-1 晶体管的结构与电路符号

晶体管内部结构特点:发射区的掺杂浓度高;基区做得很薄,且掺杂浓度低;集电结面积大于发射结面积。这些特点是晶体管实现放大作用的内部条件。

2. 晶体管的类型

晶体管的种类很多,有下列五种分类形式:
1)按其结构类型分为 NPN 型管和 PNP 型管。
2)按其制作材料分为硅管和锗管。
3)按其工作频率分为高频管和低频管。
4)按其工作状态分为放大管和开关管。
5)按其功率大小分为小功率管和大功率管。
晶体管的外形如图 2-2 所示。

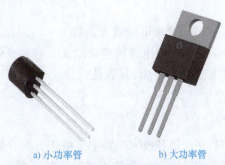

图 2-2 晶体管的外形

2.1.2 晶体管的电流放大作用

1. 给晶体管加正确的偏置电压

要使晶体管能起电流放大作用,必须给晶体管各电极加上正确的电源电压,称之为晶体

管的偏置电压。不管是 NPN 型还是 PNP 型，使晶体管起放大作用的正确偏置电压是：发射结正向偏置，集电结反向偏置。

图 2-3a 所示为 NPN 型管的偏置电路，U_{BB} 通过 R_b 给发射结提供正向偏置电压（$U_B > U_E$），U_{CC} 通过 R_c 给集电结提供反向偏置电压（$U_C > U_B$），即 $U_C > U_B > U_E$，实现了发射结的正向偏置与集电结的反向偏置。图 2-3b 所示为 PNP 型管的偏置电路，和 NPN 型管的偏置电路相比，电源极性正好相反，为保证晶体管实现放大作用，则必须满足 $U_C < U_B < U_E$。

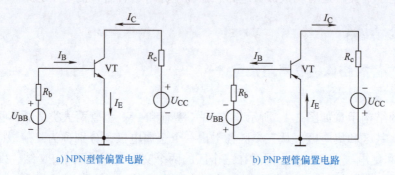

a) NPN型管偏置电路　　　　　　b) PNP型管偏置电路

图 2-3　晶体管放大的正确偏置电压

2. 晶体管的电流放大作用

(1) I_E、I_C、I_B 之间的关系

对于图 2-3 所示电路中晶体管各电极的电流，不管是 NPN 型晶体管还是 PNP 型晶体管，晶体管各电极电流必须符合基尔霍夫电流定律，发射极电流 I_E 等于集电极电流 I_C 和基极电流 I_B 之和，表达式为

$$I_E = I_C + I_B \tag{2-1}$$

(2) 直流电流放大系数

把晶体管的集电极直流电流 I_C 与基极直流电流 I_B 之比定义为共发射极直流电流放大系数 $\bar{\beta}$，其表达式为

$$\bar{\beta} \approx \frac{I_C}{I_B} \tag{2-2}$$

(3) 交流电流放大系数

把集电极电流的变化量 ΔI_C 与基极电流的变化量 ΔI_B 之比定义为晶体管的共发射极交流电流放大系数 β，其表达式为

$$\beta = \frac{\Delta I_C}{\Delta I_B} \tag{2-3}$$

在小信号放大电路中，由于 β 和 $\bar{\beta}$ 的差别很小，因此在分析估算放大电路时常取 $\beta = \bar{\beta}$，而不加以区分，通常 $\beta = 50 \sim 200$。由于 β 很大，因此有

$$I_E \approx I_C \gg I_B \tag{2-4}$$

当晶体管制造出来后，β 值就固定下来。因此，晶体管是一个电流控制器件，利用基极小电流去控制集电极大电流，这就是电流放大的实质。

2.1.3 晶体管的伏安特性曲线

晶体管的特性曲线能直观、全面地反映晶体管各电极电流与电压之间的关系。晶体管的特性曲线可以用特性图示仪直观地显示出来，也可用测试电路逐点描绘。

1. 输入特性曲线

晶体管的输入特性曲线是指，当集电极-发射极间电压 u_{CE} 一定时，输入回路中的基极电流 i_B 与基极-发射极间电压 u_{BE} 之间的关系曲线，用函数式可表示为

$$i_B = f(u_{BE}) \Big|_{u_{CE}=常数} \tag{2-5}$$

晶体管的输入特性曲线测试电路如图 2-4a 所示。测试时，集电极与发射极之间加固定电压，基极与发射极之间加可调电压，即调节 R_P，测量 i_B 与 u_{BE}，可描得图 2-4b 所示的输入特性曲线。需要说明的是，输入特性曲线应是一族曲线，当 $u_{CE} < 1V$ 时，图 2-4b 中的曲线左移，但当 $u_{CE} \geq 1V$ 时，各特性曲线基本重合，因此常用 $u_{CE} \geq 1V$ 的一条曲线来表示晶体管的特性曲线。

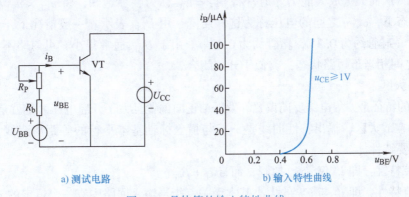

a) 测试电路　　　　　　b) 输入特性曲线

图 2-4　晶体管的输入特性曲线

晶体管的输入特性曲线类似于二极管的正向伏安特性曲线，它存在一个开启电压 U_{ON}，只有当 u_{BE} 大于开启电压时，输入回路才有 i_B 电流产生。常温下，硅管的开启电压约为 0.5V，锗管约为 0.1V。另外，当发射结完全导通时，u_{BE} 也具有恒压特性。常温下，硅管的导通电压为 0.6~0.7V，锗管的导通电压为 0.2~0.3V。

晶体管 b、e 之间的电阻通常称为输入电阻。由于输入特性曲线的非线性，因而输入电阻是一个非线性电阻，它与电流大小有关。

2. 输出特性曲线

晶体管的输出特性曲线是指，当 i_B 一定时，输出回路中的 i_C 与 u_{CE} 之间的关系曲线，用函数式可表示为

$$i_C = f(u_{CE}) \Big|_{i_B=常数} \tag{2-6}$$

晶体管输出特性曲线如图 2-5 所示。给定不同的 i_B 值，可对应地测得不同的曲线，这样不断地改变 i_B，便可得到一族输出特性曲线。

对于单独一条曲线，当 u_{CE} 从零开始逐渐增大时，电流 i_C 也随之增大。这是因为 u_{CE} 增大将引起集电结电场增强，从而使扩散到集电结边缘的载流子更多地被集电区收集。当 u_{CE}

增大到一定数值时，电流 i_C 不再增大，曲线平行于横坐标，这是因为扩散到集电结边缘的载流子已全部收集到集电区。

从输出特性曲线整体来看，可将其划分成放大、截止和饱和三个区域。

（1）截止区

截止区，顾名思义是指电流为零的区域。其特征是 b、e 之间的正偏电压小于开启电压。此时，$i_B = 0$，$i_C \leq I_{CEO}$（穿透电流）。

（2）饱和区

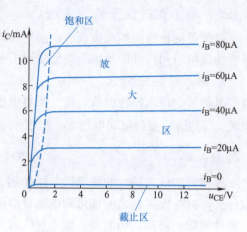

图 2-5　晶体管的输出特性曲线

$u_{CE} \leq u_{BE}$ 的区域称为饱和区。此时，集电结处于正向偏置状态，i_C 不仅受 i_B 控制，而且受 u_{CE} 控制。在饱和区域，晶体管的电流放大系数 β 下降，从而失去放大能力。通常将 $u_{CE} = u_{BE}$ 称为临界饱和，将 $u_{CE} < u_{BE}$ 称为深度饱和。饱和状态下，c、e 之间的电压称为饱和压降，用 U_{CES} 表示。一般情况下，小功率管的 $U_{CES} < 0.4V$（硅管约为 0.3V，锗管约为 0.1V）。由于 U_{CES} 通常很小，可忽略不计，因此晶体管 c、e 之间相当于短路状态，类似于开关闭合。

（3）放大区

放大区的特征是，集电结反向偏置、发射结正向偏置且大于开启电压。也就是 $u_{CE} > u_{BE}$，$u_{BE} > U_{ON}$。在放大区，输出特性曲线是一族与横坐标轴基本平行的等距离直线，所以放大区有如下重要特性。

1）受控特性：即 i_C 仅受 i_B 控制，而且 $i_C = \beta i_B$。

2）恒流特性：即 i_C 与 u_{CE} 的大小基本无关，指当输入回路中有一个恒定的 i_B 时，输出回路便对应有一个基本不受 u_{CE} 影响的恒定的 i_C。

若晶体管用于信号放大，则它必须工作在放大区；若将晶体管当作开关使用，则它必须工作在饱和区及截止区，饱和状态表示 c、e 之间接通，截止状态表示 c、e 之间断开。

2.1.4　晶体管的主要参数

晶体管的参数是用来表征其性能和适用范围的，也是评价晶体管质量及选择晶体管的依据。主要参数有如下几个。

1. 电流放大系数

晶体管接成共发射极电路时，其电流放大系数用 β 表示，β 的表达式已在 2.1.2 节中定义。在选择晶体管时，如果 β 值太小，则电流放大能力差；若 β 值太大，则会使工作稳定性变差。对于一般放大电路，晶体管的 β 值选 50~100 为宜。

β 的数值可以直接从曲线上求取，也可以用图示仪测试。由于晶体管特性曲线的非线性，因此 β 值与工作状态有关。但在放大区，一般认为 β 近似为线性。另外，由于晶体管特性的离散性，同型号、同一批晶体管的 β 值也会有所差异。

2. 反向饱和电流 I_{CBO}

I_{CBO} 是指发射极开路、集电结在反向电压作用下形成的反向饱和电流。I_{CBO} 的测量电路如图 2-6 所示。

当发射极（e）开路时，基极（b）和集电极（c）构成 PN 结，使晶体管变成二极管，图 2-6 所示测量电路相当于给二极管加反向电压，电流非常微小，但它受温度变化的影响很大。常温下，小功率硅管的 $I_{CBO} < 1\mu A$，锗管的 $I_{CBO} \approx 10\mu A$。I_{CBO} 的大小反映了晶体管的热稳定性，I_{CBO} 越小，说明其稳定性越好。因此，在温度变化范围大的工作环境中，应尽可能地选择硅管。

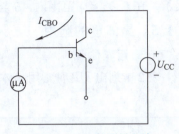

图 2-6　I_{CBO} 的测量电路

3. 穿透电流 I_{CEO}

I_{CEO} 是指基极开路，集电极、发射极间加上一定数值的反偏电压时，流过集电极和发射极之间的电流。I_{CEO} 的测量电路如图 2-7 所示，I_{CEO} 与 I_{CBO} 的电流关系为

$$I_{CEO} = (1+\beta)I_{CBO} \tag{2-7}$$

当基极（b）开路时，在集电极、发射极（c-e）间加任何极性电压，电流都是很微小的，因为 c、e 之间有两个 PN 结，总有一个 PN 结处于反偏状态。I_{CEO} 也是衡量晶体管质量的重要参数，它受温度影响很大，温度升高，I_{CBO} 增大，I_{CEO} 增大。一般硅管的 I_{CEO} 比锗管的小。

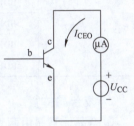

图 2-7　I_{CEO} 的测量电路

4. 集电极最大允许电流 I_{CM}

当集电极电流太大时，晶体管的电流放大系数 β 值下降。我们把 i_C 增大到使 β 值下降到正常值的 2/3 时所对应的集电极电流称为集电极最大允许电流 I_{CM}。为了保证晶体管的正常工作，在实际使用中，流过集电极的电流必须满足 $i_C < I_{CM}$。

5. 极间反向击穿电压

晶体管有两个 PN 结，当反向电压超过规定值时，也会发生击穿。晶体管的极间反向击穿电压参数较多，但常用的是 U_{CEO}。

U_{CEO} 是指当基极开路时，集电极与发射极之间的反向击穿电压。当温度上升时，击穿电压 U_{CEO} 下降，故在实际使用中，必须满足 $U_{CE} < U_{CEO}$。

6. 集电极最大耗散功率 P_{CM}

集电极最大耗散功率是指晶体管正常工作时允许消耗的最大功率。晶体管消耗的功率 $P_C = U_{CE}I_C$，它将转换为热能损耗于管内，并主要表现为温度升高。当晶体管消耗的功率超过 P_{CM} 值时，其发热过量将使晶体管性能变差，甚至烧坏晶体管。因此，在使用晶体管时，P_C 必须小于 P_{CM}，才能保证晶体管正常工作。

7. 共射截止频率 f_β 与特征频率 f_T

晶体管的电流放大系数 β 与频率有关，如图 2-8 所示。低频时，$\beta = \beta_0$，随着频率的增高，β 值将减小。当 β 减至 $0.707\beta_0$ 时所对

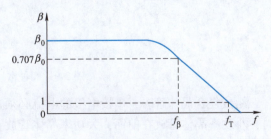

图 2-8　电流放大系数 β 的频率特性

应的频率称为共射截止频率,用 f_β 表示。当 β 减至 1 时所对应的频率称为特征频率,用 f_T 表示。在 $f_\beta < f < f_T$ 范围内,β 与频率的关系简单地表示为 $f\beta = f_T$。

2.1.5 晶体管的选用

1. 常用晶体管

表 2-1 列出了几种常用晶体管的主要参数,供选用参考。

表 2-1 几种常用晶体管的主要参数

类别	型号	类型	f_T/MHz	I_{CM}/A	U_{CEO}/V	P_{CM}/W
小功率管	9012	PNP	150	-0.5	-30	0.625
	9013	NPN	150	0.5	25	0.625
	9014	NPN	150	0.1	45	0.45
	9015	PNP	150	-0.1	-45	0.45
大功率管	BD135	NPN	—	1.5	45	12.5
	BD136	PNP	—	-1.5	-45	12.5
	BD137	NPN	—	1.5	60	12.5
	BD138	PNP	—	-1.5	-60	12.5

2. 复合晶体管

复合晶体管是由两只或两只以上的晶体管按一定的方式连接而成的。复合晶体管又称为达林顿(Darlington)管。图 2-9 所示是四种常见的复合晶体管,其中图 2-9a、b 由两只同类型的晶体管复合而成,图 2-9c、d 由两只不同类型的晶体管复合而成。

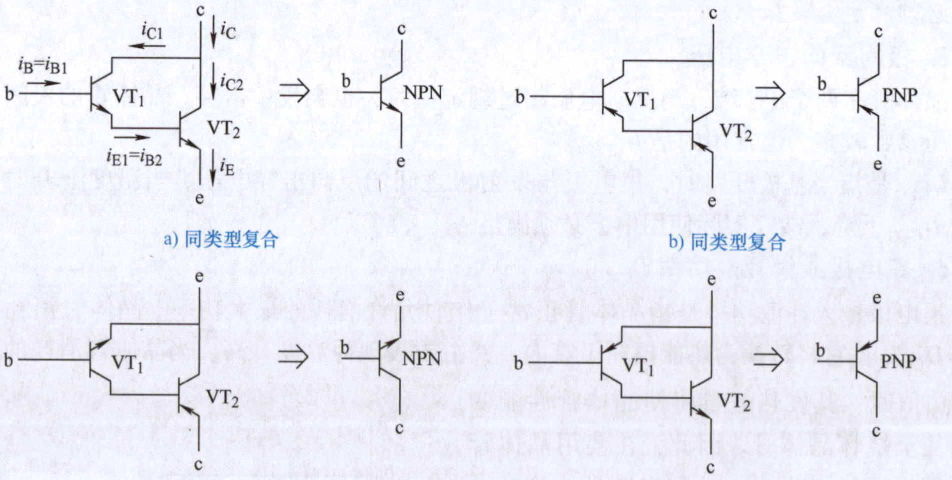

a) 同类型复合　　b) 同类型复合

c) 不同类型复合　　d) 不同类型复合

图 2-9 四种常见的复合晶体管

组成复合晶体管时,串接电极的电流必须连续;两只或两只以上晶体管组成复合晶体管时,小功率晶体管放在前面,大功率晶体管放在后面;前面一只晶体管的类型就是复合晶体管的类型。

复合晶体管的主要优点是其电流放大系数极大，近似为组成该复合晶体管的各晶体管β的乘积。例如，从图2-9a可得

$$i_C = i_{C1} + i_{C2} = \beta_1 i_{B1} + \beta_2 i_{B2}$$
$$= \beta_1 i_{B1} + \beta_2(1+\beta_1) i_{B1}$$
$$\beta = \frac{i_C}{i_B} = \frac{i_C}{i_{B1}} = \beta_1 + \beta_2 + \beta_1\beta_2 \tag{2-8}$$

复合晶体管一般应用在要求电流放大系数很大的场合。复合晶体管的缺点是穿透电流大，稳定性差。这是因为前面一只晶体管的穿透电流流入后面晶体管的基极，从而也被放大了，导致总的穿透电流比单管的穿透电流大很多。

复习思考题

2.1.1 晶体管放大的内部条件与外部条件是什么？

2.1.2 晶体管有两个PN结，能否将两个二极管反向串联起来作为晶体管使用？为什么？

2.1.3 晶体管的集电极与发射极互换时，有放大作用吗？为什么？

2.1.4 什么是晶体管特性曲线放大区？放大区有什么特点？

2.1.5 什么是晶体管的临界饱和？什么是深度饱和？

2.1.6 晶体管的极限参数有哪些？质量参数有哪些？

2.2 晶体管的应用

2.2.1 晶体管电子开关

电子开关是晶体管最常见的应用。将晶体管当作开关使用时，它必须工作在饱和状态及截止状态，饱和状态表示c、e间接通，截止状态表示c、e间断开。

1. 晶体管控制LED发光

晶体管控制二极管发光电路如图2-10所示。晶体管VT相当于电子开关，若控制电压为高电平，则晶体管饱和导通，即晶体管的c、e间接通，LED点亮；若控制电压为0V，则晶体管截止，即晶体管的c、e间断开，LED熄灭。

电路中R_1是限流电阻，如果没有R_1，LED则可能因电流太大而损坏。为了使晶体管饱和导通，晶体管的基极电流必须足够大，这由控制电压及R_2阻值决定。

2. 晶体管控制继电器

图2-11是继电器常用驱动电路，图2-11a采用NPN型晶体管驱动，图2-11b采用PNP型晶体管驱动。晶体管工作在开关状态，当VT_1饱和导通时，继电器K_1线圈通电，继电器开关吸合；当VT_1截止时，继电器线圈断电，继电器开关断开。

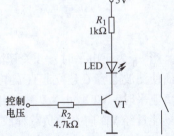

图2-10 晶体管控制LED发光电路

电路要点：

1）VT_1基极驱动电流应足够大，才能使VT_1饱和导通，继电器开关吸合。

2）继电器K_1线圈必须并联一只二极管VD_1，主要作用是保护VT_1，防止VT_1在由饱和

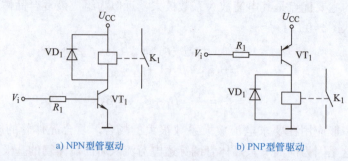

图 2-11 继电器常用驱动电路

导通向截止转换瞬间被线圈反向电压击穿。

3. 晶体管在 DC/DC 变换中的应用

直流/直流（DC/DC）变换就是将一种直流电压变换成另一种直流电压，这非常有用，有升压型变换、降压型变换及电压极性反转型变换。DC/DC 变换的关键是效率要高，即 DC/DC 变换电路自身几乎不消耗功率，晶体管通常工作在开关状态。

（1）降压型 DC/DC 变换电路

降压型 DC/DC 变换电路及其工作波形如图 2-12 所示。图中，VT 为开关功率管，受开关脉冲激励，工作在截止和饱和状态；VD 为续流二极管；L 为储能电感；C 为输出电压滤波电容；R_L 代表负载。

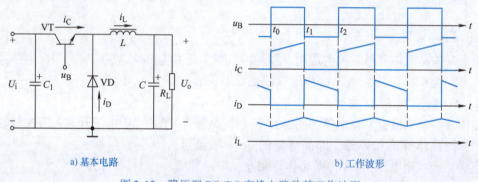

图 2-12 降压型 DC/DC 变换电路及其工作波形

当 u_B 为正电平时，开关管饱和导通，i_C 线性增大，输入电压经 VT 和 L 给 C 充电，一方面使滤波电容 C 建立起直流电压，另一方面使储能电感 L 中的磁场能量不断增长。当 u_B 为负电平时，VT 截止，L 感应出"右正左负"极性的电动势，续流二极管 VD 导通，L 中的磁场能量经 VD 向 C 及负载释放，使 C 上的直流电压更平滑。

（2）升压型 DC/DC 变换电路

升压型 DC/DC 变换电路及其工作波形如图 2-13 所示。图中，VT 为开关功率管，VD 为续流二极管，L 为储能电感，C 为输出电压滤波电容，R_L 代表负载。

当 u_B 为正电平时，开关管 VT 饱和，续流二极管 VD 截止，L 中的电流线性增大，即储存的磁场能量增大。当 u_B 为负电平时，VT 截止，L 感应电势极性为"右正左负"，此感应电动势与 U_i 相加，使 VD 导通，并给 C 充电及向负载提供电能，使输出电压大于输入电压，成为升压式开关电源。

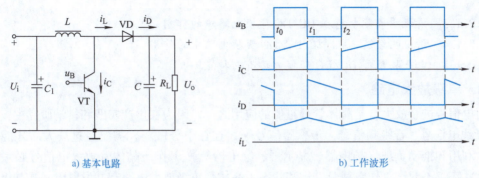

a) 基本电路 b) 工作波形

图 2-13　升压型 DC/DC 变换电路及其工作波形

(3) 电气隔离型单管 DC/DC 变换电路

电气隔离是指 DC/DC 变换前后的两种直流电压的接地点独立。在电气隔离式 DC/DC 变换电路中，往往采用开关变压器、光电耦合器件实现电气隔离，应用于很多电器设备的开关电源中，以提高电器的安全性。

单管式 DC/DC 变换电路及其工作波形，如图 2-14 所示，此电路应用广泛，家用电器中的开关电源几乎均采用此电路。图中，VT 为开关功率管，VD 为续流二极管，T 为储能变压器（或开关变压器），C 为输出电压滤波电容，R_L 代表负载。

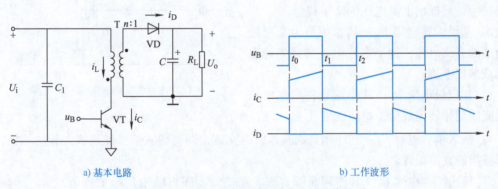

a) 基本电路 b) 工作波形

图 2-14　单管 DC/DC 变换电路及其工作波形

工作原理：当 u_B 为正电平时，VT 饱和导通，T 一次绕组中的电流线性增大，T 起储存磁场能量的作用，此时 T 二次绕组感应电动势的极性为"上负下正"，因而 VD 截止。当 u_B 为负电平时，VT 截止，T 二次绕组感应电动势的极性为"上正下负"，VD 导通，T 中的磁场能量向 C 及负载释放，使 C 上建立起直流电压。

只要在开关变压器中添加不同匝数的独立绕组，就可以获得不同数值的直流电压。隔离型 DC/DC 变换电路的最大优点是可以实现变压器一次、二次两侧电路接地点的相互独立。因为开关电源直接对电网电压进行整流滤波，使 U_i 接地点与电网相线相连，安全性极差。通过开关变压器，实现 U_i 接地点与 U_o 接地点的相互独立，U_o 接地点与电网相线绝缘。

复习思考题

2.2.1.1　晶体管作为电子开关应用时工作在何种状态（截止、放大、饱和）？

2.2.1.2　对于图 2-11a 所示电路，当 V_i 为多大时，VT_1 才能导通？图 2-11b 电路又如何?

2.2.1.3 请说明储能电感在DC/DC变换电路中的作用。

2.2.1.4 请说明续流二极管在DC/DC变换电路中的作用。

2.2.1.5 电气隔离型DC/DC变换电路有何特点?

2.2.2 单级放大电路

对电信号进行放大,是晶体管最重要的应用之一。因为在生产实践和科学研究中,电信号(无线电信号、音视频信号、传感器信号等)往往十分微弱,需要经过放大后才能便于测量、利用和推动负载(扬声器、显示屏、继电器等)工作。晶体管放大电信号必须工作在放大状态,不允许工作在截止、饱和状态。晶体管单级放大电路有共发射极、共基极、共集电极三种电路。

1. 简易共发射极放大电路

(1) 电路的基本组成

共发射极基本放大电路如图2-15所示。

电路中各元器件的作用如下:

1) 集电极电源U_{CC}:其作用是为整个电路提供能源,保证晶体管的发射结正向偏置,集电结反向偏置。在画图时,往往省略电源的电路符号,只标出电源电压的文字符号。

2) 基极偏置电阻R_b:其作用是为基极提供合适的直流电流,这个直流电流又称为静态电流或偏置电流。

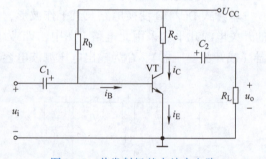

图2-15 共发射极基本放大电路

3) 集电极电阻R_c:其作用是将集电极信号电流的变化转换成信号电压的变化。

4) 输入耦合电容C_1:其作用是隔直流、通交流,即将输入信号加到放大管的基极,但隔断基极的直流偏置。

5) 输出耦合电容C_2:其作用是隔直流、通交流,即将输出信号加到负载R_L,但隔断集电极的直流。

"⊥"为等电位符号,是电路中的零参考电位。

(2) 电压、电流的方向及符号规定

为了便于分析,规定电压都以输入、输出回路的公共端为负,其他各点为正;电流方向以晶体管各电极电流的实际方向为正方向,如图2-15所示。

在放大电路中,有直流分量、交流分量、瞬时值、有效值及峰值等概念,其符号表示如下:

1) 直流分量,用大写字母和大写下标表示,如I_B表示基极的直流电流。

2) 交流分量,用小写字母和小写下标表示,如i_b表示基极的交流电流。

3) 瞬时值,是直流分量和交流分量之和,即交流叠加在直流上,用小写字母和大写下标表示,如i_B表示基极电流总的瞬时值,其数值为$i_B = I_B + i_b$。

4) 交流有效值,用大写字母和小写下标表示,如I_b表示基极交流电流的有效值。

5)交流峰值,用交流有效值符号再增加小写 m 下标表示,如 I_{bm} 表示基极交流电流峰值。

(3) 放大电路的静态工作状态

输入信号为零时,放大电路的工作状态称为静态,也就是放大电路的直流工作状态。

由图 2-15 可以清楚地看到,在放大电路中,既有直流电源,又有交流信号源,因此电路中交、直流并存。分析一个放大电路,首先要分析放大电路的直流工作状态,即求出放大电路各处的直流电压和直流电流的数值,以判断放大电路是否工作于放大区,这是放大电路放大交流信号的前提和基础。

分析放大电路的直流工作状态,首先要画出放大电路的直流通路。所谓直流通路,是指当输入信号 $u_i = 0$ 时,在直流电源 U_{CC} 的作用下,直流电流所流过的路径。在画直流通路时,电路中的电容开路,电感短路。图 2-15 所对应的直流通路如图 2-16a 所示。

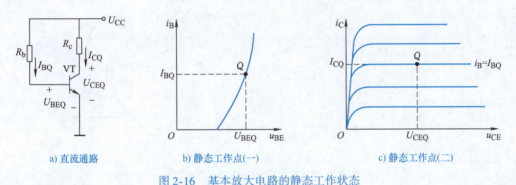

a) 直流通路　　　　b) 静态工作点(一)　　　　c) 静态工作点(二)

图 2-16　基本放大电路的静态工作状态

在图 2-16a 所示电路中,当 U_{CC}、R_c 和 R_b 确定以后,U_{BE}、I_B、U_{CE} 及 I_C 也就随之确定了。具体计算如下:

$$I_B = \frac{U_{CC} - U_{BE}}{R_b} \tag{2-9}$$

$$I_C = \beta I_B \tag{2-10}$$

$$U_{CE} = U_{CC} - I_C R_c \tag{2-11}$$

对应于这三个数值,可在晶体管的输入特性曲线和输出特性曲线上各确定一个固定不动的点 Q,分别如图 2-16b、c 所示,我们把这个 Q 点称为放大电路的静态工作点。为了便于说明,此时的电压和电流值是对应于工作点 Q 的静态参数,静态电压与静态电流分别记作 U_{BEQ}、I_{BQ}、U_{CEQ} 和 I_{CQ}。

放大电路直流状态的确定归结为静态工作点的选择,静态工作点应选在晶体管特性的放大区,而且应远离晶体管特性的截止区与饱和区。

(4) 交流信号放大原理

交流放大状态又称为动态,它是指放大电路输入信号不为零时的工作状态。当放大电路中加入正弦交流信号 u_i 时,电路中各电极的电压、电流都是在直流量的基础上发生变化,即瞬时电压和瞬时电流都是由直流量和交流量叠加而成的,其波形如图 2-17b 所示。

在图 2-17 中,输入信号 u_i 通过耦合电容传送到晶体管的基极与发射极之间,使得基极与发射极之间的电压为

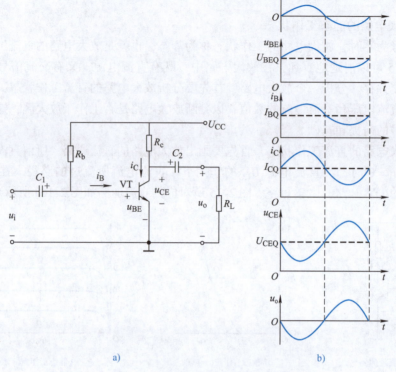

图2-17 基本放大电路的动态情况

$$u_{BE} = U_{BEQ} + u_i \tag{2-12}$$

当 u_i 变化时，便引起 u_{BE} 随之变化，相应的基极电流也在原来 I_{BQ} 的基础上叠加了因 u_i 变化产生的变化量 i_b。这时，基极的总电流则为直流和交流的叠加，即

$$i_B = I_{BQ} + i_b \tag{2-13}$$

经晶体管放大后，可得

$$i_C = \beta i_B = \beta I_{BQ} + \beta i_b = I_{CQ} + i_c \tag{2-14}$$

$$u_{CE} = U_{CC} - i_C R_c = U_{CC} - (I_{CQ} + i_c)R_c = U_{CEQ} - i_c R_c = U_{CEQ} + u_{ce} \tag{2-15}$$

由式(2-15)可以看出，电压 u_{CE} 由两部分组成，一为静态电压 $U_{CEQ} = U_{CC} - I_{CQ}R_c$，二为交流动态电压 $u_{ce} = -i_c R_c$，其中静态电压被 C_2 隔断，交流电压经 C_2 耦合到输出端，得

$$u_o = u_{ce} = -i_c R_c \tag{2-16}$$

式中，"-"表示 u_o 与 u_i 反相，即共发射极放大电路的 u_o 与 u_i 的相位相反。

通过对上述放大过程的分析和波形的观察，可以得到如下几个重要结论：

1) 在没有信号输入时，放大电路处于静态，晶体管各电极有着恒定的静态电流值 I_{BQ} 与 I_{CQ} 和静态电压值 U_{BEQ} 与 U_{CEQ}，如图2-17b中的粗虚线所示。

2) 当加入变化的输入信号后，放大电路处于动态，晶体管各电极的电流、电压瞬时值是在静态电流和电压的基础上分别叠加了随输入信号 u_i 变化的交流分量 i_b、i_c 及 u_{ce}，其总瞬时值的方向或极性保持原来直流量的方向与极性，大小随着 u_i 的变化而变化。

3) 输出电压 u_o 和输出电流 i_c 的变化规律和输入信号电压 u_i 一致，且 u_o 比 u_i 幅度大得多，这就完成了对交流信号的不失真放大。

4) u_o 和 u_i 是同频率的正弦量，但相位差 180°，即共发射极放大电路对于输入信号具有"反相"作用。

(5) 交流通路与交流量计算

所谓交流通路，是指在输入信号 u_i 的作用下，只有交流电流所流过的路径。画交流通路时，若耦合电容容量足够大，容抗近似为零，则耦合电容对交流视为短路；若电源 U_{CC} 是理想电源（内阻近似为零），则交流电流流过电源时电源两端没有交流电压产生，电源对交流也视为短路。这样，图 2-17a 所示电路的交流通路如图 2-18 所示。根据输入信号 u_i 的极性可画出各交流电流的流动方向。

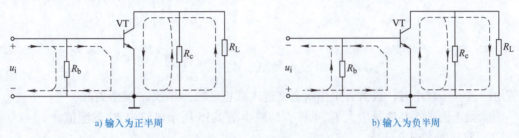

a) 输入为正半周　　　　　　　　　　b) 输入为负半周

图 2-18　交流通路与交流电流

1) 电压放大倍数：根据交流通路，由于输出总的负载电阻是 R_L 与 R_c 并联，用 $R'_L = R_c /\!/ R_L$ 表示，则有 $u_o = -i_c R'_L = -\beta i_b R'_L$，$u_i = i_b r_{be}$，电压放大倍数 A_u 可表示为

$$A_u = \frac{u_o}{u_i} = \frac{-\beta i_b R'_L}{i_b r_{be}} = -\beta \frac{R'_L}{r_{be}} \tag{2-17}$$

式中，r_{be} 是晶体管基极与发射极之间的交流输入电阻，计算公式为

$$r_{be} = 300\Omega + (1+\beta)\frac{26\text{mV}}{I_{EQ}(\text{mA})} \tag{2-18}$$

2) 输入电阻：输入电阻定义为输入电压 u_i 与输入电流 i_i 之比。根据交流通路，有

$$R_i = \frac{u_i}{i_i} = R_b /\!/ r_{be} \tag{2-19}$$

输入电阻 R_i 越大，放大电路从信号源索取的电流越少。

3) 输出电阻：任何放大电路的输出端都可以等效为一个有内阻的电压源，这个等效内阻称为输出电阻 R_o。根据交流通路，输出电阻为

$$R_o = R_c \tag{2-20}$$

输出电阻越小，接入负载 R_L 后，输出电压 u_o 变化越小，放大电路的带负载能力越强。对于多级放大，后级输入电阻就是前级负载电阻，前级输出电阻就是后级信号源内阻。

(6) 截止失真现象分析

若输出信号波形与输入信号波形不一样，就称为失真。

晶体管动态范围进入截止区而引起的失真称为截止失真。在图 2-19a 所示波形中，若 I_{BQ} 足够大，即 $I_{BQ} > I_{bm}$，i_b 波形就不会产生失真。在图 2-19b 波形中，若 I_{BQ} 不够大，使 $I_{BQ} < I_{bm}$，i_b 波形将发生失真，此失真称为截止失真。由于 i_b 波形失真，必将引起 i_C 和 u_{CE} 波形也失真，最后使输出的 u_o 波形产生正峰削顶失真。

由以上分析可知，产生截止失真的原因是晶体管的偏置电流 I_{BQ} 偏小。当输入信号使放

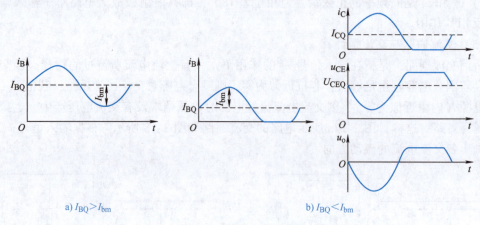

a) $I_{BQ} > I_{bm}$ b) $I_{BQ} < I_{bm}$

图 2-19 截止失真示意图

大管电流进一步减小时，放大管工作状态将进入截止区域，导致 i_B 波形失真。

消除截止失真的办法是增大 I_{BQ} 电流，即减小图 2-15 所示电路中 R_b 的阻值。

（7）饱和失真现象分析

晶体管动态范围进入饱和区而引起的失真称为**饱和失真**。避免饱和失真的条件是 $U_{CEQ} > U_{cem}$，如图 2-20a 所示。当 $U_{CEQ} < U_{cem}$ 时，将产生饱和失真，如图 2-20b 所示。这是因为在输入信号正半周，i_C 电流增大，u_{CE} 电压减小，当 u_{CE} 减至 0.7V 以下时，晶体管便进入饱和区域，晶体管失去了放大能力，虽然 i_B 在增大，但 i_C 不再增大，u_{CE} 也最小减至 0V，u_{CE} 波形的负峰被削底，导致 u_o 的负峰也被削底而失真。

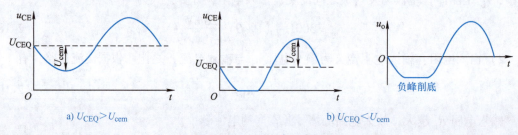

a) $U_{CEQ} > U_{cem}$ b) $U_{CEQ} < U_{cem}$

图 2-20 饱和失真示意图

由以上分析可知，产生饱和失真的原因是放大管的静态管压降 U_{CEQ} 偏小，当输入信号使瞬时管压降进一步减小时，放大管工作状态将进入饱和区域，导致波形失真。

消除饱和失真的办法是增大 U_{CEQ}，根据 $U_{CEQ} = U_{CC} - I_{CQ}R_c$，也就是减少 I_{CQ} 或减小 R_c 的阻值。

总之，设置合适的静态工作点十分重要，即 R_b 和 R_c 的阻值若选择不当，就会引起截止失真或饱和失真。

另外，需要说明的是，即使静态工作点合适，若输入信号幅度过大，也会导致截止失真和饱和失真同时发生。

还需要说明的是，即使放大电路的静态工作点选择为最佳，但因晶体管的放大区为近似线性放大区，所以**非线性失真**是必然的，只不过是此非线性失真可忽略不计罢了。

例 2-1 放大电路如图 2-21 所示，其中晶体管为硅管。

1) 计算静态工作点。
2) 当 $R_L = 6.8\text{k}\Omega$ 时，计算电压放大倍数。
3) 如果偏置电阻 R_b 由 510kΩ 减至 240kΩ，则晶体管的工作状态如何变化？

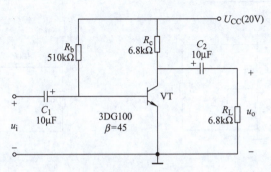

图 2-21 放大电路

解：1) 静态工作点的计算。

$$I_{BQ} = \frac{U_{CC} - U_{BE}}{R_b} \approx \frac{20\text{V} - 0.7\text{V}}{510\text{k}\Omega} = 37.8\mu\text{A}\ （为方便计算，取 40\mu\text{A}）$$

$$I_{CQ} = \beta I_{BQ} = 45 \times 0.04\text{mA} = 1.8\text{mA}$$

$$U_{CEQ} = U_{CC} - I_{CQ}R_c = 20\text{V} - 1.8\text{mA} \times 6.8\text{k}\Omega \approx 7.8\text{V}$$

2) 电压放大倍数的计算。

$$I_{EQ} \approx I_{CQ} = 1.8\text{mA}$$

$$r_{be} = 300\Omega + (1+\beta)\frac{26\text{mV}}{I_{EQ}(\text{mA})} = 300\Omega + 46 \times \frac{26\text{mV}}{1.8\text{mA}} = 964.4\Omega\ （为方便计算，取 960\Omega）$$

$$R'_L = R_c /\!/ R_L = 6.8\text{k}\Omega /\!/ 6.8\text{k}\Omega = 3.4\text{k}\Omega$$

$$A_u = -\beta \frac{R'_L}{r_{be}} = -45 \times \frac{3.4\text{k}\Omega}{0.96\text{k}\Omega} \approx -160$$

3) 计算当 R_b 由 510kΩ 减至 240kΩ 时的静态工作点。

$$I_{BQ} = \frac{U_{CC} - U_{BE}}{R_b} \approx \frac{20\text{V} - 0.7\text{V}}{240\text{k}\Omega} \approx 80\mu\text{A}$$

$$I_{CQ} = \beta I_{BQ} = 45 \times 0.08\text{mA} = 3.6\text{mA}$$

$$U_{CEQ} = U_{CC} - I_{CQ}R_c = 20\text{V} - 3.6\text{mA} \times 6.8\text{k}\Omega = -4.48\text{V}$$

由于 U_{CEQ} 不可能为负值，因而此时有误。因为 R_b 由 510kΩ 减至 240kΩ 后，晶体管电流增大，晶体管已进入饱和状态，$I_{CQ} = \beta I_{BQ}$ 不成立，$I_{CQ} \approx U_{CC}/R_c = 2.9\text{mA}$。

2. 分压式偏置共发射极放大电路

（1）电路结构

分压式偏置放大电路如图 2-22 所示，基极直流偏置电压 U_B 是由 R_{b1} 和 R_{b2} 对 U_{CC} 分压来取得的，故称这种电路为<u>分压式偏置电路</u>；同时，电路中增加了发射极电阻 R_e，用来稳定电路的静态工作点；另外，在 R_e 两端并联了一只电容 C_e，称为<u>射极旁路电容</u>，它使 R_e 两端的交流电压为零，即发射极交流对地短路。

(2) 静态工作点的估算

分压式偏置放大电路的直流通路如图 2-23 所示。

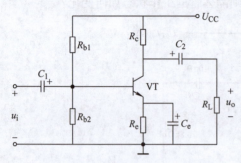

图 2-22　分压式偏置放大电路　　　　图 2-23　分压式偏置放大电路的直流通路

当晶体管工作在放大区时，I_{BQ} 很小，当满足 $I_{BQ} \ll I_1$ 时，U_{BQ} 由 R_{b1} 和 R_{b2} 对 U_{CC} 分压决定，于是有

$$U_{BQ} \approx \frac{R_{b2}}{R_{b1}+R_{b2}} U_{CC} \tag{2-21}$$

$$I_{CQ} \approx I_{EQ} = \frac{U_{BQ} - U_{BEQ}}{R_e} \tag{2-22}$$

$$I_{BQ} = \frac{I_{CQ}}{\beta} \tag{2-23}$$

$$U_{CEQ} \approx U_{CC} - I_{CQ}(R_c + R_e) \tag{2-24}$$

从上述公式来看，I_{CQ} 与 U_{CC}、R_{b1}、R_{b2} 及 R_e 有关，与晶体管的 β 等参数无关。这表明电路的静态工作点稳定，基本上不受温度 T 变化的影响。

静态工作点的稳定也可以这样说明：由于基极电压 U_{BQ} 固定，当温度增加时，由于晶体管的 β 及穿透电流增大，引起晶体管电流增大，则电流在 R_e 上的电压降 U_{EQ} 增大；再由于 $U_{BEQ} = U_{BQ} - U_{EQ}$，导致 U_{BEQ} 降低，即晶体管电流减小，这一过程又称为<u>直流负反馈</u>。过程表示如下：

$$T \uparrow \to \beta \uparrow \text{ 或 } I_{CEO} \uparrow \to I_{CQ} \uparrow \to I_{EQ} \uparrow \to U_{EQ} \uparrow \to U_{BEQ} \downarrow$$
$$I_{CQ} \downarrow \leftarrow I_{BQ} \downarrow \leftarrow$$

(3) 放大倍数的计算

由于 R_e 两端并联了一只电容 C_e，所以 VT 发射极交流接地，所以电压放大倍数计算与图 2-15 所示电路相同，若 $R'_L = R_c /\!/ R_L$，则有

$$A_u = \frac{u_o}{u_i} = \frac{-\beta i_b R'_L}{i_b r_{be}} = -\beta \frac{R'_L}{r_{be}} \tag{2-25}$$

(4) 电路参数对放大性能的影响

R_{b1} 称为<u>上偏置电阻</u>。R_{b1} 的阻值越大，放大管静态电流越小，而静态电流过小易使放大产生截止失真。R_{b1} 的阻值太小，放大管静态电流就过大，而静态电流过大将引起放大管管压降 U_{CEQ} 太小，易产生饱和失真。

R_{b2} 称为下偏置电阻。R_{b2} 的阻值对放大管静态电流的影响与 R_{b1} 刚好相反。

R_e 称为发射极直流负反馈电阻。R_e 的阻值大，则直流负反馈效果好，静态工作点稳定，但 R_e 太大会引起放大管静态电流太小，易产生截止失真。反之，R_e 的阻值小，则放大管静态电流大，静态电流过大将引起放大管管压降 U_{CEQ} 太小，易产生饱和失真；同时，R_e 的阻值太小使直流负反馈效果变差，静态工作点稳定性变差。

R_c 称为集电极负载电阻。R_c 的阻值大，则电压放大倍数高，但 R_c 的阻值太大会使放大管管压降 U_{CEQ} 减小，易产生饱和失真。反之，R_c 的阻值小，则电压放大倍数低，它可使放大管管压降 U_{CEQ} 增大，不易产生饱和失真。

C_1 和 C_2 称为耦合电容。C_1 和 C_2 的容量选择视信号频率而定。对于低频信号放大，一般采用电解电容。C_1 和 C_2 的容量若不够大，则会产生交流信号压降，即信号损失增大。但 C_1 和 C_2 容量太大会导致电容器体积增大，在安装时会引起不便。

C_e 称为发射极旁路电容。C_e 的容量选择也视信号频率而定。对于低频信号放大，一般采用电解电容，且一般容量选得比 C_1 及 C_2 的更大一些。若 C_e 的容量不够大，则 R_e 两端会产生交流信号电压，R_e 两端的信号电压抵消了输入信号电压，使加到放大管基极和发射极之间的信号电压减小，电压放大倍数将明显减小，这称为交流负反馈。

例 2-2 在图 2-22 所示的放大电路中，已知晶体管的参数：$\beta=50$，$U_{BEQ}=0.7\text{V}$，$R_{b1}=50\text{k}\Omega$，$R_{b2}=20\text{k}\Omega$，$R_c=5\text{k}\Omega$，$R_e=2.7\text{k}\Omega$，$R_L=5\text{k}\Omega$，$U_{CC}=12\text{V}$。

1) 试求放大电路的静态工作点。
2) 计算电压放大倍数。

解：1) 求静态工作点。

$$U_{BQ} \approx \frac{R_{b2}}{R_{b1}+R_{b2}} U_{CC} = \frac{20\text{k}\Omega}{20\text{k}\Omega+50\text{k}\Omega} \times 12\text{V} \approx 3.4\text{V}$$

$$I_{CQ} \approx I_{EQ} = \frac{U_{BQ}-U_{BEQ}}{R_e} = \frac{3.4\text{V}-0.7\text{V}}{2.7\text{k}\Omega} = 1\text{mA}$$

$$I_{BQ} = \frac{I_{CQ}}{\beta} = \frac{1\text{mA}}{50} = 0.02\text{mA}$$

$$U_{CEQ} \approx U_{CC} - I_{CQ}(R_c+R_e) = 12\text{V} - 1\text{mA} \times (5+2.7)\text{k}\Omega = 4.3\text{V}$$

2) 计算电压放大倍数。

$$r_{be} = 300\Omega + (1+\beta)\frac{26\text{mV}}{I_{EQ}(\text{mA})} = 300\Omega + 51 \times \frac{26\text{mV}}{1\text{mA}} = 1626\Omega$$

$$R'_L = R_c // R_L = 5\text{k}\Omega // 5\text{k}\Omega = 2.5\text{k}\Omega$$

$$A_u = -\beta \frac{R'_L}{r_{be}} = -50 \times \frac{2.5\text{k}\Omega}{1.626\text{k}\Omega} \approx -77$$

3. 共集电极放大电路

(1) 电路结构

共集电极的典型放大电路如图 2-24 所示。在该电路中，交流信号从基极输入，从发射极输出，集电极直接接电源，集电极为输入与输出的交流公共地端，故称其为共集电极放大电路，或称为射极输出器。

(2) 电路特点

共集电极放大电路的特点如下：

1)**同相放大**：共集电极放大电路是一个同相放大电路，即输出电压 u_o 与输入电压 u_i 同相。这是因为当输入信号 u_i 为正半周时，晶体管的电流在静态基础上增大，R_e 上的压降增大，输出 u_o 为正半周；当输入信号 u_i 为负半周时，晶体管的电流在静态基础上减小，R_e 上的压降减小，输出 u_o 为负半周。

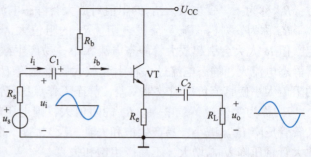

图 2-24　共集电极放大电路

2)**电压放大倍数 $A_u \approx 1$**：由图 2-24 可知，输出电压与输入电压的关系为 $u_i = u_{be} + u_o$，所以有 $u_o < u_i$，即电压放大倍数 A_u 小于 1；又因为有 $u_o \gg u_{be}$，所以有 $u_o \approx u_i$，即

$$A_u \approx 1 \tag{2-26}$$

共集电极放大电路虽然对交流信号无电压放大作用，但对信号有电流放大作用，故对信号仍有功率放大作用，所以经常被采用。

3)**输入电阻 R_i 很大**：由于 $u_i = u_{be} + u_o$，所以输入信号 u_i 没有全部加到放大管的基极与发射极之间，而是绝大部分被 u_o 所抵消。这种现象称为交流负反馈，它使得基极信号电流 i_b 大为减小，相当于输入电阻极大提高。

4)**输出电阻很小**：共集电极放大电路虽然对信号电压没有放大作用，但带负载能力很强。也就是说，当 R_L 发生变化时，电压放大倍数 A_u 基本不变，即共集电极放大电路的输出电阻 R_o 很小。

4. 共基极放大电路

(1) 电路结构

共基极放大电路如图 2-25 所示。直流通路采用的是分压式偏置，所以静态工作点的计算方法与前面介绍的相同。交流信号经 C_1 耦合到发射极，放大后从集电极经 C_2 耦合输出，C_b 为基极旁路电容，它使基极交流接地，故称其为共基极放大电路。

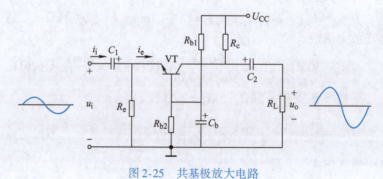

图 2-25　共基极放大电路

(2) 电路特点

共基极放大电路的特点如下：

1)**同相放大**：共基极放大电路具有同相放大的特点，当输入信号 u_i 为正半周时，晶体管的电流在静态基础上减小，R_c 上的压降减小，输出信号 u_o 也为正半周；当输入信号 u_i 为负半周时，晶体管的电流在静态基础上增大，R_c 上的压降增大，输出信号 u_o

也为负半周。

2) **输入电阻很小**：由图 2-25 可知，因发射极为输入电极，故发射极信号电流 i_e 就是放大管的输入电流。而在共发射极放大电路中，基极信号电流 i_b 是放大管的输入电流。两者相比较，由于 i_e 是 i_b 的 $1+\beta$ 倍，所以共基极放大管的输入电阻 r_{eb} 应是共发射极放大管的输入电阻 r_{be} 的 $1/(1+\beta)$。

3) **电压放大倍数与共发射极电路的相同**：根据电压放大倍数的定义，可得

$$A_u = \frac{u_o}{u_i} = \beta \frac{R'_L}{r_{be}} \tag{2-27}$$

4) **电流放大系数小于 1**：由图 2-25 所示电路可知，输入信号电流是 i_e，输出信号电流为 i_c，由于 i_c 接近于 i_e 而又小于 i_e，显然共基极放大电路的电流放大系数小于 1，而又近似等于 1。

5) **工作频率很高**：在共发射极放大电路中，放大管的集电结的结电容 C_{bc} 将集电极的输出信号反馈到基极，从而使放大倍数下降，因此其工作频率不太高。在共基极放大电路中，由于基极交流接地，放大管集电结的结电容仅对输出信号起旁路到地的作用，而旁路影响远比反馈影响轻得多，因而共基极放大电路更适合于对高频信号的放大。

复习思考题

2.2.2.1 什么是共发射极放大电路？
2.2.2.2 在共发射极放大电路中，什么样的静态工作点最佳？
2.2.2.3 产生截止失真与饱和失真的原因分别是什么？如何避免？
2.2.2.4 分压式偏置共发射极放大电路有何优点？
2.2.2.5 为什么称共集电极放大电路为电压跟随器？称共基极放大电路为电流跟随器？
2.2.2.6 试比较共发射极、共集电极及共基极放大电路的性能。

2.2.3 多级放大电路

前面介绍的基本放大电路，其电压放大倍数一般只能达到几十到几百。然而，在实际工作中，放大电路所输入的信号往往都非常微弱，要将其放大到能推动负载工作的程度，仅通过单级放大电路放大还达不到实际要求，必须通过多个单级放大电路连续多次放大，才可满足实际要求。

1. 多级放大电路的级间耦合

多级放大电路的组成可用图 2-26 所示的框图来表示。其中，输入级与中间级的主要作用是实现电压放大，输出级的主要作用是实现功率放大，以推动负载工作。

图 2-26 多级放大电路组成框图

在多级放大电路中，把级与级之间的连接方式称为耦合方式。而级与级之间耦合时，必须满足：

1) 耦合后，各级电路仍具有合适的静态工作点。
2) 保证前一级的输出信号能够顺利地传输到后一级的输入端。

为了满足上述要求，一般常用的耦合方式有阻容耦合、直接耦合、变压器耦合及光电耦合。

(1) 阻容耦合

我们把级与级之间通过电容连接的耦合方式称为阻容耦合。阻容耦合两级放大电路如图 2-27 所示，C_1 将输入信号 u_i 耦合到 VT_1 的基极，C_2 将 VT_1 集电极的输出信号耦合到 VT_2 的基极，C_3 将 VT_2 集电极的输出信号耦合到负载。

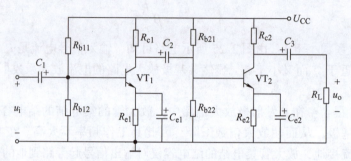

图 2-27　阻容耦合两级放大电路

阻容耦合放大电路的特点是：

1) 因电容具有"隔直流"作用，所以各级电路的静态工作点相互独立，互不影响。这给放大电路的分析、设计和调试带来了很大的方便。此外，阻容耦合还具有体积小、质量轻等优点。

2) 因电容对交流信号具有一定的容抗，在传输过程中，信号会受到一定的衰减。尤其对于变化缓慢的信号，其容抗很大，不便于传输。此外，在集成电路中，制造大容量的电容很困难，所以这种耦合方式下的多级放大电路不便于集成化。

(2) 直接耦合

为了避免电容对缓慢变化的信号在传输过程中带来的不良影响，也可以把级与级之间直接用导线连接起来，这种连接方式称为直接耦合。直接耦合两级放大电路如图 2-28 所示，VT_1 的集电极与 VT_2 的基极直接耦合，输入信号与第一级输入端是直接耦合，第二级输出与负载之间也采用直接耦合。

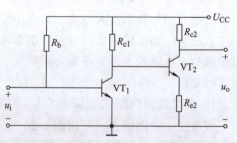

图 2-28　直接耦合两级放大电路

直接耦合的特点是：

1) 既可以放大交流信号，也可以放大直流和变化非常缓慢的信号；电路简单，便于集成，所以集成电路中多采用这种耦合方式。

2) 存在各级静态工作点相互牵制的问题。

(3) 变压器耦合

把级与级之间通过变压器连接的耦合方式称为变压器耦合。变压器耦合两级放大电路如图 2-29 所示，T_1 将 VT_1 集电极输出的交流信号耦合到 VT_2 的基极，T_1 使 VT_1 与 VT_2 的静态工作点互不影响。同理，T_2 实现了 VT_2 输出与负载之间的耦合。

变压器耦合的特点是：

1)因变压器不能传输直流信号,只能传输交流信号和进行阻抗变换,所以各级电路和静态工作点相互独立,互不影响。改变变压器匝数比,容易实现阻抗变换,因而容易获得较大的输出功率。

2)变压器体积大且质量也大,不便于集成;同时,频率特性差,也不能传送直流和变化非常缓慢的信号。

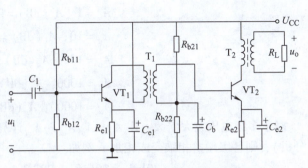

图 2-29　变压器耦合两级放大电路

(4)光电耦合

光电耦合是依靠光电耦合器来完成的。光电耦合器将发光二极管与光电晶体管相互绝缘地组合在一起。光电耦合器及其电路如图 2-30 所示。

发光二极管为输入回路,它将电能转换成光能;光电晶体管为输出回路,它将光能再转换成电能。当输入电压 u_i 为零时,发光二极管不发光,光电晶体管也截止,从而使 VT_1 和 VT_2 管也截止。若有输入电压 u_i,则发光二极管发光,光电晶体管产生电流,从而使 VT_1 和 VT_2 导通。

光电耦合主要应用在输入电路地线与输出电路地线需要相互隔离的场合。

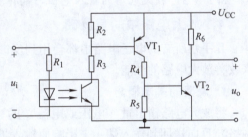

图 2-30　光电耦合器及其电路

2. 多级电压放大倍数计算

现以图 2-31 所示的两级放大电路框图为例,说明多级放大电路电压放大倍数的计算方法。

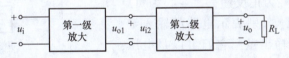

图 2-31　两级放大电路框图

在图 2-31 中,由于 $A_{u2} = \dfrac{u_o}{u_{i2}}$,$A_{u1} = \dfrac{u_{o1}}{u_i}$,且 $u_{i2} = u_{o1}$,故多级电压放大倍数为

$$A_u = \frac{u_o}{u_i} = \frac{u_o}{u_{i2}} \cdot \frac{u_{o1}}{u_i} = A_{u1} A_{u2} \tag{2-28}$$

因此,推广到 n 级放大电路,其电压放大倍数为

$$A_u = A_{u1} A_{u2} \cdots A_{un} \tag{2-29}$$

即多级放大电路的电压放大倍数为各级电压放大倍数之乘积。

在实际应用中,放大倍数又称为增益,它可用倍数值表示,也可以用放大倍数的对数值来表示。放大倍数对数值的单位为分贝(dB),则电压增益表示为

$$A_u(\text{dB}) = 20\lg A_u \tag{2-30}$$

例如:

$$A_u = 1, \quad A_u(\mathrm{dB}) = 0\mathrm{dB}$$
$$A_u = 10, \quad A_u(\mathrm{dB}) = 20\mathrm{dB}$$
$$A_u = 100, \quad A_u(\mathrm{dB}) = 40\mathrm{dB}$$
$$A_u = 1000, \quad A_u(\mathrm{dB}) = 60\mathrm{dB}$$
$$A_u = 10000, \quad A_u(\mathrm{dB}) = 80\mathrm{dB}$$

对于多级电压放大倍数，用 $A_u = A_{u1}A_{u2}\cdots A_{un}$ 计算及表示均不方便，若采用对数表示法（分贝），则各级增益相乘变成相加。例如：

$$20\lg A_u = 20\lg A_{u1} + 20\lg A_{u2} + \cdots + 20\lg A_{un} \tag{2-31}$$

复习思考题

2.2.3.1 阻容耦合、直接耦合、变压器耦合及光电耦合各有何特点？

2.2.3.2 放大倍数用对数值来表示，有何优点？

2.2.3.3 放大电路的输入电阻与晶体管的输入电阻有何区别？

2.2.4 放大电路中的负反馈

几乎在所有的电子电路中都会用到反馈。正反馈可产生正弦波等各种波形，负反馈可用来改善放大电路的性能。

1. 反馈的基本概念

将放大电路输出量（电压或电流）的一部分或全部，通过某些元件或网络（称为反馈网络）反向送回到输入端，来影响原输入量（电压或电流）的过程称为<u>反馈</u>。

有反馈的放大电路称为反馈放大电路，其组成框图如图 2-32 所示。图中，A 代表没有反馈的基本放大电路的放大倍数，F 代表反馈网络的反馈系数，符号 ⊗ 代表信号的混合环节，符号 "±" 表示反馈类型（"+" 为正反馈，"−" 为负反馈）。X_i、X_f、X_{id} 和 X_o 分别表示电路的输入量、反馈量、净输入量和输出量，它们可以是电压，也可以是电流。

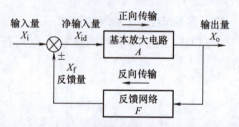

图 2-32 反馈放大电路组成框图

1）直流反馈与交流反馈：若反馈信号是交流量，则称为<u>交流反馈</u>，它影响电路的交流性能，如放大倍数等；若反馈信号是直流量，则称为<u>直流反馈</u>，它影响电路的直流性能，如静态工作点。若反馈信号中既有交流量又有直流量，则反馈对电路的交流性能和直流性能都有影响。

2）正反馈与负反馈：在反馈放大电路中，反馈量使放大器净输入量得到增强的反馈称为<u>正反馈</u>，使净输入量减弱的反馈称为<u>负反馈</u>。

2. 负反馈放大电路的基本关系式

若图 2-32 所示反馈放大电路中取负反馈，则可得到各信号量之间的基本关系式：

$$X_{id} = X_i - X_f \tag{2-32}$$

$$A = \frac{X_o}{X_{id}} \tag{2-33}$$

$$F = \frac{X_f}{X_o} \tag{2-34}$$

$$A_f = \frac{X_o}{X_i} = \frac{X_o}{X_{id} + X_f} = \frac{X_o}{X_{id} + FX_o} = \frac{A}{1 + AF} \tag{2-35}$$

式中，A 称为开环放大倍数；F 称为反馈系数；A_f 称为闭环放大倍数。式(2-35)表明，闭环增益 A_f 是开环增益 A 的 $1/(1+AF)$，$(1+AF)$ 称为反馈深度。$(1+AF)$ 值越大，负反馈就越深，放大倍数下降就越多。另外，乘积 AF 又称为环路增益。

3. 级内负反馈

从本级放大电路的输出端反馈到本级的输入端，此反馈称为级内反馈。

级内反馈判别举例如图2-33所示。这是一个由 VT_1、VT_2 和 VT_3 组成的三级放大电路，级与级之间都采用直接耦合，其中 R_b、R_{e1}、R_{e2} 和 R_{e3} 都具有反馈作用。

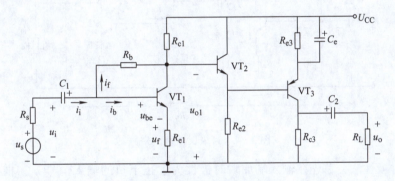

图2-33 级内反馈判别举例

（1）R_b 产生交直流负反馈，其中交流负反馈类型是电压并联型

偏置电阻 R_b 接在 VT_1 的基极与集电极之间，使得 VT_1 的集电极直流电压对基极直流电流产生影响，这种输出端直流对输入端直流产生的影响称为直流反馈，而且是一种直流负反馈，它的作用是稳定静态工作点。

由于 VT_1 集电极输出的交流信号电压 u_{o1} 也经 R_b 反馈到 VT_1 的基极，因而 R_b 对交流信号也产生反馈。根据输入信号 u_i 的瞬时极性，可以标出其他信号电压极性与信号电流流向，如图2-33所示。于是有 $i_b = i_i - i_f$，即由 u_{o1} 产生的反馈信号电流 i_f 与原输入信号电流 i_i 并联，并削弱了输入信号电流 i_i，使净输入信号电流 i_b 减小，故属于电压并联型负反馈。

（2）R_{e1} 产生交直流负反馈，其中交流负反馈类型是电流串联型

R_{e1} 是 VT_1 的发射极电阻，集电极直流电流在 R_{e1} 上产生电压降，此电压降影响基极直流电流的大小，于是产生直流负反馈。

由于 R_{e1} 两端没有并联旁路电容，因此集电极交流电流也会在 R_{e1} 两端产生压降 u_f。由图2-33所示输入信号 u_i 的瞬时极性可知，有 $u_{be} = u_i - u_f$，即由输出电流 i_c 产生的 u_f 与原输入信号电压 u_i 串联，并削弱了 u_i，使净输入信号电压 u_{be} 减小，因而属于电流串联型负反馈。

（3）R_{e2} 产生交直流负反馈，其中交流负反馈类型是电压串联型

R_{e2} 是 VT_2 的发射极电阻，而且也没有并联旁路电容，所以也将产生交直流负反馈。与 R_{e1} 不同的是，R_{e2} 的交流负反馈属于电压型，因为 VT_2 信号电压从发射极输出，即 R_{e2} 两端

的反馈电压就是输出信号电压，因而属于电压串联型负反馈。

（4）R_{e3} 仅产生直流负反馈

R_{e3} 是 VT_3 的发射极电阻，因而对 VT_3 产生直流负反馈。又因为 R_{e3} 两端并联旁路电容 C_e，因而 R_{e3} 两端没有交流信号电压产生，即 R_{e3} 没有交流负反馈产生。

4. 跨级负反馈

从后级放大电路输出端反馈到前级放大电路输入端的反馈称为跨级反馈。

跨级反馈判别举例如图 2-34 所示。这是一个两级阻容耦合放大电路，除了 R_{e1} 和 R_{e2} 产生级内电流串联负反馈外，R_F 和 C_F 电路构成了跨级反馈。

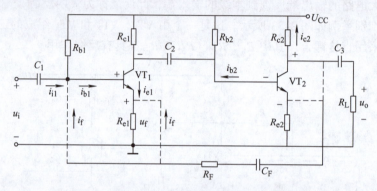

图 2-34　跨级反馈判别举例

根据瞬时极性法，首先在输入端加瞬时极性为上正下负的输入信号 u_i，根据 u_i 的极性可标出 VT_1 和 VT_2 的基极、发射极及集电极信号电压对地的瞬时极性（发射极与基极为同极性，集电极与基极为反极性），并标出 VT_1 和 VT_2 的净输入电流 i_{b1} 和 i_{b2} 的方向。

（1）反馈信号从 VT_2 集电极取样

若将 C_F 右端接到 VT_2 的集电极，则因信号电压从 VT_2 集电极输出，故 C_F 的接法属于电压取样。瞬时极性为正的输出电压将在 R_F 和 C_F 中产生反馈电流 i_f，i_f 的方向如图 2-34 中所示。

若 R_F 接到 VT_1 的基极，则有 $i_{b1} = i_{i1} + i_f$，即 i_f 使净输入信号电流 i_{b1} 增大，所以属于正反馈。

若 R_F 接到 VT_1 的发射极，则 i_f 与 i_{e1} 共同流过 R_{e1} 电阻，使上正下负极性的 u_f 反馈电压更大，u_f 更多地削弱了 u_i 信号，使 VT_1 的净输入信号电压 u_{be1} 更小，因而属于电压串联负反馈。

（2）反馈信号从 VT_2 发射极取样

若将 C_F 右端接到 VT_2 的发射极，则因 VT_2 发射极信号电压由 i_{e2} 产生，故属于电流取样。由于 VT_2 发射极信号电压瞬时极性是上负下正，从而使 R_F 和 C_F 中的 i_f 电流方向与图 2-34 中所示相反。因此，当 R_F 接到 VT_1 基极时，属于电流并联负反馈；当 R_F 接到 VT_1 发射极时，则属于正反馈。即反馈极性与从 VT_2 集电极取样时的反馈极性刚好相反。

通过以上级内反馈和跨级反馈的判别举例，可归纳出下列一些反馈判别技巧：

1）当晶体管发射极接有电阻时，此电阻就有直流负反馈产生。若此电阻没有并联旁路电容，则此电阻还将产生交流负反馈。

2）当交、直流反馈同时存在时，若直流是负反馈，则交流也必是负反馈。

3）对于跨级反馈，若反馈信号加到放大管的基极，则所跨元器件两端的信号电压极性相反（同）时为负（正）反馈。若反馈信号加到放大管的发射极，则所跨元器件两端的信号电压极性相同（反）时为负（正）反馈。

5. 负反馈对放大电路性能的影响

（1）降低放大倍数

根据式(2-35)，闭环放大倍数 A_f 与开环放大倍数 A 的关系为

$$A_f = \frac{A}{1+AF} \tag{2-36}$$

显然，负反馈降低了放大倍数。降低放大倍数具有很强的实际意义，如集成运算放大器，其开环放大倍数太大，若不引入负反馈，最微弱的信号经放大后也会产生非线性失真。

（2）稳定放大倍数

放大电路的放大倍数是由电路元器件的参数决定的。若元器件老化或更换元器件，负载变化或环境温度变化都可能引起放大倍数的变化。在深度负反馈条件下，由于 $(1+AF) \gg 1$，从而有 $1+AF \approx AF$，因此有

$$A_f = \frac{A}{1+AF} \approx \frac{1}{F} \tag{2-37}$$

由式(2-37)可知，深度负反馈的闭环增益 A_f 只由反馈系数 F 来决定，与开环增益几乎无关，而反馈系数 F 往往是一个常数，这说明了负反馈能使放大倍数稳定。

（3）减小非线性失真

负反馈使非线性失真减小的示意图如图 2-35 所示。无反馈时，虽然输入信号 u_i 正、负半周幅度对称，但由于放大电路在放大过程中存在着非线性失真（如正半周放大倍数大、负半周放大倍数小），引起输出波形 u_o 正、负半周不对称（如正半周幅度大、负半周幅度小）。引入负反馈后，u_f 也是正半周幅度大、负半周幅度小的失真信号。由于放大电路的净输入信号 $u_{id} = u_i - u_f$，所以 u_{id} 是一个正半周幅度小、负半周幅度大的预失真信号，u_{id} 经放大电路不对称放大后（正半周放大倍数大、负半周放大倍数小），输出波形几乎不失真了。

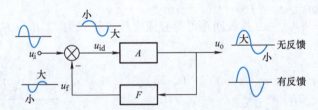

图 2-35 负反馈使非线性失真减小的示意图

应当注意的是，负反馈减小非线性失真所指的是反馈环内的失真。如果输入信号本身就是失真的，则此时引入负反馈，也无济于事。

（4）改变了输入、输出电阻

1）串联负反馈使输入电阻增大：这是由于引入负反馈后，反馈信号电压抵消了输入信号电压，导致信号源提供的电流 i_i 减小，从而引起输入电阻增大。

2）并联负反馈使输入电阻减小：这是由于引入负反馈后，反馈信号电流对输入信号电

流进行分流,导致信号源提供的电流 i_i 增大,从而引起输入电阻减小。

3) 电压负反馈使输出电阻减小：由于反馈信号是对输出信号电压 u_o 取样获得的,因而输出电压的不稳定会通过负反馈而自动趋向稳定,也就是说,电压负反馈能稳定输出电压,提高了输出端带负载的能力,即电压负反馈使输出电阻降低。

4) 电流负反馈使输出电阻增大：由于反馈信号是对输出信号电流 i_o 取样获得的,因而输出电流的不稳定会通过负反馈而自动趋向稳定,也就是说电流负反馈能稳定输出电流,使输出的恒流特性加强,即电流负反馈使输出电阻增大。

复习思考题

2.2.4.1 名词解释：反馈、负反馈、正反馈、直流反馈、交流反馈、反馈系数、反馈深度、环路增益、开环放大倍数和闭环放大倍数。

2.2.4.2 怎样判别负反馈与正反馈？

2.2.4.3 什么是串联型反馈？什么是并联型反馈？什么是电压型反馈？什么是电流型反馈？应如何判别？

2.2.5 差分放大电路

1. 电路组成

图 2-36 所示为基本差分放大电路,它是由两个完全对称的共发射极放大电路组成的。输入信号 u_{i1} 和 u_{i2} 从两个晶体管的基极输入,称为双端输入。输出信号从两个集电极之间取出,称为双端输出。R_e 为差分放大电路的公共发射极电阻,用来决定晶体管的静态工作电流和抑制零点漂移。R_c 为集电极的负载电阻,电路采用 $+U_{CC}$ 和 $-U_{EE}$ 双电源供电。

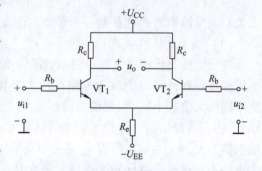

图 2-36 基本差分放大电路

2. 静态分析

当输入信号为零时,放大电路的直流通路如图 2-37 所示。由于电路左右对称,因此有 $I_{BQ1} = I_{BQ2} = I_{BQ}$, $I_{CQ1} = I_{CQ2} = I_{CQ}$, $I_{EQ1} = I_{EQ2} = I_{EQ}$, $U_{CEQ1} = U_{CEQ2} = U_{CEQ}$。由基极回路可得直流电压方程式为 $I_{BQ}R_b + U_{BEQ} + 2I_{EQ}R_e = U_{EE}$, 经化简后得

$$I_{EQ} = \frac{U_{EE} - U_{BEQ}}{2R_e + \frac{R_b}{1+\beta}} \qquad (2-38)$$

当 I_{EQ} 计算出来后,I_{CQ}、U_{CEQ} 也就不难算出来了。

3. 动态分析

（1）差模信号输入

在放大电路的两个输入端分别输入大小相等、相位相反的信号,即 $u_{i1} = -u_{i2}$ 时,这种输入信号称为差模输入信号,用 u_{id} 来表示。

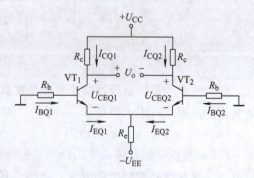

图 2-37 直流通路

图 2-38 所示的输入就是差模输入，信号加在两个晶体管的基极之间，各晶体管基极对地之间的信号就是大小相等、相位相反的信号。

由图 2-38 可知，$u_{i1} = -u_{i2} = \frac{1}{2}u_{id}$。由于两管的输入电压极性相反，因此流过两管的差模信号电流方向也相反。若 VT_1 的电流增加，VT_2 的电流则减小；VT_1 集电极的电位下降，VT_2 集电极的电位则上升，$u_{od} \neq 0$。

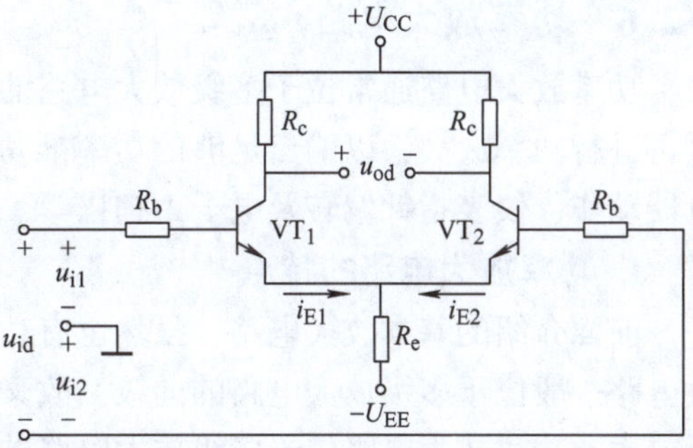

另外，在电路完全对称的条件下，i_{E1} 增加的量与 i_{E2} 减小的量相等，所以流过 R_e 的电流变化为零，即 R_e 电阻两端没有差模信号电压产生，可以认为 R_e 对差模信号呈短路状态。

当从两管集电极之间输出信号电压时，其差模电压放大倍数表示为

$$A_{ud} = \frac{u_{od}}{u_{id}} = \frac{u_{o1} - u_{o2}}{u_{i1} - u_{i2}} = \frac{2u_{o1}}{2u_{i1}} = -\beta \frac{R_c}{r_{be} + R_b} \tag{2-39}$$

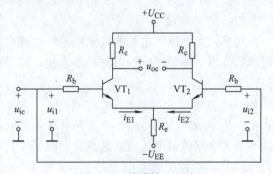

图 2-38 差模输入电路

（2）共模信号输入

当放大器的两输入端分别输入大小相等、极性相同的信号，即 $u_{i1} = u_{i2}$ 时，这种输入信号称为共模输入信号，用 u_{ic} 来表示。图 2-39 所示的输入就属于共模输入，因为两管基极连接在一起，两管基极对地的信号是完全相同的。

由图 2-39 可知，因为 $u_{i1} = u_{i2} = u_{ic}$，故两管的电流同时增加或减小；由于电路对称，两管集电极的电位同时降低或同时升高，降低量或升高量也相等，即 $u_{oc} = 0$。其双端输出的共模电压放大倍数为

图 2-39 共模输入电路

$$A_{uc} = \frac{u_{oc}}{u_{ic}} = 0 \tag{2-40}$$

在实际中，共模信号是反映温度漂移干扰或噪声等无用信号的。因为温度的变化、噪声的干扰对两管的影响是相同的，可等效为输入端的共模信号，在电路对称的情况下，其共模输出电压为零。

即使电路不完全对称，也可通过发射极电阻 R_e 产生 $2R_e$ 效果的共模负反馈，使每一只晶体管的共模输出电压减小。这是因为输入共模信号时，两管电流同时增大或同时减小，即 R_e 上的共模信号电压是两管发射极共模信号电流相加后产生的，故 R_e 对每一只晶体管来说都将产生 $2R_e$ 的共模负反馈效果。

复习思考题

2.2.5.1 什么是差分放大器？

2.2.5.2 什么是差模信号？什么是共模信号？

2.2.5.3 差分放大器能否放大共模信号？

2.2.6 功率放大电路

功率放大电路通常位于多级放大电路的最后一级,其任务是将前级电路放大后的电压信号再进行功率放大,以输出足够的功率推动执行机构工作,如扬声器发声、电动机旋转、继电器动作、仪表指针偏转及电子束扫描等。

1. 功率放大电路的特点

前面介绍的基本放大电路,虽然也有功率放大,但不能称为功率放大电路。因为这些放大电路一般位于多级放大电路的前级,故又称为前置放大电路,通常对小信号或微弱信号进行放大。功率放大电路位于多级放大电路的最后一级,其特点是对大信号进行放大,电路工作电压高、电流大,所以对功率放大电路有特殊的要求。

(1)输出功率要足够大

输出功率主要是用来衡量末级功率放大电路带负载能力的技术指标。在分析功率放大电路时,通常输入单一频率的正弦波信号,功率放大电路的输出功率为

$$P_o = \frac{U_{om}}{\sqrt{2}} \times \frac{I_{om}}{\sqrt{2}} = \frac{1}{2} U_{om} I_{om} \tag{2-41}$$

式中,U_{om} 和 I_{om} 分别是负载上的正弦波电压和电流的峰值。

(2)效率要高

功率放大电路将电源的直流功率转换成交流功率输出。功率放大电路向负载输出的交流信号功率与从电源吸收的直流功率之比,称为效率,用 η 表示。一般表示为

$$\eta = \frac{P_o}{P_{DC}} \times 100\% \tag{2-42}$$

式中,P_o 为交流信号功率;P_{DC} 为电源提供的直流功率。通常,电子设备的效率主要取决于功率放大电路的效率,效率高意味着电子设备省电。

(3)非线性失真要小

功率放大电路的信号电流和信号电压的幅度变化大,易使放大管工作状态进入截止区或饱和区,从而产生严重的非线性失真。

(4)要考虑放大管的极限运用

由于信号电流大、电压高,功率放大管极易损坏,因而要考虑功率放大管的极限参数(I_{CM}、P_{CM} 及 U_{CEO})是否有足够的余量。另外,为确保功率放大管安全可靠地工作,通常对功率放大管加散热板。

2. 乙类 OTL 功率放大电路

如果放大管的静态电流较大,放大管在放大过程中始终有电流,只不过电流做大小变化,则称这种静态为甲类静态,前面介绍的电压放大电路均属于甲类放大电路。在功率放大电路中,放大管的静态电流往往为零,则称为乙类静态,其特点是效率高。

乙类 OTL 功率放大原理电路如图 2-40 所示。它没有输入和输出变压器,VT_1 为 NPN 型管,VT_2 为 PNP 型管,VT_1 和 VT_2 组成推挽功率放大管,VT_3 组成激励放大管(偏置电阻未画出)。静态时,VT_1 和 VT_2 的偏置电压为零,故 VT_1 和 VT_2 的静态电流为零。VT_1 和 VT_2 的基极静态电压就是 VT_3 的集电极静态电压,设定为 $U_{CC}/2$,因此 VT_1 和 VT_2 的发射极电压也为 $U_{CC}/2$,则有 $U_{CEQ1} = U_{CEQ2} = U_{CC}/2$,这就确保了 VT_1 和 VT_2 的管压降相同,这一

点非常重要。C 为耦合电容，C 两端的直流电压也为 $U_{CC}/2$。

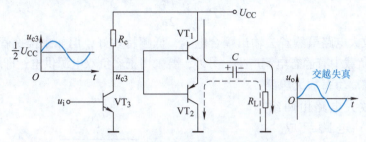

图 2-40 乙类 OTL 功率放大原理电路

输入信号 u_i 经 VT_3 激励放大后，输出 u_{c3} 信号。当 u_{c3} 为正弦波的正半周时，VT_1 导通，VT_2 截止，负载 R_L 上的电流如图 2-40 中实线所示，即 U_{CC} 经 VT_1 给 C 充电的电流就是 R_L 中的电流。当 u_{c3} 为正弦波的负半周时，VT_1 截止，VT_2 导通，负载 R_L 上的电流如图 2-40 中虚线所示，即 C 经 VT_2 放电的电流就是 R_L 中的电流。由此可见，VT_1 和 VT_2 交替导通，即以推挽方式进行工作，使负载获得完整的正弦波信号。

在 OTL 功率放大电路中，当功率放大管压降减小到饱和压降 U_{CES} 时，输出电压达到最大幅值，其值为 $\frac{1}{2}U_{CC} - U_{CES}$。因此，最大不失真输出电压幅值为

$$U_{omax} = \frac{1}{2}U_{CC} - U_{CES} \approx \frac{1}{2}U_{CC} \tag{2-43}$$

最大不失真输出功率 为

$$P_{omax} = \frac{U_{omax}^2}{2R_L} \approx \frac{U_{CC}^2}{8R_L} \tag{2-44}$$

OTL 功率放大电路的缺点是耦合电容 C 的容量很大，因而体积大，低频特性差。

3. 乙类 OCL 功率放大电路

乙类 OCL 功率放大原理电路如图 2-41 所示。与 OTL 电路相比，它仍由 VT_1、VT_2 和 VT_3 三只放大管组成，但采用 $+U_{CC}$ 和 $-U_{CC}$ 正负双电源供电。由于 VT_1 和 VT_2 基极静态电压为 0V，因而 VT_1 和 VT_2 管的发射极静态电压也为 0V，故负载可直接接到两管的发射极与地之间，即省去了图 2-40 中的容量很大的耦合电容 C。

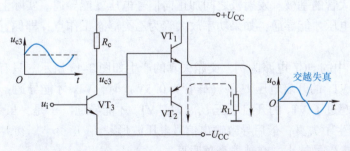

图 2-41 乙类 OCL 功率放大原理电路

OCL 功率放大电路的推挽工作过程与 OTL 的相同。VT_3 是激励放大管（偏置电阻未画出），要求将 VT_3 的集电极静态电压设计成 0V，这一点非常重要。

OCL 功率放大电路的最大不失真输出功率为

$$P_{omax} \approx \frac{U_{CC}^2}{2R_L} \quad (2\text{-}45)$$

OCL 功率放大电路虽然省去输出耦合电容，低频特性好，但如果推挽管发射极静态电压不为 0V，则负载中有静态电流产生。另外，要采用正、负双电源供电，即对电源要求高。

4. 乙类 BTL 功率放大电路

BTL 功率放大电路由两组 OTL（或 OCL）电路组成。图 2-42 所示是由两组 OTL 电路组成的乙类 BTL 功率放大原理电路。VT_1 与 VT_2 构成一对推挽功率放大管，VT_3 与 VT_4 构成另一对推挽功率放大管，由于电路对称，VT_1 和 VT_2 的发射极电位与 VT_3 和 VT_4 的发射极电位相等，因而当负载 R_L 接

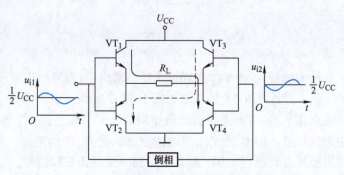

图 2-42 乙类 BTL 功率放大原理电路

在两对推挽管的发射极之间时，负载 R_L 中无直流电流流过。电路设置了一个倒相器，使加在 VT_1 和 VT_2 基极的交流信号与加在 VT_3 和 VT_4 基极的交流信号大小相等、极性相反。因此，VT_1 和 VT_2 发射极输出的信号与 VT_3 和 VT_4 发射极输出的信号也大小相等、极性相反。

BTL 功率放大电路的工作原理是：若输入信号为正半周，则 VT_1 与 VT_4 导通，VT_2 与 VT_3 截止，负载 R_L 中流过如图 2-42 中实线所示的电流；若输入信号为负半周，则 VT_2 与 VT_3 导通，VT_1 与 VT_4 截止，负载 R_L 中流过如图 2-42 中虚线所示的电流。

由此可见，负载 R_L 获得的信号电压为两对推挽管输出信号电压之和，负载 R_L 获得的功率为单个 OTL（或 OCL）功率放大电路的 4 倍。但受器件实际参数的影响，BTL 功率放大电路的最大输出功率是 OTL（或 OCL）功率放大电路的 2～3 倍。

5. 交越失真与甲乙类偏置

(1) 交越失真的产生

在前面 OTL、OCL 及 BTL 功率放大电路的分析中，都将晶体管的导通开启电压忽略不计，认为一旦放大管的基极、发射极之间加正向信号电压就能导通。实际上，只有正向信号电压超过了开启电压才能导通，如果功率放大管为乙类静态工作点，即偏置电压为零，则会产生交越失真。

现以图 2-41 中的 OCL 电路为例，交越失真的产生如图 2-43 所示。只有当输入信号正半周的幅度超过了 VT_1 的开启电压 U_{ON1}（硅管为 0.5V）时，VT_1 才能导通；同理，当输入信号负半周的幅度超过了 VT_2 的开启电压 U_{ON2} 时，VT_2 才能导通。于是，虽然 u_i 是正弦波信号，但 i_L 波形产生了失真，最后导致输出信号电压波形 u_o 在正负半周交界处产生失真，称为交越失真。输入信号越小，交越失真越明显。

(2) 甲乙类偏置

为了消除交越失真，通常给功率放大管建立甲乙类静态工作点，也就是使功率放大管有一定的静态电流，但此静态电流与信号电流相比较又可忽略不计，从而使甲乙类功率放大的

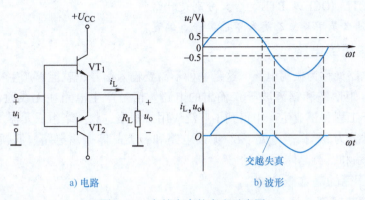

a) 电路　　　　　　　　　　　b) 波形

图 2-43　交越失真的产生示意图

效率仍接近于乙类功率放大的效率。

图 2-44 所示是常用的甲乙类偏置电路。其中，图 2-44a 是电阻偏置电路，VT_3 是激励（推动）放大管，工作在甲类放大状态，R_1 的阻值决定 VT_3 的增益。R_2 的作用是给推挽管建立甲乙类静态工作点，以消除交越失真。VT_3 的集电极电流在 R_2 上产生的电压降就是 VT_1 和 VT_2 推挽管的偏置电压，要求 $I_{CQ3}R_2 = U_{BEQ1} + U_{BEQ2}$，$R_2$ 的阻值越大，推挽管的静态电流也越大。另外，R_2 两端应并联一个电容 C，若没有电容 C，则 VT_1 基极获得的信号电压是 R_1 电阻产生的信号电压，而 VT_2 基极获得的信号电压是 $(R_1 + R_2)$ 电阻产生的信号电压，于是使两只推挽管的输入信号不相等，将产生不对称失真。

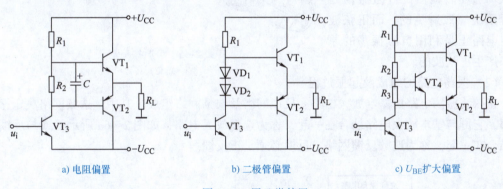

a) 电阻偏置　　　　　　b) 二极管偏置　　　　　　c) U_{BE}扩大偏置

图 2-44　甲乙类偏置

图 2-44b 为二极管偏置电路，若 VD_1、VD_2、VT_1 及 VT_2 均为硅管，则两只二极管产生的正向压降之和恰好等于两只晶体管 b-e 极偏置电压之和，从而使 VT_1 和 VT_2 处于微导通状态，以消除交越失真。由于二极管的正向交流电阻很小，所以二极管两端不必并联电容 C。

图 2-44c 是 U_{BE} 扩大偏置电路，常在集成内电路中采用。若 VT_4 的基极电流可忽略不计，则可求出 $U_{CE4} = U_{BE4}(R_2 + R_3)/R_3$，适当调节 R_2 和 R_3 的比值，就可改变 VT_1 和 VT_2 的偏压值。

复习思考题

2.2.6.1　功率放大电路与小信号电压放大电路相比较，有什么不同？

2.2.6.2　OTL、OCL 及 BTL 的含义分别是什么？

2.2.6.3　什么是甲类、乙类和甲乙类静态偏置？

2.2.7　正弦波振荡电路

信号产生电路又称为振荡电路，这是一种不需要输入信号，就能够产生特定频率、特定波形（正弦波、矩形波和锯齿波等）输出的电路。信号产生电路在无线通信、广播电视、测量技术、电子工程和工业生产中得到了广泛应用。根据选频网络组成元器件的不同，正弦波振荡电路通常分为 RC 振荡电路、LC 振荡电路和石英晶体振荡电路。低频采用 RC 振荡，高频采用 LC 振荡和石英晶体振荡。

1. 正弦波振荡的基本概念

（1）自激振荡现象

日常生活中，有许多自激振荡现象，如扩音系统在使用中，当将送话器靠近扬声器时，扬声器会发出刺耳的啸叫声，这就是自激振荡造成的，如图 2-45 所示。

扬声器发出的声音传入送话器，送话器将声音转换为电信号，送给扩音机放大，再由扬声器将放大了的电信号转换为声音，声音又返送回送话器……如此反复循环，形成正反馈，于是产生自激振荡啸叫。显然，自激振荡是扩音系统应该避免的，而正弦波产生电路正是利用自激振荡的原理来产生正弦波的。

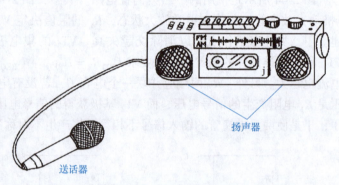

图 2-45　自激振荡现象

（2）振荡电路的组成及起振过程

正弦波振荡电路由基本放大电路、反馈网络及选频网络组成。其中，选频网络决定振荡频率，它可与基本放大电路结合在一起，称为选频放大电路，如图 2-46a 所示；或与反馈网络结合在一起，称为选频反馈网络。反馈必须是正反馈。

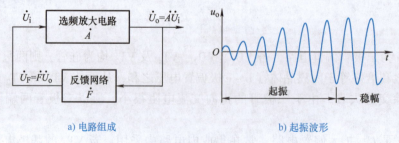

a) 电路组成　　　　　b) 起振波形

图 2-46　正弦波振荡电路的组成及起振波形

在图 2-46 所示的电路组成中，$\dot{A}$ 代表放大倍数，$\dot{F}$ 代表反馈系数。振荡电路没有输入信号，反馈信号就代替了输入信号。在接通电源的瞬间，随着电源电压由零开始的突然增大，电路受到扰动，相当于产生一个微弱的扰动电压。这个扰动电压的频率分布范围很宽，其中有所需要的频率 f_0。频率 f_0 经放大器放大，正反馈，再放大，再反馈……如此反复循环。如果信号的后一次反馈比前一次反馈的幅度更大，则输出信号中 f_0 的幅度将很快增大，而扰动电压中的其他频率成分会很快衰减为零。

那么，振荡电路在起振以后，振荡的幅度会不会无休止地增长下去了呢？这就需要增加<u>稳幅环节</u>，当振荡电路的输出达到一定幅度后，稳幅环节就会使输出减小，维持一个相对稳定的振荡幅度，如图 2-46b 所示。也就是说，在振荡建立的初期，必须使后一次反馈信号大于前一次的反馈信号，反馈信号一次比一次大，才能使振荡幅度逐渐增大；当振荡建立后，还必须使后一次的反馈信号等于前一次的反馈信号，从而使建立的振荡信号幅度得以稳定。

(3) 自激振荡的条件

由上面的分析可知，要想使振荡信号由弱到强逐渐建立起来，并最终趋于稳定，可得出自激振荡的条件是

$$\dot{A}\dot{F} \geqslant 1 \tag{2-46}$$

将其写成模和相角的形式为

$$|\dot{A}\dot{F}| \geqslant 1 \tag{2-47}$$

$$\varphi_A + \varphi_F = 2n\pi \quad (n \text{ 为整数}) \tag{2-48}$$

式(2-47) 称为自激振荡的<u>幅度条件</u>，其中起振幅度条件为 $|\dot{A}\dot{F}| > 1$，稳幅后的幅度平衡条件为 $|\dot{A}\dot{F}| = 1$。式(2-48) 称为自激振荡的<u>相位平衡条件</u>，表示信号经过放大电路产生的相位移（简称相移）φ_A 和经过反馈网络产生的相位移 φ_F 之和为 2π 的整数倍。

2. 变压器反馈式 *LC* 振荡电路

LC 正弦波振荡电路分为变压器反馈式 *LC* 振荡电路、电感三点式 *LC* 振荡电路和电容三点式 *LC* 振荡电路，它们可以产生几兆赫（MHz）以上的高频信号。

(1) 电路组成

变压器反馈式 *LC* 振荡电路如图 2-47 所示。由 R_{b1}、R_{b2} 和 R_e 组成的偏置电路使晶体管工作在放大状态。集电极直流电源是通过线圈 L_1 接入的，L_3 是反馈线圈，L_2 接负载电阻，C_1 是正反馈耦合电容，C_e 是发射极旁路电容，晶体管接成共发射极放大电路。L_1 和 C 组成的并联网络作为选频电路接在晶体管集电极回路中。反馈信号是通过变压器线圈 L_1 和 L_3 间的互感耦合，由反馈网络 L_3 送回输入端的。

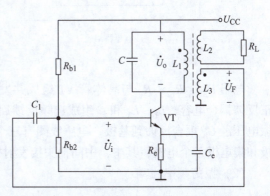

图 2-47 变压器反馈式 *LC* 振荡电路

(2) 振荡条件

为了满足相位平衡条件，变压器一、二次侧之间的同名端必须正确连接。如图 2-47 所示，设某一瞬间基极对地的信号电压 $\dot{U}_i$ 为正，由于共发射极电路的倒相放大，以及当 $f=f_0$ 时 L_1 和 C 所组成回路的谐振阻抗是纯电阻性，所以集电极信号 $\dot{U}_o$ 对地（电源）的极性为负，即 $\varphi_A = 180°$。

另外，由图 2-47 中 L_1 及 L_3 同名端可知，反馈信号 $\dot{U}_F$ 对地的极性为正，即 $\varphi_F + \varphi_A = 360°$，

$\dot{U}_F$ 与 $\dot{U}_i$ 对地极性相同，保证了电路是正反馈，满足振荡的相位平衡条件。

对于频率 $f \neq f_0$ 的信号，L_1 和 C 所组成回路的阻抗不是纯阻性，而是呈感性或容性。此时，L_1 和 C 组成的回路对信号会产生附加相移，那么 $\varphi_A + \varphi_F \neq 360°$，不满足相位平衡条件，电路也不能产生振荡。由此可见，L_1 和 C 组成的振荡电路只有在 $f = f_0$ 这个频率上才能产生振荡。

为了满足幅度条件 $AF \geq 1$，对晶体管的 β 值有一定要求。一般只要 β 值较大，就能满足振幅平衡条件。反馈线圈 L_3 的匝数越多，反馈越强，电路越容易起振。

（3）振荡频率

振荡频率可由 L_1 和 C 所组成的并联回路的固有谐振频率 f_0 来决定，即

$$f_0 = \frac{1}{2\pi\sqrt{L_1 C}} \tag{2-49}$$

3. 电感三点式 LC 振荡电路

（1）电路组成

图 2-48 所示是电感三点式 LC 振荡电路，又称为哈特莱（Hartley）振荡电路。它是利用电感反馈构成的 LC 振荡电路。

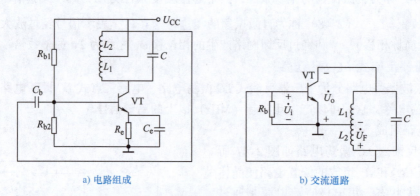

a) 电路组成　　　　　　　　　　b) 交流通路

图 2-48　电感三点式 LC 振荡电路

电阻 R_{b1}、R_{b2}、R_e 与晶体管 VT 组成共发射极放大电路，C_e 为发射极旁路电容，C_b 为正反馈耦合电容。L_1、L_2 和 C 组成选频反馈回路，作为 VT 的集电极负载，其中 L_2 上的谐振电压经 C_b 耦合反馈到基极。电感线圈有三个接点，从交流角度来看，分别接发射极、基极和集电极三个电极，其中，中间抽头接发射极，所以称为电感三点式振荡电路。

（2）振荡频率

$$f_0 = \frac{1}{2\pi\sqrt{(L_1 + L_2 + 2M)C}} \tag{2-50}$$

式中，$L_1 + L_2 + 2M$ 为 LC 回路的总电感；M 为 L_1 与 L_2 间的互感耦合系数。

4. 电容三点式 LC 振荡电路

（1）电路组成

电容三点式振荡电路又称为考比次（Colpitts）振荡电路。它是一种电容反馈式 LC 振荡电路，应用十分广泛。电容三点式振荡电路的基本结构与电感三点式振荡电路类似，只要将电感三点式电路中的电感 L_1 和 L_2 分别用电容 C_1 和 C_2 替代，而在电容 C 的位置接入电感

L，就构成电容三点式振荡电路，如图2-49所示。

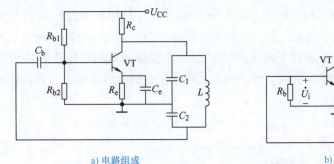

a) 电路组成 b) 交流通路

图2-49 电容三点式 LC 振荡电路

R_{b1}、R_{b2}、R_e、R_c 与晶体管 VT 组成共发射极放大电路，C_e 为发射极旁路电容。L、C_1 和 C_2 组成选频反馈回路，作为集电极的负载。其中，电容 C_2 上的谐振电压经 C_b 耦合到基极，形成正反馈。从交流角度来看，C_1 和 C_2 串联后有三个接点，分别接发射极、基极及集电极三个电极，其中，中间点接发射极，所以称为<u>电容三点式振荡电路</u>。

（2）振荡频率

振荡频率由 C_1、C_2 和 L 组成的谐振回路决定，即

$$f_0 = \frac{1}{2\pi\sqrt{LC}} \tag{2-51}$$

式中，C 是谐振回路的总电容，$C = \dfrac{C_1 C_2}{C_1 + C_2}$。

5. 石英晶体正弦波振荡电路

石英晶体正弦波振荡电路又称为晶体振荡电路或晶体振荡器，简称晶振，是一种利用石英晶体作为谐振选频的振荡电路。晶体振荡电路具有<u>极高的频率稳定度</u>，其 $\Delta f/f_0$ 值可达 $10^{-9} \sim 10^{-11}$，而 LC 振荡器只有 $10^{-4} \sim 10^{-5}$。晶振除用于钟表外，还广泛用于标准频率发生器、脉冲计数器及电子计算机中的时钟信号发生器等精密设备中。

图2-50所示为并联型石英晶体振荡电路。晶体在电路中起一个电感作用，它与 C_1 和 C_2 组成电容三点式振荡电路。振荡频率几乎等于石英晶体的谐振频率。

石英晶体振荡器的突出优点是具有很高的频率稳定度，所以常用于频率源。石英晶体谐振器也存在结构脆弱、怕振动、负载能力差及振荡频率难以调整等不足之处，从而限制了它的应用范围。

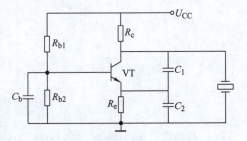

图2-50 并联型石英晶体振荡电路

复习思考题

2.2.7.1 正弦波振荡电路由哪三部分组成？

2.2.7.2 放大电路如果存在正反馈，就一定会产生振荡，对吗？

2.2.7.3 石英晶体振荡电路有何特点？应用在何种场合？

2.2.8 晶体管稳压电路

由于 220V/50Hz 交流电压的不稳定及负载电流的变化，导致整流滤波后的直流电压不稳定，这是某些电子产品所不能容忍的，因而需要稳压。稳压管稳压电路的输出电流小，输出电压不可调，不能满足很多场合下的应用需要。晶体管稳压电路以稳压管稳压电路为基础，利用晶体管的放大作用增大负载电流，引入负反馈使输出电压更稳定，而且输出电压大小可以调节。

1. 简易串联型稳压电路

简易串联型稳压电路如图 2-51 所示，VT 称为调整管，R 是 VT 的偏置电阻，使 VT 工作在放大状态。VT 的集电极、发射极与负载 R_L 串联，故称其为串联型稳压电路。稳压管 VZ 接在 VT 的基极，也就是对 VT 的基极电压进行稳压。由于输出电压 U_o 等于 VT 的基极电压减去一个常数电压 U_{BE}，所以只要稳定住 VT 的基极电压，也就稳定住了输出电压。

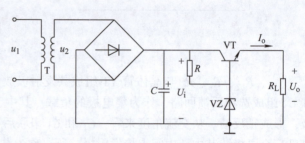

图 2-51 简易串联型稳压电路

与图 1-23 中的稳压管稳压电路相比较，简易串联型稳压电路增大了输出电流。这是因为稳压管仅对调整管的基极进行稳压，而基极电流通常较小，故这是一种小电流稳压，但却达到了大电流输出的效果，因为输出电流是基极电流的 $1+\beta$ 倍。

2. 具有放大环节的串联型可调稳压电路

（1）电路组成

典型的具有放大环节的串联型可调稳压电路如图 2-52 所示，它由调整管、取样电路、基准电路和误差比较放大电路四部分组成。

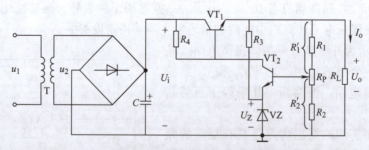

图 2-52 具有放大环节的串联型可调稳压电路

1) 调整管：VT_1 是调整管，通过自动改变 VT_1 的电流大小，实现输出电压 U_o 的稳定。

2) 取样电路：R_1、R_2 和 R_P 组成取样电路。当输出电压 U_o 发生变化时，该变化经 R_1、R_2 和 R_P 分压取样送到 VT_2 的基极，使基极电压能反映输出电压的变化。

3) 基准电路：VZ 为基准稳压管，即给 VT_2 发射极提供稳定的基准电压 U_Z。R_3 的作用是给 VZ 提供合适的工作偏流。

4) 误差比较放大：VT_2 是误差比较放大管，所谓"比较"，是指 VT_2 基极取样电压 U_{B2} 与发射极基准电压 U_Z 进行比较，此比较误差电压经 VT_2 放大后去控制调整管 VT_1 的电流，以实现稳压。R_4 既是 VT_2 的集电极负载电阻,又是 VT_1 的基极偏置电阻。

(2) 稳压原理

当电网电压升高或负载电流减小时,输出电压有升高趋势,经取样电阻分压,VT_2 基极对地电压 U_{B2} 将升高,VT_2 的发射极基准电压不变,因而 VT_2 的 U_{BE2} 电压增大,VT_1 电流增大,VT_2 集电极(VT_1 基极)对地电压减小,输出电压将降回到原值。上述稳压过程可表示为

$$U_i \uparrow 或 I_o \downarrow \to U_o \uparrow \to U_{B2} \uparrow \to U_{BE2} \uparrow \to I_{C2} \uparrow \to U_{C2}(U_{B1}) \downarrow \to U_o \downarrow$$

同理,当电网电压减小或负载电流增大时,输出电压有降低趋势,经过与上述相反的稳压过程,输出电压同样能升回到原值。

由此可见,稳压的过程实质上就是通过负反馈使输出电压维持稳定的过程。

(3) 输出电压的计算

在图 2-52 所示电路中,令 $n = \dfrac{R'_2}{R_1 + R_2 + R_P}$ 为取样系数,当 VT_2 的基极电流可以忽略不计时,则有

$$U_{B2} = nU_o = U_Z + U_{BE2}$$

$$U_o = (U_Z + U_{BE2})\dfrac{1}{n} \tag{2-52}$$

由式 (2-52) 可知,输出电压与基准电压 U_Z 有关,与取样系数 n 的倒数有关。调节 R_P 可改变 n 值,从而可改变输出电压。当 R_P 调到最上端时,输出电压为最小值,有

$$U_{omin} = (U_Z + U_{BE2})\dfrac{R_1 + R_2 + R_P}{R_2 + R_P} \tag{2-53}$$

当 R_P 调到最下端时,输出电压为最大值,有

$$U_{omax} = (U_Z + U_{BE2})\dfrac{R_1 + R_2 + R_P}{R_2} \tag{2-54}$$

复习思考题

2.2.8.1 整流滤波后的直流电压不稳定的原因是什么?

2.2.8.2 请比较图 1-23、图 2-51 两个稳压电路。

2.2.8.3 通常串联型稳压电路由调整管、取样、基准、误差比较放大四部分组成,请说明各部分作用。

2.2.8.4 在串联型稳压电路中,输出电压应如何调整?

2.3 晶体管应用实践操作

2.3.1 晶体管的测试

1. 用万用表判别基极与类型

晶体管的封装不同,其管脚排列也不同。目前晶体管的管脚采用一字形排列,通常中间管脚是基极的居多,也有中间管脚是集电极的。所以,应采用万用表测试晶体管的管脚。

将指针式万用表置于 $R \times 1k$ 档,并假设某一电极为基极。用黑表棒接晶体管的假设基极,用红表棒分别接另外两个电极,若电阻值都较小(大),再用红表棒接晶体管的假设基

极，用黑表棒分别接另外两个电极，若电阻值都很大（小），则说明基极假设是正确的，而且类型为NPN（PNP）型。测试示意图如图 2-53 所示。

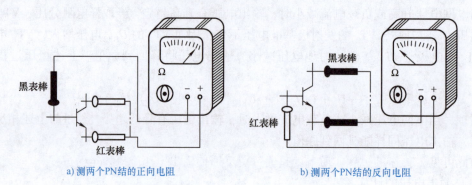

a) 测两个PN结的正向电阻　　　　b) 测两个PN结的反向电阻

图 2-53　晶体管的万用表测试示意图（一）

2. 用万用表判别集电极和发射极

只有完成晶体管基极及类型的判别后，方可进行集电极和发射极的判别。

若被测晶体管是 NPN 型，则测试如图 2-54a 所示。先将基极开路（S 断开），将万用表置于 $R \times 1k$ 档，并假设某一电极为集电极，另一电极为发射极。用万用表的黑表棒接假设的集电极，红表棒接假设的发射极，此时阻值应极大；再在基极与假设的集电极之间接一个 $100k\Omega$ 电阻（S 闭合），此时若阻值明显减小，则说明假设正确；若 S 闭合后阻值减小不明显，则说明假设错误，应重新假设（即将集电极和发射极互换）。

对于 PNP 型晶体管，测试如图 2-54b 所示。与 NPN 型晶体管测试不同的是，红表棒接假设的集电极，黑表棒接假设的发射极。

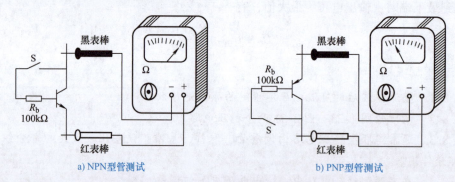

a) NPN型管测试　　　　b) PNP型管测试

图 2-54　晶体管的万用表测试示意图（二）

3. 用万用表估测 I_{CEO} 的大小

I_{CEO} 大小的估测是在对集电极和发射极的判别过程中完成的。如图 2-54 所示，当 S 断开，且万用表的红、黑表棒分别正确地搭在晶体管的集电极和发射极上时，万用表的阻值读数越大，表明晶体管的 I_{CEO} 越小。

4. 用万用表估测 β 的大小

β 大小的估测也是在对集电极和发射极的判别过程中完成的。如图 2-54 所示，当万用表的红、黑表棒分别正确地搭在晶体管的集电极和发射极上，且 S 闭合后，万用表的阻值读数减小越明显，则表明晶体管的 β 值越大。

5. 晶体管的质量粗判

普通晶体管的常见故障是断极（开路）、击穿（短路）及温度特性差。

如果晶体管两个 PN 结的正向电阻均较小，反向电阻均很大，则晶体管一般为正常。若晶体管某个 PN 结的正、反向电阻均为零，则表明该晶体管的发射结或集电结已击穿。若晶体管某个 PN 结的正、反向电阻均为无穷大，则表明该晶体管内部断极。若某晶体管基极开路时，集电极、发射极间的电阻不是几百千欧以上，则表明该晶体管的穿透电流较大。若某晶体管集电极、发射极间的电阻为零，则表明该晶体管的集电极、发射极间已击穿损坏。

6. 在电路板上测试晶体管

晶体管作为放大元器件焊在印制电路板上，通电后，用万用表可测出晶体管的类型及管脚名称。对于 NPN 型硅（锗）管，采用正电源供电，集电极对地电压最高，发射极对地电压最低，基极比发射极高出 0.6~0.7V（锗管高出 0.2~0.3V）。对于 PNP 型硅（锗）管，也采用正电源供电，集电极对地电压最低，发射极对地电压最高，基极比发射极低 0.6~0.7V（锗管低 0.2~0.3V）。

2.3.2 电压放大电路的制作

1. 电压放大电路的焊接

分压式偏置共发射极电压放大电路如图 2-55 所示，在实验电路板上焊接此电路。

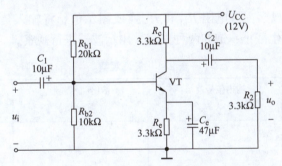

图 2-55　分压式偏置共发射极电压放大电路

2. 静态测试

测试基极直流电压 U_{BQ}、发射极直流电压 U_{EQ} 和集电极直流电压 U_{CQ}，将测试值填入表 2-2 中。根据欧姆定律计算出集电流直流 I_{CQ}。

表 2-2　放大电路的静态测试

测试、计算内容	U_{BQ}/V	U_{EQ}/V	U_{CQ}/V	I_{CQ}/mA
测试与计算值				

3. 动态测试

1）在放大电路输入端加正弦波信号电压（频率为 1kHz，有效值为 20mV），用示波器测试放大电路输出端的信号波形，将波形画在表 2-3 中。测出输出信号波形的幅度（峰峰值），再换算成有效值，最后计算出电压放大倍数。

2）拆除发射极电容 C_e，再次观察输出波形幅度。

表2-3 放大电路的动态测试

测试、计算内容	输出信号波形	输出电压有效值 U_o	电压放大倍数 A_u
测试与计算值			

4. 失真观察

1)截止失真观察:将电阻 R_{b1} 换成100kΩ,此时晶体管电流减小,用万用表测试集电极直流电压 U_{CQ} = ____ V。当加入输入信号后,输出波形将发生截止失真,用示波器进行观察并画在表2-4中。

2)饱和失真观察:将电阻 R_{b1} 换成图示值,再将电阻 R_c 换成6.3kΩ,用万用表测试集电极直流电压 U_{CQ} = ____ V。当加入输入信号后,输出波形将发生饱和失真,用示波器进行观察并画在表2-4中。

3)截止饱和失真观察:将电阻 R_{b1} 和 R_c 换成图示值,将输入信号幅度增大到有效值100mV,输出波形将发生截止、饱和两种失真,用示波器进行观察。

表2-4 失真观察

操作内容	输出信号波形 (增大 R_{b1})	输出信号波形 (增大 R_c)	输出信号波形 (增大输入信号)
波 形			

2.3.3 OTL 功率放大电路的测试

1. 电路分析

OTL 功率放大实验电路如图2-56所示。这是一个单电源供电的 OTL 功率放大电路,VT$_2$ 和 VT$_3$ 组成推挽功率放大管,其静态电流由 R_{P2} 调整,电流太大使功率放大电路的效率降低,电流太小易产生交越失真。VT$_1$ 是电压驱动放大管,R_1、R_{P1} 是 VT$_1$ 的偏置电阻,调节 R_{P1} 可改变 VT$_1$ 的电流大小,从而改变 A 点电压高低。为了使 VT$_1$、VT$_2$ 的管压降(c、e 极间电压)相等,A 点电压应为 U_{CC} 的一半。

与前面 OTL 电路不同的是,图2-56所示电路有一个<u>自举升压电路</u>,它由 C_2、R_4 组成。由于 C_2 容量较大,当 C_2 充放电时,其两端电压变化不大,即 C_2 两端电压是常数电压。自举升压原理是:当正弦波信号 u_i 为负半周时,VT_1 电流减小,VT_1 集电极电压升高,VT_2 导通(VT_1 截止),引起 A 点电压升高,A 点电压与 C_2 两端电压相加,使 B 点电压也升高,从而使 VT_2 导通程度增加。这就是自举升压。

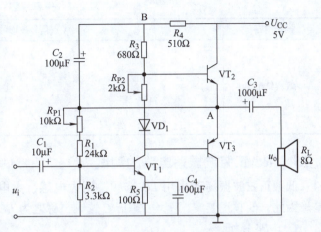

图 2-56 OTL 功率放大实验电路

2. 静态调试与测试

给实验电路板加 5V 电源电压,用万用表测试 A 点(VT_2 发射极)的直流电压,此电压应为电源电压 U_{CC} 的一半。若偏差较大,可通过调整 R_{P1} 解决。将测试结果填入表 2-5。

用万用表测试 U_{CC} 输出的整机电流(将万用表拨在电流档,然后将两表棒串接到电源线中测试),此电流约为 5mA,若偏差较大,可通过调整 R_{P2} 解决。将测试结果填入表 2-5。

表 2-5 静态测试

操作内容	A 点电压/V	整机电流/mA
测试结果		

3. 动态测试

当静态测试正常后,在输出端接上 8Ω 扬声器,在输入端加频率为 1kHz、有效值为 100mA 的正弦波信号,扬声器应发出明亮声响(若声响太轻,可增加输入信号幅度;若声响太大,可减小输入信号幅度)。

用示波器观察输入端与 A 点输出信号波形,将波形画在表 2-6 中。根据输入、输出信号波形幅度计算出电压放大倍数。将测试与计算数据填入表 2-6 中。

表 2-6 动态测试

操作内容	A 点信号波形	输入信号波形	电压放大倍数
观察或计算结果			

4. 交越失真观察

将 R_{P2} 阻值调小,使整机电流几乎为零。再在输入端加正弦波信号,用示波器观察 A 点波形是否产生交越失真。将失真波形画于表 2-7 中。

表2-7 失真观察

操作内容	A点信号波形的交越失真情况
观察结果	

2.3.4 RC 正弦波振荡电路的测试

低频正弦波振荡若采用 LC 选频,则大电感、大电容损耗大、体积大,选频效果反而差。因此,<u>低频正弦波振荡均采用 RC 选频</u>,称之为 RC 正弦波振荡器。

1. 电路分析

典型的 RC 振荡实验电路如图 2-57 所示。由 VT_1、VT_2 组成两级阻容耦合共发射极放大电路,信号经两级倒相放大后,输出信号与输入信号为同相关系。由电路左侧的 RC 串并联网络将 VT_2 输出信号反馈到 VT_1 输入端,对于

$$f_0 = \frac{1}{2\pi RC} \tag{2-55}$$

频率的信号,这是一个正反馈,于是将产生振荡。对于大于 f_0 的频率的信号,并联电容 C 容抗很小,信号被分流衰减,不能形成振荡;对于小于 f_0 的频率,串联电容 C 容抗很小,信号被分压衰减,也不能产生振荡。只有 f_0 频率信号,信号仅被衰减 1/3,而且反馈信号与 VT_2 输出信号同相,所以能形成振荡。因此,RC 串并联网络不仅仅是正反馈网络,也是选频网络,即 f_0 的频率就是振荡频率。

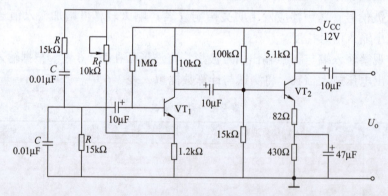

图 2-57 RC 振荡实验电路

由于振荡信号被 RC 串并联网络仅仅衰减 1/3,所以两级放大电路的电压放大倍数只要大于 3,就能满足振荡幅度条件,于是产生正弦波振荡。电阻 R_f 将 VT_2 的输出信号负反馈到 VT_1 的发射极,目的是使两级电压放大倍数不要太大,只要略大于 3 即可。如果电压放大倍数太大,则正弦波的波形失真会很严重。

2. 静态测试

通电后,测试 VT_1、VT_2 各极电压,将测试数据填入表 2-8 中。

表 2-8 静态测试

测试点	VT$_1$			VT$_2$		
	e	b	c	e	b	c
电压/V						

3. 动态测试

当静态测试正常后,用示波器观察输出电压 u_o 的正弦波波形,将波形画在表 2-9 中。若没有波形或波形失真严重,可通过调整 R_f 解决。

表 2-9 动态测试

操作内容	u_o 的正弦波波形
观察结果	

习 题

1. 在电路板中测得四个放大晶体管电极的电位如图 2-58 所示,请判断这四个晶体管的电极名称(e、b、c),它们是 NPN 型还是 PNP 型?是硅管还是锗管。

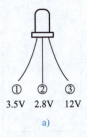
3.5V 2.8V 12V
a)

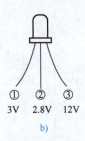
3V 2.8V 12V
b)

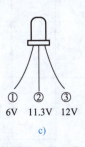
6V 11.3V 12V
c)

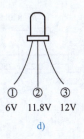
6V 11.8V 12V
d)

图 2-58 四个放大晶体管电极的电位

2. 测得晶体管两个电极的电流及流动方向如图 2-59 所示,求另一个电极的电流及流动方向,并判断各电极名称(e、b、c),请判断它们是 NPN 型还是 PNP 型。

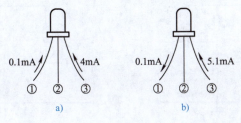

图 2-59 晶体管两个电极的电流及流动方向

3. 在电路板中测得五个晶体管的各电极电位如图 2-60 所示，请判断各晶体管的工作状态（放大区、饱和区、截止区）。

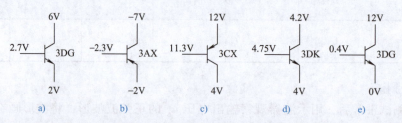

图 2-60　五个晶体管的各电极电位

4. 图 2-61 所示哪些复合管的接法是正确的？如正确，请标出复合管的类型（NPN、PNP）及管脚名称。

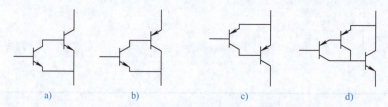

图 2-61　复合管接法

5. 光控小夜灯电路如图 2-62 所示，晶体管（9014）的作用是电子开关，R_5 是光敏电阻，请分析 LED 灯的光控原理（白天熄灭、晚上点亮）。

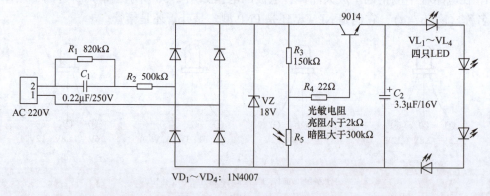

图 2-62　光控小夜灯电路

6. 在图 2-63 所示各电路中，哪些电路能放大？哪些不能放大？请简单说明。

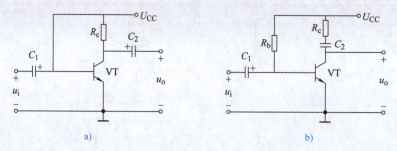

图 2-63　电路

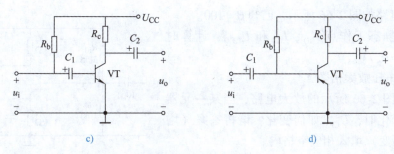

图 2-63 电路（续）

7. 在图 2-64 所示各电路中，哪些电路能正常放大？哪些电路不能正常放大？请简单说明理由。

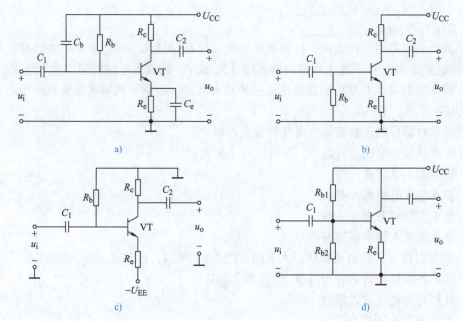

图 2-64 电路

8. 放大电路如图 2-65 所示。

1）计算静态工作点 I_{BQ}、I_{CQ} 和 U_{CEQ}，计算时可以认为 $U_{BEQ} \approx 0$。

2）在以上情况下，逐渐加大输入正弦波信号的幅度，问放大电路易出现何种失真？

3）若要求 $U_{CEQ} = 6V$，问 R_b 应选多大？

4）在 $U_{CEQ} = 6V$ 时，输入有效值 $U_i = 5mV$ 的正弦波信号，求输出信号有效值 U_o。

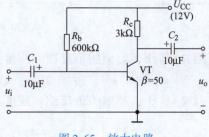

图 2-65 放大电路

9. 放大电路如图 2-66 所示，已知 $\beta = 100$。

1）计算静态工作点 I_{BQ}、I_{CQ} 和 U_{CEQ}，计算时可认为 $U_{BEQ} = 0.7V$。

2）计算电压放大倍数 A_u。

10. 对于图 2-66 所示的放大电路，当某一元器件参数发生变化时，U_{CEQ} 如何变化？请将答案（增大、减小或不变）填入相应空格内。

1）R_{b1} 增大时，U_{CEQ} 将_____。

2）R_{b2} 增大时，U_{CEQ} 将_____。

3）R_e 增大时，U_{CEQ} 将_____。

4）R_c 增大时，U_{CEQ} 将_____。

5）β 增大时，U_{CEQ} 将_____。

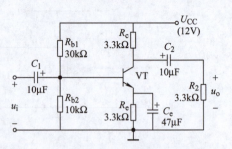

图 2-66　放大电路

11. 某放大电路由三级组成，已知各级的电压增益分别为 10dB、25dB 和 25dB，问总的电压增益是多少 dB？如果放大电路的输入信号为 2mV，则放大电路的输出电压是多少？

12. 有共发射极、共基极和共集电极三种放大电路，根据下列要求，你认为应选用哪一种电路为好？

1）要求对信号电压和信号电流都有放大作用。

2）要求对信号电流进行放大，信号电压不需要放大。

3）要求输入电阻高一些。

4）要求输入电阻低一些。

5）要求带负载能力强一些。

6）要求能放大频率很高的信号。

13. 共发射极－共集电极级联放大电路如图 2-67 所示，已知 $\beta_1 = \beta_2 = 80$。

1）计算各级放大管的静态电流（I_{CQ1} 和 I_{CQ2}）。

2）计算总的电压放大倍数。

14. 放大电路如图 2-68 所示。

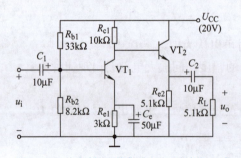

图 2-67　共发射极-共集电极级联放大电路

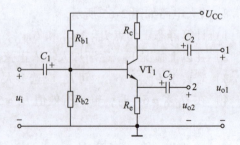

图 2-68　放大电路

1）若信号从 1 端输出，则 R_e 是什么类型的负反馈？深度反馈下的闭环电压放大倍数 $A_{uf1} = u_{o1}/u_i$ 是多大？

2）若信号从 2 端输出，则 R_e 是什么类型的负反馈？深度反馈下的闭环电压放大倍数 $A_{uf2} = u_{o2}/u_i$ 是多大？

15. 请画一遍图 2-27 所示的阻容耦合两级放大电路。

16. 请画一遍图 2-29 所示的变压器耦合两级放大电路。

17. 三级放大电路如图 2-69 所示，反馈信号可从 VT_3 的集电极或发射极取样，然后接到 VT_1 的基极或发射极，于是有四种接法（1 和 3、1 和 4、2 和 3 及 2 和 4 相接）。试判断这四种接法哪些是正反馈？哪些是负反馈？如果是负反馈，请说明反馈类型。

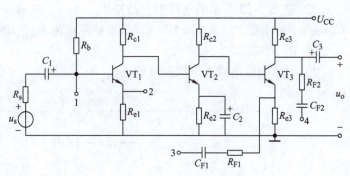

图 2-69 三级放大电路

18. 差分放大电路如图 2-70 所示，已知 $\beta_1 = \beta_2 = 60$，$U_{BEQ1} = U_{BEQ2} = 0.7V$，试求：

1) 电路的静态工作点。
2) 差模电压放大倍数 A_{ud}。

19. 请画一遍图 2-40、图 2-41、图 2-42 所示的 OTL、OCL、BTL 功率放大电路。

20. 若采用图 2-41 所示乙类 OCL 功率放大电路，已知 $R_L = 8\Omega$，要求不失真最大输出功率达到 20W，计算时功率放大管的饱和压降可忽略不计，则电源电压 U_{CC} 应选为多大？

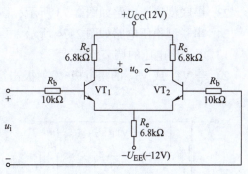

图 2-70 差分放大电路

21. 根据正弦波振荡的相位条件判别图 2-71 所示的电路能否产生振荡。

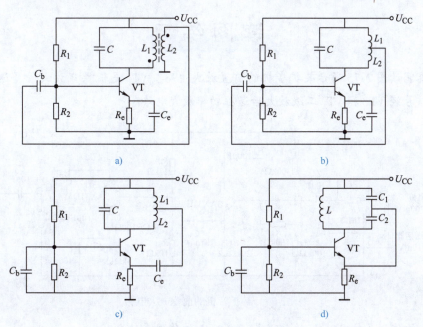

图 2-71 电路

22. 在图 2-72 所示的电路中，已知 $U_i = 12\text{V}$，并有 $\pm 10\%$ 的波动；稳压管的稳定电压 $U_Z = 6\text{V}$，最小稳定电流 $I_Z = 10\text{mA}$，最大稳定电流 $I_{Z\max} = 30\text{mA}$。

1）R_L 两端的电压有多大？

2）试求限流电阻 R 的取值范围。

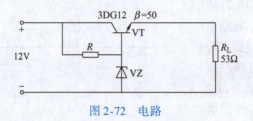

图 2-72　电路

23. 串联型稳压电路如图 2-73 所示，图中有多处错误，请予以改进。
24. 串联型稳压电路如图 2-74 所示。

1）求输出电压的调节范围。

2）若 VT_1 或 VT_2 的集电极–发射极击穿，则输出电压分别如何变化？

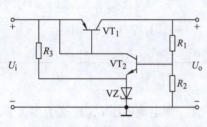

图 2-73　串联型稳压电路

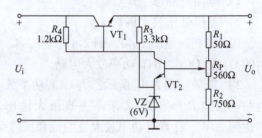

图 2-74　串联型稳压电路

读 图 练 习

请认真阅读图 2-75 所示某扩音机的前置放大电路，VT_1 是低噪声放大管，送话器信号或电唱机信号经 VT_1 和 VT_2 二级放大后送往功率放大电路。

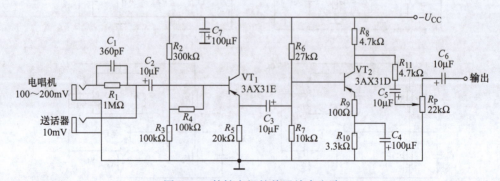

图 2-75　某扩音机的前置放大电路

1）R_1 的作用是什么？C_1 的作用是什么？R_P 的作用是什么？

2) VT_1 为什么选用低噪声管?VT_2 为什么不选用低噪声管?

3) 第一级与第二级比较,哪一级的电压放大倍数大?请说明理由。

4) 根据 VT_1 基极偏置电阻的特点,你认为送话器及电唱机是属于低输出阻抗设备还是高输出阻抗设备?

自测题

一、填空题

1. 晶体管的三个电极分别是_____、_____、_____;分别用英文字母表示为____、____、____。
2. 晶体管的极限参数有三个,分别是_____、_____、_____。
3. 晶体管有两个 PN 结,分别称为_____和_____。
4. 晶体管按其结构类型可分为_____和_____两大类。
5. 负反馈对放大电路的影响有_____、_____、_____。
6. 在多级放大电路中,四种级间耦合方式分别是_____、_____、_____、_____,其中最常用的是_____。
7. 正弦波振荡电路通常由_____、_____、_____组成。
8. 串联型可调稳压电路通常由_____、_____、_____、_____组成。

二、选择题

1. 欲使 NPN 型晶体管处于放大状态,则晶体管的三个电极对地电压应该是(   )。
   A. $U_C > U_B > U_E$ B. $U_C > U_E > U_B$ C. $U_B > U_C > U_E$
2. 欲使 PNP 型晶体管处于放大状态,则晶体管的三个电极对地电压应该是(   )。
   A. $U_C > U_B > U_E$ B. $U_B < U_C < U_E$ C. $U_C < U_B < U_E$
3. NPN 型晶体管的三个电极对地电压关系如下,晶体管处于截止状态的是(   )。
   A. $U_C > U_B > U_E$ B. $U_C > U_E > U_B$ C. $U_B > U_C > U_E$
4. NPN 型晶体管的三个电极对地电压关系如下,晶体管处于饱和状态的是(   )。
   A. $U_C > U_B > U_E$ B. $U_C > U_E > U_B$ C. $U_B > U_C > U_E$
5. 在三种电路中,输出信号电压与输入信号电压相位相反的是(   )放大电路。
   A. 共发射极   B. 共集电极   C. 共基极
6. 在三种电路中,信号电压没有放大的是(   )放大电路。
   A. 共发射极   B. 共集电极   C. 共基极
7. 在三种电路中,信号电流没有放大的是(   )放大电路。
   A. 共发射极   B. 共集电极   C. 共基极
8. 在三种电路中,信号电压和信号电流都有放大的是(   )放大电路。
   A. 共发射极   B. 共集电极   C. 共基极
9. OTL 功率放大电路采用 12V 供电,负载为 8Ω,则最大不失真输出功率为(   )。
   A. 1.5W   B. 2.25W   C. 3.75W
10. OCT 功率放大电路采用 ±6V 供电,负载为 8Ω,则最大不失真输出功率为(   )。
    A. 1.5W   B. 2.25W   C. 3.75W

三、判断题（对的打"√"，错的打"×"）
1. 晶体管的集电极与发射极可以互换使用。（   ）
2. 二极管由一个 PN 结构成，晶体管由两个 PN 结构成。（   ）
3. 在电子电路中，负反馈很有用，正反馈是没有用的。（   ）
4. 功率放大电路要求输出功率大、效率高。（   ）
5. OCL 的中文含义是"无输出耦合电容"。（   ）
6. 差分放大电路由 2~3 个晶体管组成。（   ）
7. 差模信号是指大小相等、相位相同的两个信号。（   ）
8. 在 LC 正弦波振荡电路中，振荡频率由 LC 元件的谐振频率决定。（   ）
9. RC 正弦波振荡电路通常适用于高频振荡。（   ）
10. 串联型可调稳压电路实质上是一个直流负反馈电路。（   ）

第3章　场效应晶体管及其应用

晶体管是输入电流控制输出电流的半导体器件,称为电流控制型器件。场效应晶体管是电场控制输出电流的半导体器件,称为电压控制型器件。场效应晶体管与晶体管相比较,具有输入电阻大、噪声低、抗辐射能力强、功耗小、热稳定性好、制造工艺简单及易集成等优点。

3.1　认识场效应晶体管

3.1.1　场效应晶体管的结构与原理

1. 场效应晶体管的结构

场效应晶体管的外形如图 3-1 所示。它与晶体管外形没有什么区别,场效应晶体管有栅极、源极和漏极三个电极,对应于晶体管的基极、发射极和集电极。

以结型场效应晶体管为例,图 3-2 所示为其结构与符号。对于图 3-2a 所示的场效应晶体管结构,它是在一块 N 型硅半导体两侧制作两个高掺杂的 P 型区域,形成两个 PN 结(耗尽层),把两个 P 型区域相连后引出一个电极,称为栅极,用字母 g(或 G)表示,在 N 型硅半导体两端分别引出两个电极,分别称为漏极和源极,分别用字母 d(或 D)和 s(或 S)表示。两个 PN 结中间的 N 型区域是电流流通的路径,称为导电沟道。

图 3-1　场效应晶体管的外形

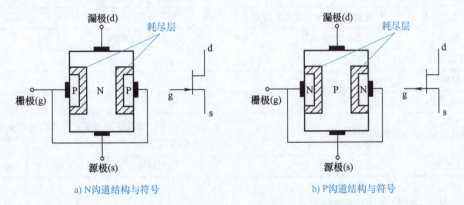

图 3-2　结型场效应晶体管的结构示意图与符号

2. 场效应晶体管的原理

图 3-3 是 N 沟道结型场效应晶体管施加偏置电压后的电路。漏源之间加电压 U_{DD},栅源之间加反向电压 u_{GS},此时由于 N 区掺杂少,耗尽层向 N 区扩展,沟道变窄,电阻增大,在

漏源电压 u_{DS} 的作用下，将产生一漏极电流 i_D。当改变栅源间的电压 u_{GS} 时，沟道电阻也随之改变，从而引起漏极电流 i_D 的变化，即通过 u_{GS} 实现对漏极电流 i_D 的控制作用。

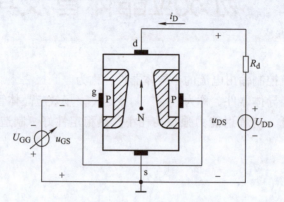

图 3-3　N 沟道结型场效应晶体管工作原理示意图

由于场效应晶体管栅源之间加反向电压，栅极没有电流，所以场效应晶体管属于电压控制器件，输入电阻特别大。场效应晶体管 u_{GS} 控制漏极电流 i_D 的能力，用跨导 g_m 表示。

3. 场效应晶体管与晶体管的比较

表 3-1 给出了场效应晶体管与晶体管的性能比较。

表 3-1　场效应晶体管与晶体管的性能比较

性能	器件	
	晶体管	场效应晶体管
导电形式	有两种载流子（空穴和自由电子）参加导电，称为双极型器件	只有一种载流子参加导电，称为单极型器件
控制方式	电流控制（i_B 控制 i_C）	电压控制（u_{GS} 控制 i_D）
输入电阻	低	很高
放大能力表示方法	电流放大系数 β，放大能力强	跨导 g_m，放大能力弱
类型	NPN 型和 PNP 型	N 沟道和 P 沟道
受温度影响	大	小
噪声	较大	较小
抗辐射能力	差	强
制造工艺	较复杂	简单，尤其是 MOS 管（绝缘栅场效应晶体管），易集成
电极使用	集电极、发射极不可以互换	结型场效应晶体管漏极和源极可互换使用

3.1.2　场效应晶体管的类型

场效应晶体管分为结型、绝缘栅型两大类。结型场效应晶体管按其导电沟道分为 N 沟道和 P 沟道两种，结型场效应晶体管的输入电阻一般可达 $10^6 \sim 10^9 \Omega$。

绝缘栅场效应晶体管是由金属（M）、氧化物（O）及半导体（S）组成的，所以又称为金属氧化物半导体场效应晶体管，简称 MOS 管。MOS 管的栅极和沟道是绝缘的，因此，它的输入电阻可高达 $10^9\Omega$ 以上。MOS 管按其导电沟道分为 N 沟道和 P 沟道管,即 NMOS 管和 PMOS 管,而每一种 MOS 管又分为增强型和耗尽型两类。

由于场效应晶体管栅极电流几乎为零,所以场效应晶体管没有输入特性曲线,只有转移特性曲线,即栅源电压 u_{GS} 控制漏极电流 i_D 的关系曲线。六种场效应晶体管的符号与特性曲线见表 3-2。

表 3-2 六种场效应晶体管的符号与特性曲线

类型	符号	u_{GS} 极性	u_{DS} 极性	转移特性 $i_D=f(u_{GS})$	输出特性 $i_D=f(u_{DS})$
结型 N 沟道		负	正		
结型 P 沟道		正	负		
增强型 N 沟道		正	正		
增强型 P 沟道		负	负		
耗尽型 N 沟道		可正可负	正		
耗尽型 P 沟道		可正可负	负		

3.1.3 场效应晶体管的主要参数

1. 跨导 g_m

在 u_{DS} 为定值的条件下,漏极电流变化量与引起这个变化的栅源电压变化量之比,称为跨导,即

$$g_m = \frac{di_D}{du_{GS}}\bigg|_{u_{DS}=常数} \tag{3-1}$$

g_m 是转移特性曲线上工作点处斜率的大小,反映了栅源电压 u_{GS} 对漏极电流 i_D 的控制能力。g_m 是衡量场效应晶体管放大能力的重要参数,g_m 越大,场效应晶体管的放大能力越强,即 u_{GS} 控制 i_D 的能力越强。g_m 的大小一般为零点几到几十毫西(mS)。

2. 直流输入电阻 R_{GS}

R_{GS} 是指栅源间所加的一定电压与栅极电流的比值。结型场效应晶体管的输入电阻一般可达 $10^6 \sim 10^9 \Omega$。MOS 管的栅极与源极之间存在 SiO_2 绝缘层,故 R_{GS} 为 $10^{10}\Omega$ 左右。

3. 栅源夹断电压 $U_{GS(off)}$ 或开启电压 $U_{GS(th)}$

当漏源电压 u_{DS} 为某一固定值时,使结型或耗尽型管的漏极电流 i_D 等于零(或按规定等于一个微小电流,如 $1\mu A$)时所需的栅源电压即为夹断电压 $U_{GS(off)}$。

在 u_{DS} 为定值的条件下,使增强型场效应晶体管开始导通(i_D 达到某一定值,如 $10\mu A$)时所需施加的栅源电压 u_{GS} 的值称为开启电压 $U_{GS(th)}$。

4. 饱和漏极电流 I_{DSS}

当 u_{DS} 为某一固定值时,栅源电压为零时的漏极电流称为饱和漏极电流 I_{DSS}。

5. 漏源击穿电压 $U_{DS(BR)}$(简称耐压)

随着 u_{DS} 的增加使 i_D 开始剧增时的 u_{DS} 称为漏源击穿电压 $U_{DS(BR)}$。使用时,u_{DS} 不允许超过此值,否则会烧坏管子。

6. 最大漏源电流 I_{DSM}(简称电流)

最大漏源电流是指管子正常工作时漏源电流允许的上限值。它类似于晶体管的最大集电极电流。

7. 最大耗散功率 P_{DM}(简称功率)

P_{DM} 是指管子允许的最大耗散功率,类似于半导体晶体管的 P_{CM},是决定管子温升的参数。使用时,管耗功率 P_D 不允许超过 P_{DM},否则会烧坏管子。

3.1.4 场效应晶体管的选用

表 3-3 给出了常用场效应晶体管参数,供选用参考。表中主要参数是指耐压、电流、功率。

表 3-3 常用场效应晶体管参数

型号(材料)	参数	型号(材料)	参数
3DJ6(NJ[①])	20V、0.35mA、0.1W	IFRD120(NMOS)	100V、1.3A、1W
2SK118(NJ)	50V、0.01A、0.3W	J177(PMOS)	30V、1.5mA、0.35W
2SK168(NJ)	30V、0.01A、0.2W、100MHz	2SK103(NMOS)	15V、0.02A、0.2W、900MHz

(续)

型号（材料）	参　数	型号（材料）	参　数
2SK192（NJ）	18V、24mA、0.2W、100MHz	2SK122（NMOS）	20V、25mA、0.2W、200MHz
2SK241（NMOS）	20V、0.03A、0.2W、100MHz	2SK1374（NMOS）贴片	50V、50mA、0.15W
2SK386（NMOS）	450V、10A、120W	2SJ122（PMOS）	60V、10A、50W
2SK413（NMOS）	140V、8A、100W	IRFP130（NMOS）	100V、14A、79W
2SK447（NMOS）	250V、15A、150W	IRFP250（NMOS）	200V、9A、75W
2SJ143（PMOS）	400V、16A、35W	IRFP440（NMOS）	500V、8A、125W
2SJ117（PMOS）	400V、2A、40W	SMW11P20（PMOS）	200V、11A、150W
2SJ118（PMOS）	140V、8A、100W	SMW20P10（NMOS）	100V、8A、150W

① N 沟道结形管。

复习思考题

3.1.1　为什么场效应晶体管的输入电阻非常大？
3.1.2　结型场效应晶体管的栅源之间能否加正偏电压？为什么？
3.1.3　MOS 的含义是什么？试比较增强型 MOS 管与耗尽型 MOS 管的特性曲线。
3.1.4　场效应晶体管与晶体管相比较，有哪些优点和缺点？

3.2　场效应晶体管的应用

场效应晶体管与晶体管比较，最突出的优点是可以组成高输入电阻的放大电路。此外，由于它具有低噪声、温度稳定性好及抗辐射能力强等优于晶体管的特点，所以多级放大电路的第一级往往采用场效应晶体管。另外，场效应晶体管的制造工艺简单、功耗小，易于将放大电路集成化。

3.2.1　场效应晶体管单级放大电路

1. 自偏压共源极放大电路

图 3-4 所示是一个 N 沟道结型场效应晶体管共源极（简称共源）放大电路。为了使场效应晶体管能够正常工作，必须在栅极与源极之间加上适当的负偏压。该电路是利用漏极电流在源极电阻 R_s 上产生的压降来获得偏置电压的，所以称其为自偏压放大电路。另外，R_s 还具有直流负反馈稳定静态工作点的作用。C_s 是源极旁路电容，它将 R_s 上的交流信号旁路到地，从而使源极交流接地。

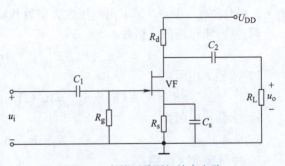

图 3-4　自偏压共源极放大电路

由于栅极电阻 R_g 上无直流电流，所以场效应晶体管的源极电流 I_{SQ} 就是漏极电流 I_{DQ}，且栅极静态电位 U_{GQ}（由于是静态，故下角标中加 Q）为零，因而静态时的栅源电压为

$$U_{GSQ} = -I_{DQ}R_s \tag{3-2}$$

适当选择 R_s 值，可获得合适的栅源电压 U_{GSQ}。R_s 值越大，栅源电压越负，漏极电流越小。

根据<u>电压放大倍数</u>的定义，有

$$A_u = \frac{u_o}{u_i} = \frac{-i_d(R_d // R_L)}{u_{gs}} = \frac{-g_m u_{gs}(R_d // R_L)}{u_{gs}} = -g_m(R_d // R_L) \tag{3-3}$$

式中，"－"表示输出电压与输入电压反相。

由于场效应晶体管的栅极电阻极大，所以放大电路的<u>输入电阻</u>为

$$R_i = R_g \tag{3-4}$$

<u>输出电阻</u>近似为

$$R_o \approx R_d \tag{3-5}$$

2. 分压式偏置共源极放大电路

图 3-5 所示为一种 N 沟道增强型场效应晶体管共源极放大电路。与图 3-4 所示电路不同的是，增加了对电源电压 U_{DD} 进行分压的电阻 R_1 和 R_2，栅极 R_g 电阻不再接地，而是接到 R_2 上。此时，栅极静态电压 U_{GQ} 就是 R_2 上的电压，改变 R_1 或 R_2 的阻值，可使增强型场效应晶体管的栅极获得不同的正偏压。

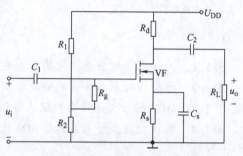

图 3-5 分压式偏置共源极放大电路

根据<u>电压放大倍数</u>的定义有

$$A_u = \frac{u_o}{u_i} = \frac{-i_d(R_d // R_L)}{u_{gs}} = -g_m(R_d // R_L) \tag{3-6}$$

由于场效应晶体管的栅极电阻为无穷大，所以放大电路的<u>输入电阻</u>为

$$R_i = R_g + (R_1 // R_2) \tag{3-7}$$

<u>输出电阻</u>近似为

$$R_o \approx R_d \tag{3-8}$$

例 3-1 电路如图 3-5 所示，已知 $R_1 = 200\text{k}\Omega$，$R_2 = 40\text{k}\Omega$，$R_g = 10\text{M}\Omega$，$R_d = 5.6\text{k}\Omega$，$R_L = 5.6\text{k}\Omega$，$g_m = 4\text{mS}$。试求出电压放大倍数和输入与输出电阻。

解：1）求电压放大倍数：

$$A_u = -g_m(R_d // R_L) = -4\text{mS} \times 2.8\text{k}\Omega = -11.2$$

2）求输入电阻：

$$R_i = R_g + (R_1 // R_2) = 10^4 \text{k}\Omega + (200\text{k}\Omega // 40\text{k}\Omega) \approx 10^4 \text{k}\Omega$$

3）求输出电阻：

$$R_o \approx R_d = 5.6\text{k}\Omega$$

3. 共漏极放大电路

共漏极放大电路又称为源极输出器，电路如图 3-6 所示。由于场效应晶体管的漏极直接接到电源上，即漏极交流接地，故称为共漏极放大电路。共漏极放大电路与共发射极放大电路一样，具有同相放大、电压放大倍数小于 1、信号电流有放大、输入电阻高及输出电阻低等特点。

电压放大倍数为

$$A_u = \frac{u_o}{u_i} = \frac{g_m R'_L}{1 + g_m R'_L} \quad (3\text{-}9)$$

式中，$R'_L = R_L // R_s$。

由于栅极输入电阻无穷大，故输入电阻由 R_g、R_1 及 R_2 决定，于是有

$$R_i = R_g + R_1 // R_2 \quad (3\text{-}10)$$

输出电阻为

$$R_o = R_s // \frac{1}{g_m} \quad (3\text{-}11)$$

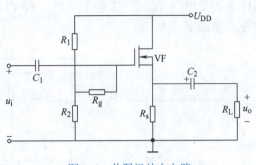

图 3-6　共漏极放大电路

显然，共漏极放大电路的输出电阻很小。

4. 共栅极放大电路

N 沟道结型场效应晶体管共栅极放大电路如图 3-7 所示。由于场效应晶体管的栅极直接接地，故称其为共栅极放大电路。与共基极放大电路一样，共栅极放大电路具有同相放大、信号电压有放大、电流放大倍数为 1、输入电阻低及输出电阻高等特点。

电压放大倍数为

$$A_u = \frac{u_o}{u_i} = g_m R'_L \quad (3\text{-}12)$$

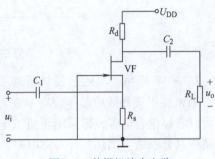

图 3-7　共栅极放大电路

场效应晶体管的源极输入电阻为

$$r_s = \frac{u_i}{i_d} = \frac{u_{gs}}{i_d} = \frac{1}{g_m}$$

显然，放大电路的输入电阻应为场效应晶体管的源极输入电阻与 R_s 并联，即

$$R_i = \frac{1}{g_m} // R_s \quad (3\text{-}13)$$

输出电阻近似为

$$R_o \approx R_d \quad (3\text{-}14)$$

3.2.2　场效应晶体管功率放大电路

在音频功率放大电路中，常采用场效应晶体管。场效应晶体管属于电压控制型器件，具有电子管低音纯厚、高音细腻甜美的音色，动态范围达 90dB，总谐波失真 THD < 0.01%，激励功率小，输出功率大，漏极电流具有负温度系数，中音厚、线性好，因而是功率放大晶体管的强大竞争者。场效应晶体管用于功率放大的主要缺点是：开启电压高、功放管配对难，以及低频柔和度比晶体管差。

1. 四管并联的场效应晶体管功率放大电路

四管并联的场效应晶体管功率放大电路如图 3-8 所示。这是一个 OCL 功率放大电路，VF_1、VF_3、VF_5 和 VF_7 是 N 沟道场效应晶体管，VF_2、VF_4、VF_6 和 VF_8 是 P 沟道场效应晶体管，每声道为四对，如果配对比较困难，可采用两对。采用 ±36V 供电，负载为 8Ω 时此电路输出功率约为 50W，足够欣赏大动态音乐。VT 等组成功率放大管的偏置电路，调整

1kΩ 的可变电阻可改变 VT 静态电流,而 VT 静态又决定 $VF_1 \sim VF_8$ 的静态电流,电路可工作在甲类或甲乙类。

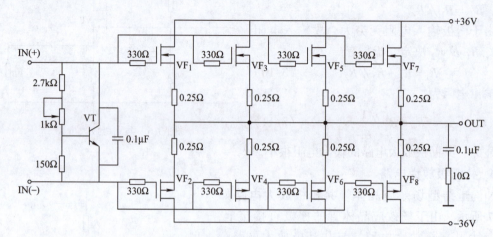

图 3-8 四管并联的场效应晶体管功率放大电路

2. 30W 纯甲类场效应晶体管功率放大电路

30W 纯甲类场效应晶体管功率放大电路如图 3-9 所示。该电路采用纯直流放大形式,这样可以省掉耦合电容,即采用正负双电源供电的 OCL 电路结构,电路简单,性能更好。该电路一共分三级,都是互补对称电路。

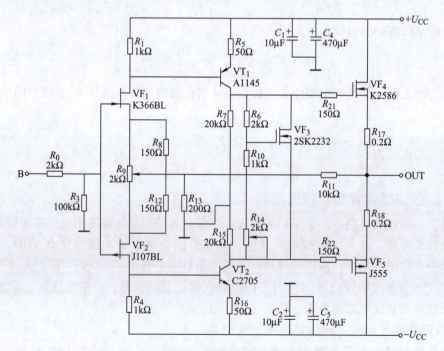

图 3-9 30W 纯甲类场效应晶体管功率放大电路

第一级采用场效应晶体管 K366BL、J107BL 做互补放大,偏置方式为自给偏压,不用另加恒流源偏置电路。电流选 1.6mA,电压放大倍数约为 1.6。

第二级用晶体管 A1145、C2705 做共射放大，这对管的声音很暖和，而且低频足、高音甜，非常耐听。射极电阻用 50Ω，本级电流是 20mA，R_7 和 R_{15} 是电压放大级的负载电阻，电压放大级的放大倍数约为 400。

输出级的元器件选取是难中之难，由于场效应晶体管的跨导小、电流小，造成了场效应晶体管低频不足。一般音响用的场效应晶体管都存在这个问题，选用超大电流场效应晶体管 K2586、J555，这对管的电流达到 60A，跨导也比一般的场效应晶体管大很多，耐压为 60V，功率放大管能安全工作。

整个电路的开环电压增益大约是 1.6×400 = 640，闭环增益由 R_{11} 和 R_{13} 决定，约为 50。2SK2232 与 R_6、R_{10} 和 R_{14} 共同组成功率管的偏置电路，调节 R_{14} 可以调节偏置电压大小，从而调节静态电流大小，调节 R_9 可以调节输出（OUT）中点静态电位。

电路调试：调节 R_9 和 R_{14}，使 R_{21}、R_{22} 上的对地电压分别为 ±1.5V。上电调整静态电流和中点电位，用万用表测量无感电阻 R_{17} 或 R_{18} 上的压降并换算成静态电流（200mV 时电流为 1A）。调节 R_{14}，使静态电流稳定在 0.5A，此时因散热器较热，不能再调大静态电流。调节 R_9，使中点电压（OUT）为零（在 10mV 以内）。

由于元器件的耐压较低，所以最高电源电压只有 ±26V，最低可以在 ±6V 下工作。在电源电压为 ±26V，负载 8Ω 时可以得到大约 30W 的输出功率。此功放可以工作于甲类和甲乙类，同样都有很出色的表现。建议静态电流在 200mA 以上。整个功率放大电路简单，元器件不多，调试容易，方便制作。声音非常迷人，中、高音细腻甜美，低音浑厚有力。

3.2.3 场效应晶体管电子开关电路

场效应晶体管的放大应用属于线性应用，场效应晶体管的电子开关应用属于非线性应用。

1. 场效应晶体管电子开关的优点

功率开关电路均使用大功率 MOS 开关管的原因是，MOS 管和普通大功率晶体管相比，具有下列优点。

（1）输入阻抗高，驱动功率小

由于栅源之间是二氧化硅（SiO_2）绝缘层，栅源之间的直流电阻基本上就是 SiO_2 绝缘电阻，通常达 100MΩ 左右，交流输入阻抗基本上就是输入电容的容抗。由于输入阻抗高，对驱动信号不会产生压降，有电压就可以驱动，所以驱动功率极小，即驱动灵敏度高。

（2）开关速度快

MOSFET（MOS 场效晶体管）只靠多数载流子导电，不存在少数载流子储存效应，因而关断过程非常迅速，开关时间在 10～100ns 之间，工作频率可达 100kHz 以上。普通的晶体管由于少数载流子的存储效应，使开关总有滞后现象，影响开关速度的提高。

（3）无二次击穿

普通功放管存在恶性循环：温度升高→集电极电流增大→温度再升高→集电极电流再增大→…。而 U_{CEO} 随温度升高而下降，这容易使晶体管热击穿，也称为二次击穿。而 MOS 管当管温上升时，沟道电流 I_{DS} 反而降落，这种负温度电流特性使之不会产生恶性循环而引起热击穿，即没有二次击穿现象。

（4）饱和导通电阻呈线性

普通晶体管饱和导通后等效为一个阻值极小的电阻，但是这个等效的电阻是一个非线性电阻。而 MOS 管在饱和导通后也存在一个阻值极小的电阻,但是这个电阻等效为一个线性电阻。线性元器件可以并联应用,所以 MOS 管在一个管子功率不够时,可以多管并联应用,非线性器件是不能直接并联应用的。

2. 半桥式 DC/DC 变换

所谓 DC/DC 变换,就是将一种直流电压变换成另一种直流电压,要求变换电路效率高,即变换电路功耗非常小,因此要求变换功率管必须工作在开关状态。

半桥式 DC/DC 变换电路如图 3-10 所示。由场效应晶体管 VF_1、VF_2、C_1 和 C_2 构成半桥式驱动电路,其中 $C_1 = C_2$,而且要求 $U_{C1} = U_{C2} = U_i/2$。场效应晶体管 VF_1 和 VF_2 在开关脉冲激励下轮流导通,即工作在推挽方式。当 VF_1 导通时,电流经 VF_1、Np 绕组及 C_1 流通,Np 绕组电流自下向上;当 VF_2 导通时,电流经 C_2、Np 及 VF_2 绕组流通,Np 绕组电流自上向下。T 是开关变压器,T 二次侧交流电经 VD_1、VD_2 整流,再经 L、C_3 滤波,产生输出直流电压 U_o。

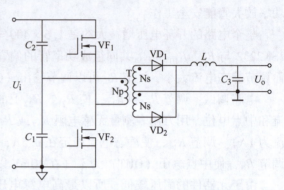

图 3-10 双管半桥式 DC/DC 变换电路

如果将 C_1、C_2 换成场效应开关管,则半桥式 DC/DC 变换将变成全桥式 DC/DC 变换。

3. 全桥式 DC/DC 变换

全桥式 DC/DC 变换电路如图 3-11 所示。场效应晶体管 $VF_1 \sim VF_4$ 构成四个桥臂,电路工作在推挽方式,即当 VF_1、VF_4 导通时,VF_2、VF_3 截止,电流自左向右流过 T_1 的 Np 绕组;当 VF_1、VF_4 截止时,VF_2、VF_3 导通,电流自右向左流过 T_1 的 Np 绕组。VD_5、VD_6、L、C_6 组成输出电压 U_o 的全波整流滤波电路。

显然,全桥型 Np 绕组交流电压幅度接近 U_i,而半桥型 Np 绕组交流电压幅度仅接近 $U_i/2$。

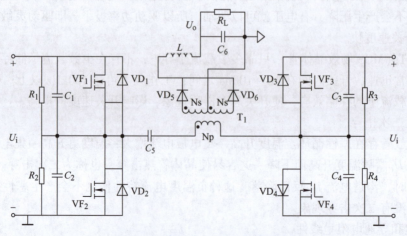

图 3-11 全桥式 DC/DC 变换电路

复习思考题

3.2.1 为什么场效应晶体管放大电路输入端耦合电容的容量比较小？

3.2.2 将共源极、共漏极及共栅极放大电路分别与共发射极、共集电极及共基极放大电路进行比较。

3.2.3 为什么许多功率放大管采用场效应晶体管？

3.2.4 为什么许多DC/DC变换电路中的开关管采用场效应晶体管？

3.3 场效应晶体管应用实践操作

3.3.1 场效应晶体管的测试

1. 管脚观察

对于中、大功率场效应晶体管，其管脚排列基本相同。识别方法：有字的一面朝着自己，从左到右：g、d、s，散热片连着d，如图3-12所示。

2. 判别结型场效应晶体管的电极

根据结型场效应晶体管的PN结正、反向电阻值不一样的现象，可以判别出结型场效应晶体管的电极，具体方法如下：

1) 将指针式万用表调至$R\times 1k$档，任选两个电极，分别测出其正、反向电阻值。当某两个电极的正、反向电阻值相等，且为几千欧时，则

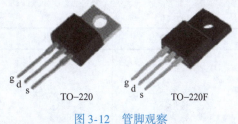

图3-12 管脚观察

这两个电极分别是漏极（d）和源极（s）。因为对结型场效应晶体管而言，漏极和源极可互换，剩下的电极肯定是栅极（g）。

2) 也可以将万用表的黑表棒（或红表棒）任意接触一个电极，另一只表棒依次去接触其余的两个电极，测其电阻值。当出现两次测得的电阻值近似相等时，则黑表棒所接触的电极为栅极，其余两电极分别为漏极和源极。若两次测出的电阻值均很大，说明是PN结的反向，即都是反向电阻，可以判定是P沟道场效应晶体管；若两次测出的电阻值均很小，说明是正向PN结，即是正向电阻，判定为N沟道场效应晶体管。

3. 结型管和绝缘栅管的区别

1) 从包装上区分：由于绝缘栅场效应晶体管的栅极易被击穿损坏，所以管脚之间一般都是短路的或是用金属箔包裹的；而结型场效应晶体管在包装上无特殊要求。

2) 用万用表的$R\times 1k$档或$R\times 100$档测栅极（g）、源极（s）管脚间的阻值，若正、反向电阻都很大，近乎不导通，则此管为绝缘栅管；若电阻值呈PN结的正、反向阻值，则此管为结型管。

3.3.2 场效应晶体管放大电路的测试

场效应晶体管放大实验电路如图3-13所示

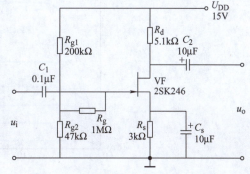

图3-13 场效应晶体管放大实验电路

示，这是一个由结型场效应晶体管（2SK246）组成的共源极放大电路，采用分压式偏置。

1. 静态测试

给电路板加 15V 供电电压，测试场效应晶体管的栅极、源极和漏极的直流电压，将测试数据填入表 3-4。

表 3-4 静态测试

测试点	栅极	源极	漏极
电压/V			

2. 动态测试

当静态测试正常后，在放大电路输入端加频率为 1kHz、幅度为 20mV 的正弦波信号，用示波器分别观察输入、输出信号波形，要求测出输出信号波形的幅度，并计算出电压放大倍数，将测试数据填入表 3-5。

表 3-5 动态测试

示波器观察点	输入端	输出端	电压放大倍数
波形			

习　题

1. 已知某结型场效应晶体管的 $I_{DSS}=3\text{mA}$，$U_{GS(off)}=-4\text{V}$，试画出它的转移特性曲线和输出特性曲线。

2. 已知场效应晶体管的输出特性曲线如图 3-14 所示，试画出它的转移特性曲线。

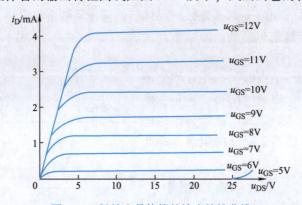

图 3-14　场效应晶体管的输出特性曲线

3. 场效应晶体管的输出特性曲线如图 3-14 所示，试分析当 u_{GS} =4V、9V 及 12V 三种情况下场效应晶体管的漏极电流分别为多大？

4. N 沟道结型场效应晶体管放大电路及其转移特性曲线如图 3-15 所示，已知 U_{DD} = 12V，R_g = 1MΩ，R_s = 2kΩ，R_d = 4kΩ，试采用图解法求静态工作点（U_{GSQ} 和 I_{DQ}）。

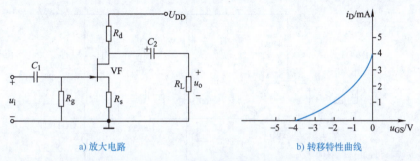

a) 放大电路　　　　　　　　　　b) 转移特性曲线

图 3-15　N 沟道结型场效应晶体管

5. 共漏极放大电路如图 3-16 所示，试计算电压放大倍数、输入电阻和输出电阻。

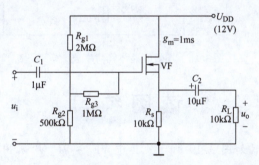

图 3-16　共漏极放大电路

6. 在图 3-17 所示各电路中，哪些电路能正常放大？哪些不能正常放大？请简单说明原因。

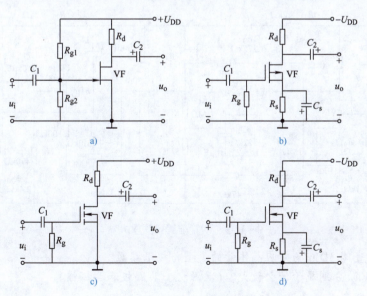

图 3-17　电路

7. 在图 3-18 所示的场效应晶体管功率放大电路中：

1）请上网查阅场效应晶体管 VF_1（2SK399）、VF_2（2SJ113）的类型与极限参数。

2）VT_1 和 VT_2 组成什么电路？VT_3 又是什么电路？

3）请估算电路的电压放大倍数。

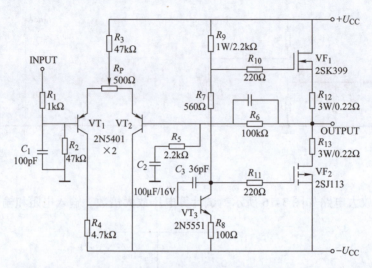

图 3-18　场效应晶体管功率放大电路

读图练习

四管前置音频放大器如图 3-19 所示，其中 $VF_1 \sim VF_4$ 均采用 3DJ6，R_{P1}、R_{P2}、$C_8 \sim C_{11}$、$R_{14} \sim R_{18}$ 组成 RC 网络音调控制电路，R_{P1} 是高音调整，R_{P2} 是低音调整。采用 22V 供电，具有小电流、输入阻抗高、动态范围大和频率特性平坦等特点。请回答下列问题：

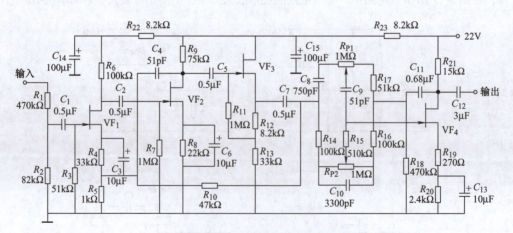

图 3-19　四管前置音频放大器

1）请上网查阅 3DJ6 场效应晶体管的类型与极限参数。

2）$VF_1 \sim VF_4$ 分别属于什么放大？（共源极、共漏极和共栅极）

3）哪些电阻会产生交流负反馈？

4) 哪些电容属于耦合电容?

5) 为什么电路具有"小电流、输入阻抗高、动态范围大和频率特性平坦"的特点?

6) 若 $VF_1 \sim VF_4$ 的跨导 $g_m = 0.3\text{mS}$,请估算各级电压放大倍数。

7) R_{22}、R_{23}、C_{14} 和 C_{15} 的作用是什么?

自测题

一、填空题

1. 场效应晶体管的三个电极分别是_____、_____、_____;分别用英文字母表示为____、____、____。

2. 场效应晶体管按结构可分为_____、_____型两大类。结型场效应晶体管按其导电沟道分为_____沟道和_____沟道两种。

3. 绝缘栅场效应晶体管简称____管。MOS 管按其导电沟道分为_____管和_____管,而每一种 MOS 管又分为_____和_____两类。

4. 场效应晶体管的极限参数有三个,分别是_____、_____、_____。

5. 根据场效应晶体管电极接地的不同,场效应晶体管的单级放大电路有三种形式,分别是_____、_____、_____。

6. 大功率 MOS 开关管与普通大功率晶体管相比,其优点是_____、_____、_____、_____。

二、选择题

1. 绝缘栅场效应晶体管的输入电阻比结型场效应晶体管(　　)。
   A. 高　　　　　　　B. 低　　　　　　　C. 相同

2. 场效应晶体管 2SK413 属于(　　)。
   A. 结型管　　　　　B. NMOS 管　　　　C. PMOS 管

3. u_{GS} 电压极性可正可负的场效应晶体管是(　　)。
   A. 结型管　　　　　B. 增强型 MOS 管　　C. 耗尽型 MOS 管

4. 电压放大倍数小于 1 的是(　　)。
   A. 共源极放大　　　B. 共栅极放大　　　C. 共漏极放大

5. 输出信号电压与输入信号电压相位相反的是(　　)。
   A. 共源极放大　　　B. 共栅极放大　　　C. 共漏极放大

6. 对信号电流没有放大作用的是(　　)放大电路。
   A. 共源极　　　　　B. 共漏极　　　　　C. 共栅极

7. 对信号电压和信号电流都有放大作用的是(　　)放大电路。
   A. 共源极　　　　　B. 共漏极　　　　　C. 共栅极

8. 场效应晶体管的漏极相当于晶体管的(　　)。
   A. 基极　　　　　　B. 发射极　　　　　C. 集电极

9. 场效应晶体管的开关速度比晶体管的开关速度(　　)。
   A. 更快　　　　　　B. 更慢　　　　　　C. 相差不多

10. 若MOS管功率不够，则可以多管并联使用，这是因为MOS管（   ）。
    A. 输入阻抗大　　　　B. 饱和电阻呈线性　　　　C. 饱和电阻呈非线性

三、判断题（对的打"√"，错的打"×"）

1. 场效应晶体管也有自由电子和空穴两种载流子参加导电。（   ）
2. 结型场效应晶体管的源极与漏极可以互换使用。（   ）
3. 场效应晶体管放大能力比晶体管强。（   ）
4. 场效应晶体管最主要的特点是栅极几乎无电流。（   ）
5. 场效应晶体管的放大能力用电流放大系数 β 表示。（   ）
6. 晶体管是一种电流控制器件，场效应晶体管是一种电压控制器件。（   ）
7. 场效应晶体管没有输入特性曲线，但有转移特性曲线。（   ）
8. N沟道场效应晶体管采用负电源供电，P沟道场效应晶体管采用正电源供电。（   ）
9. 全桥式DC/DC变换的输出功率比半桥式DC/DC变换大。（   ）
10. 场效应晶体管在数字集成电路中应用广泛。（   ）

第4章 模拟集成电路及其应用

集成电路是一种微型电子元器件，它使电子产品微型化，是现代信息社会的基石。模拟集成电路的品种很多，有集成运算放大器、集成功率放大器、集成模拟乘法器、集成稳压电源及其他通用、专用模拟集成电路等。

4.1 集成运算放大器

集成运算放大器简称集成运放或运放，集成运算放大器实质上是高增益的直接耦合放大电路，它的应用十分广泛，本章将重点介绍。

4.1.1 认识集成运放

1. 模拟集成电路的特点

利用常用的半导体晶体管硅平面制造工艺技术，把组成电路的电阻、二极管及晶体管等有源、无源元器件及其内部连线同时制作在一块很小的硅基片上，便构成了具有特定功能的电子电路——集成电路。它除了具有体积小、重量轻、耗电省及可靠性高等优点外，还具有下列特点：

1）因为硅片上不能制作大电容与电感，所以模拟集成电路内的电路均采用直接耦合方式，差分放大电路是最基本的电路。所需大电容和电感一般采用外接方式。

2）由于硅片上不宜制作高阻值电阻，所以模拟集成电路常以恒流源代替高阻值电阻。

3）由于增加元器件并不增加制造工序，所以集成电路内部允许采用复杂的电路形式，以提高电路的性能。

4）相邻元器件具有良好的对称性，这正好满足差分放大电路对元器件的要求。

2. 集成运放的内电路

集成运放的应用十分广泛，且远远超出了运算的范围。常见集成运放的外形如图 4-1 所示。

集成运放的内部实际上是一个高增益的直接耦合放大器，它一般由输入级、中间级、输出级和偏置电路四部分组成。现以图 4-2 所示的简单集成运放内电路为例进行介绍。

（1）输入级

所有集成运放的输入级均采用差分放大电路。VT_1 和 VT_2 组成双端输入、单端输出的差分放大电路，VT_7 是其发射极恒流源。输入级是提高运算放大器质量的关键部分，要求其输入电阻高，是为了能减小零点漂移和抑制共模干扰信号。

图 4-1 集成运放外形

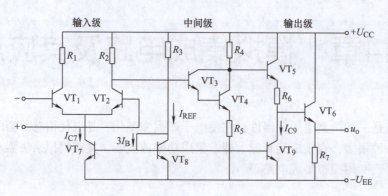

图 4-2 简单的集成运放内电路

(2) 中间级

中间级由复合管 VT_3 和 VT_4 组成。中间级通常是共发射极放大电路,其主要作用是提供足够大的电压放大倍数,故又称为电压放大级。

(3) 输出级

输出级的主要作用是输出足够的电流以满足负载的需要,要求输出电阻小,带负载能力强。输出级一般由射极输出器组成,更多的是采用互补对称推挽放大电路。输出级由 VT_5 和 VT_6 组成,这是一个射极输出器,R_6 的作用是使直流电平移,即通过 R_6 对直流的降压,以实现零输入时零输出。VT_9 用作 VT_5 发射极的恒流源负载。

(4) 偏置电路

偏置电路的作用是为各级提供合适的工作电流,一般由各种恒流源电路组成。$VT_7 \sim VT_9$ 组成恒流源形式的偏置电路。VT_8 的基极与集电极相连,使 VT_8 工作在临界饱和状态,故仍有放大能力。由于 $VT_7 \sim VT_9$ 的基极电压及参数相同,因而 $VT_7 \sim VT_9$ 的电流相同。一般 $VT_7 \sim VT_9$ 的基极电流可忽略不计,于是有 $I_{C7} = I_{C9} = I_{REF}$,$I_{REF} = (U_{CC} + U_{EE} - U_{BEQ})/R_3$,当 I_{REF} 确定后,I_{C7} 和 I_{C9} 就成为恒流源。

3. 集成运放电路符号

集成运放的两种电路符号如图 4-3 所示,图中 "▷" 表示信号的传输方向,"∞" 表示放大倍数为理想条件。两个输入端中,标 "−" 号端表示反相输入端,电压用 "u_-" 表示;标 "+" 端表示同相输入端,电压用 "u_+" 表示。输出端的输出电压用 "u_o" 表示。

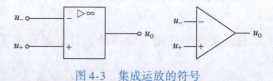

图 4-3 集成运放的符号

4. 集成运放的主要参数

(1) 差模电压增益 A_{ud}

差模电压增益 A_{ud} 是指在标称电源电压和额定负载下,开环时对差模信号的电压放大倍数。

(2) 共模抑制比 K_{CMR}

共模抑制比是指运算放大器的差模电压增益与共模电压增益之比,并用对数表示。

(3) 差模输入电阻 r_{id}

差模输入电阻是指运算放大器对差模信号所呈现的电阻,即运算放大器两输入端之间的电阻。

(4) 输入偏置电流 I_{IB}

输入偏置电流 I_{IB} 是指运算放大器在静态时,流经两个输入端的基极电流的平均值,即 $I_{IB} = (I_{B1} + I_{B2})/2$。输入偏置电流越小越好,通用型集成运放的输入偏置电流 I_{IB} 为几微安 (μA) 数量级。

(5) 输出电阻 r_o

在开环条件下,运算放大器输出端等效为电压源时的等效动态内阻称为运算放大器的输出电阻,记为 r_o。r_o 的理想值为零,实际值一般为 $100\Omega \sim 1k\Omega$。

(6) 开环带宽 $BW(f_H)$

开环带宽 BW 又称为 $-3dB$ 带宽,是指运算放大器在放大小信号时,开环差模增益下降 3dB 时所对应的频率 f_H。$\mu A741$ 的 f_H 为 7Hz,如图 4-4 所示。

(7) 单位增益带宽 $BW_G(f_T)$

当信号频率增大到使运算放大器的<u>开环增益下降到 0dB 时所对应的频率范围称为单位增益带宽</u>。$\mu A741$ 运算放大器的 $A_{ud} = 2 \times 10^5$,它的 $f_T = 2 \times 10^5 \times 7Hz = 1.4MHz$,如图 4-4 所示。

此外,还有最大差模输入电压 U_{idmax}、最大共模输入电压 U_{icmax}、最大输出电压 U_{omax} 及最大输出电流 I_{omax} 等参数。

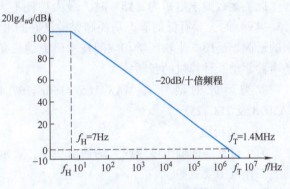

图 4-4 $\mu A741$ 的幅频特性

5. 集成运放的种类

1) 通用型集成运放:其参数指标比较均衡全面,适用于一般的工程设计。一般认为,在没有特殊参数要求情况下工作的集成运放可列为通用型。由于通用型应用范围宽、产量大,因而价格便宜。

2) 专用型集成运放:这类集成运放是为满足某些特殊要求而设计的,其参数中往往有一项或几项非常突出。通常有低功耗或微耗、高速、宽带、高精度、高电压、功率型、高输入阻抗、电流型、跨导型、程控型及低噪声型等专用集成运放。

按其供电电源分类,集成运放可分为双电源和单电源两类。绝大部分运算放大器在设计中都是正、负对称的双电源供电,以保证运算放大器的优良性能。

按其制作工艺分类,集成运放可分为双极型、单极型及双极 - 单极兼容型。

按单片封装中的运放数量分类,集成运放可分为单运放、双运放及四运放。

6. 集成运放的选用

(1) 高输入阻抗型 (低输入偏置电流型)

这类集成运放的差模输入电阻 r_{id} 大于 $10^9 \Omega$,输入偏置电流 I_{IB} 为几皮安 (pA) 到几十皮安 (pA),通常采用场效应晶体管作为输入级,广泛应用于生物医学电信号测量的精密放大、有源滤波及取样保持放大等电路中。

此类集成运放的型号有 LF356、LF355、LF347、F3103、CA3130、AD515、LF0052、LFT356、OPA128 及 OPA604 等。

（2）高精度、低温漂型

此类集成运放具有低失调、低温漂、低噪声及高增益等特点，一般用于毫伏量级或更低微弱信号的精密检测、精密模拟计算、高精度稳压电源及自动控制仪表中。

此类集成运放的型号有 AD508、OP-2A、ICL7650 及 F5037 等。

（3）高速型

单位增益带宽和转换速率高的运放称为高速型运放。此类运放要求单位增益带宽 BW_G >10MHz，有的高达吉赫兹。一般用于快速模/数（A/D）或数/模（D/A）转换、有源滤波电路、高速取样保持、锁相环、精密比较器和视频放大器中。

此类集成运放的型号有 μA715、LH0032、AD9618、F3554、AD5539、OPA603、OPA606、OPA660、AD603 及 AD849 等。

（4）低功耗型

此类运放要求电源为 ±15V 时，最大功耗不大于 6mW；或要求工作在低电源电压（如 1.5~4V）时，具有低的静态功耗和保持良好的电气性能。低功耗运放用于对能源有严格限制的遥测、遥感、生物医学和空间技术研究的设备中，并用于车载电话、蜂窝电话、耳机/扬声器驱动及计算机的音频放大。

此类运放的型号有 MAX4165/4166/4167/4168/4169、μPC253、ICL7600、ICL7641、CA3078 及 TLC2252 等。

（5）高压型

为了得到高的输出电压或大的输出功率，要求此类运放内电路中的晶体管耐压要高些，动态工作范围要宽些。

目前的产品有 D41（电源可达 ±150V）、LM143 及 HA2645（电源为 48~80V）等。

（6）大功率型

大功率型集成运放应用于电动机驱动、伺服放大器、程控电源、音频放大器及执行组件驱动器等。

例如，OPA502 芯片，其输出电流达 10A，电源电压范围为 ±(15~45)V。又如芯片 OPA541，其输出电流峰值达 10A，电源电压达 ±40V。其他型号有 LM1900、LH0021 及 OPA2541 等。

（7）高保真型

此类运放失真度极低，用于专业音响设备、I/V 变换器、频谱分析仪、有源滤波器及传感放大器等。

例如，OPA604 集成运放芯片，其 1kHz 的失真度为 0.0003%，低噪声，转换速率高达 25V/μs，增益带宽为 20MHz，电源电压为 ±(4.5~24)V。

（8）可变增益型

一类是由外接的控制电压来调整开环差模增益，如 CA3080、LM13600、VCA610 及 AD603 等。其中，VCA610 的控制电压从 0 变到 −2V 时，其开环差模电压增益从 −40dB 连续变到 +40dB。

另一类是利用数字编码信号来控制开环差模增益，如 AD526，其控制变量为 $A_2A_1A_0$，当给定不同的二进制码时，其开环差模增益将不同。

7. 常用集成运放引脚图

为了方便集成运放的使用，图 4-5 给出了部分常用运放引脚图。单运放对应型号有 OP07、OPA177、TLC4501 和 OPA350。双运放对应型号有 LM358、LM393、LM2904、OPA2350、TL082 和 NE5532。四运放对应型号有 LM224、LM324、OPA4350 和 TL084。

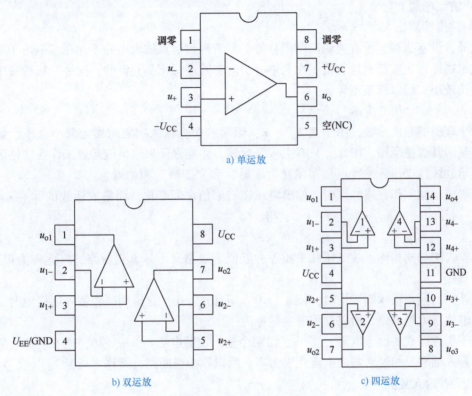

图 4-5 常用运放引脚图

复习思考题

4.1.1.1 模拟集成电路与分立元器件放大电路相比较有哪些特点？

4.1.1.2 集成运放内电路通常由哪四部分组成？各部分的功能分别是什么？

4.1.1.3 在集成运放参数中，开环带宽 BW 与单位增益带宽 BW_G 有何区别？

4.1.1.4 高输入阻抗型、高精度型、高速型及低功耗型集成运放的主要性能指标是什么？

4.1.2 集成运放的线性应用

所谓线性应用，就是指集成运放的闭环应用，即集成运放通过引入负反馈，从而降低集成运放的增益，使集成运放内电路工作在线性区域，集成运放的输出与输入呈线性关系。如放大电路，输入是正弦波信号，输出也是正弦波信号。

1. 理想运算放大器的特点

一般情况下，把电路中的集成运放看作理想集成运放。理想集成运放线性应用的关键是必须引入交流负反馈。

(1) 理想运算放大器的主要性能指标

集成运放的理想化性能指标是：

1）开环电压放大倍数 $A_{ud} = \infty$。
2）输入电阻 $r_{id} = \infty$。
3）输出电阻 $r_{od} = 0$。
4）共模抑制比 $K_{CMR} = \infty$。

此外，没有失调，没有失调温度漂移等。尽管理想运算放大器并不存在，但由于集成运放的技术指标都比较接近理想值，在具体分析时将其理想化是允许的，这种分析所带来的误差一般比较小，可以忽略不计。

(2) "虚短"和"虚断"概念

对于理想的集成运放，由于其 $A_{ud} = \infty$，因而若两个输入端之间加无穷小电压，则输出电压将超出其线性范围。因此，只有引入负反馈，才能保证理想集成运放工作在线性区。理想集成运放线性工作区的特点是存在着"虚短"和"虚断"两个概念。

当集成运放工作在线性区时，输出电压在有限值之间变化，而集成运放的 $A_{ud} \to \infty$，则 $u_{id} = u_{od}/A_{ud} \approx 0$。由 $u_{id} = u_+ - u_- \approx 0$，得

$$u_+ \approx u_- \tag{4-1}$$

即反相输入端与同相输入端电压几乎相等，近似于短路又不是真正短路，将此称为虚短路，简称"虚短"。

另外，当同相输入端接地时，使 $u_+ = 0$，则有 $u_- \approx 0$。这说明同相输入端接地时，反相输入端电位接近地电位，所以反相输入端称为"虚地"。

由于集成运放的输入电阻 $r_{id} \to \infty$，得两个输入端的电流 $i_- = i_+ \approx 0$，这表明流入集成运放同相输入端和反相输入端的电流几乎为零，所以称为虚断路，简称"虚断"。

2. 反相输入放大

(1) 原理性电路

图4-6所示为反相输入放大电路。输入信号 u_i 经过电阻 R_1 加到反相输入端，反馈电阻 R_F 接在输出端和反相输入端之间，构成电压并联负反馈，集成运放工作在线性区；同相输入端加平衡电阻 R_2，主要是使同相输入端与反相输入端外接电阻相等，即 $R_2 = R_1 // R_F$，以保证运算放大器处于平衡对称的工作状态，从而消除输入偏置电流及温度漂移的影响。

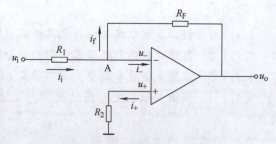

图4-6 反相输入放大电路

根据虚断的概念，$i_+ = i_- \approx 0$，得 $u_+ = 0$，$i_i = i_f$。又根据虚短的概念，$u_- \approx u_+ = 0$，故称A点为虚地点。虚地是反相输入放大电路的一个重要特点。又因为有

$$i_i = \frac{u_i}{R_1}, \quad i_f = -\frac{u_o}{R_F}$$

所以有

$$\frac{u_i}{R_1} = -\frac{u_o}{R_F}$$

移项后得电压放大倍数

$$A_u = \frac{u_o}{u_i} = -\frac{R_F}{R_1} \qquad (4-2)$$

式中负号表明输出电压与输入电压相位相反。由于引入的是深度电压并联负反馈，因此它使输入和输出电阻都减小，输入和输出电阻分别为

$$R_i \approx R_1 \qquad (4-3)$$

$$R_o \approx 0 \qquad (4-4)$$

（2）实际电路

图 4-7 是集成运放反相放大实际电路，采用 OP07 芯片。图 4-7a 采用正负双电源供电，此时同相输入端必须经 R_2 直流接地，以保证同相输入端 3 脚、反相输入端 2 脚及输出端 6 脚的直流电压均为 0V，这是检测其静态是否正常的重要标志。此外，由于芯片的 2、3 和 6 脚均为 0V，则信号输入端与输出端不必设置耦合电容。

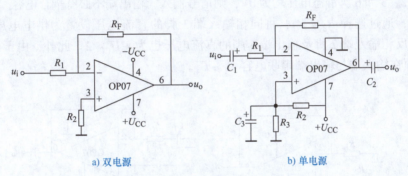

a) 双电源　　　　　　　　　　　　b) 单电源

图 4-7　集成运放反相放大实际电路

当采用单电源供电时，如图 4-7b 所示，通常选择 $R_3 = R_2$，将同相输入端 3 脚的直流电压设置为供电电压（$+U_{CC}$）的一半，则反相输入端 2 脚及输出端 6 脚的直流电压也为 $+U_{CC}/2$。此外，由于引脚电压不为 0V，输入端与输出端必须加耦合电容 C_1 和 C_2，R_3 两端也应并联电容 C_3。

3. 同相输入放大

（1）原理性电路

图 4-8 为同相输入放大电路。输入信号 u_i 经过电阻 R_2 接到集成运放的同相输入端，反馈电阻接到反相输入端，构成了电压串联负反馈。

根据虚断概念，$i_+ \approx 0$，可得 $u_+ = u_i$。又根据虚短概念，有 $u_+ \approx u_-$，于是有

$$u_i \approx u_- = u_o \frac{R_1}{R_1 + R_F}$$

移项后得电压放大倍数为

$$A_u = \frac{u_o}{u_i} = 1 + \frac{R_F}{R_1} \qquad (4-5)$$

当 $R_F = 0$ 或 $R_1 \to \infty$ 时，如图 4-9 所示，此时 $A_u = 1$，$u_o = u_i$，即输出电压与输入电压大小相等、相位相同，该电路称为电压跟随器。

由于引入的是深度电压串联负反馈，因此它使输入电阻增大、输出电阻减小，输入和输出电阻分别为

$$R_i \to \infty \qquad (4-6)$$

$$R_o \approx 0 \tag{4-7}$$

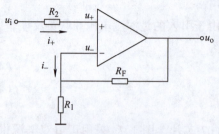

图 4-8　同相输入放大电路

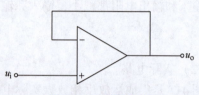

图 4-9　电压跟随器

（2）实际电路

图 4-10 是集成运放同相放大实际电路，采用 OP07 芯片。图 4-10a 采用正负双电源供电，由于芯片的 2、3 和 6 脚静态电压均为 0V，则信号输入、输出端不必有耦合电容。图 4-10b 是单电源供电，通过选择 $R_3 = R_2$，将同相输入端 3 脚的直流电压设置为供电电压（$+U_{CC}$）的一半，则反相输入端 2 脚及输出端 6 脚的直流电压也为 $+U_{CC}/2$。此外，由于引脚电压不为 0V，必须在输入端与输出端串联电容 $C_1 \sim C_4$。

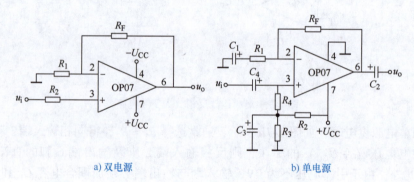

a) 双电源　　　　　　　　　b) 单电源

图 4-10　集成运放同相放大实际电路

例 4-1　电路如图 4-11 所示，试求当 R_5 的阻值为多大时，才能使 $u_o = -55u_i$？

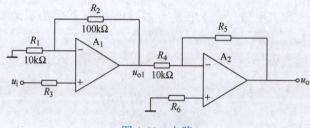

图 4-11　电路

解：在图 4-11 所示电路中，A_1 构成同相输入放大，A_2 构成反相输入放大，因此有

$$u_{o1} = \left(1 + \frac{R_2}{R_1}\right)u_i = \left(1 + \frac{100\text{k}\Omega}{10\text{k}\Omega}\right)u_i = 11u_i$$

$$u_o = -\frac{R_5}{R_4}u_{o1} = -\frac{R_5}{10\text{k}\Omega} \times 11u_i = -55u_i$$

化简后得 $R_5 = 50\text{k}\Omega$。

4. 相加混合放大

在自动控制电路中，往往需要将多个采样信号按一定的比例叠加起来输入到放大电路中，这就需要用到相加混合放大电路，如图 4-12 所示。

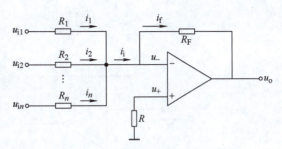

图 4-12 相加混合放大电路

根据虚断的概念及基尔霍夫电流定律，可得 $i_f = i_i = i_1 + i_2 + \cdots + i_n$。再根据虚短的概念可得

$$i_1 = \frac{u_{i1}}{R_1}, \quad i_2 = \frac{u_{i2}}{R_2}, \quad \cdots, \quad i_n = \frac{u_{in}}{R_n}$$

则输出电压为

$$u_o = -R_F i_f = -R_F \left(\frac{u_{i1}}{R_1} + \frac{u_{i2}}{R_2} + \cdots + \frac{u_{in}}{R_n} \right) \tag{4-8}$$

式(4-8)实现了各信号的比例加法运算。如取 $R_1 = R_2 = \cdots = R_n = R_F$，则有

$$u_o = -(u_{i1} + u_{i2} + \cdots + u_{in}) \tag{4-9}$$

5. 相减混合放大

差分式相减混合放大电路如图 4-13 所示。u_{i2} 经 R_1 加到反相输入端，u_{i1} 经 R_2 加到同相输入端。

根据叠加定理，首先令 $u_{i1} = 0$，当 u_{i2} 单独作用时，电路成为反相放大电路，其输出电压为

$$u_{o2} = -\frac{R_F}{R_1} u_{i2}$$

再令 $u_{i2} = 0$，u_{i1} 单独作用时，电路成为同相放大电路，同相端电压为

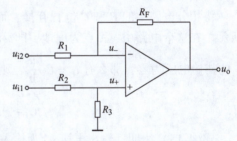

图 4-13 利用差分式电路实现相减混合放大

$$u_+ = \frac{R_3}{R_2 + R_3} u_{i1}$$

则输出电压为

$$u_{o1} = \left(1 + \frac{R_F}{R_1}\right) u_+ = \left(1 + \frac{R_F}{R_1}\right)\left(\frac{R_3}{R_2 + R_3}\right) u_{i1}$$

这样，当 u_{i1} 和 u_{i2} 同时输入时，有

$$u_o = u_{o1} + u_{o2} = \left(1 + \frac{R_F}{R_1}\right)\left(\frac{R_3}{R_2 + R_3}\right) u_{i1} - \frac{R_F}{R_1} u_{i2} \tag{4-10}$$

当 $R_1 = R_2 = R_3 = R_F$ 时，有

$$u_o = u_{i1} - u_{i2} \tag{4-11}$$

6. 积分电路

图 4-14a 所示为积分电路，要求 $RC \gg T/2$。根据虚地的概念，$u_A \approx 0$，$i_R = u_i/R$。再根据虚断的概念，有 $i_C \approx i_R$，即电容 C 以 $i_C = u_i/R$ 进行充电或放电。假设电容 C 的初始电压为零，那么输出电压 u_o 是对输入电压 u_i 的积分运算，关系为

$$u_o = -\frac{1}{C}\int i_C dt = -\frac{1}{C}\int \frac{u_i}{R}dt = -\frac{1}{RC}\int u_i dt \qquad (4-12)$$

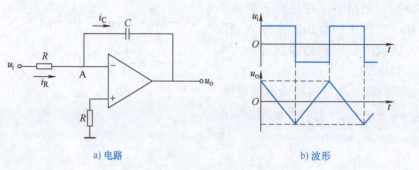

a) 电路　　　　　　　　　　b) 波形

图 4-14　积分电路及波形变换

如果输入 u_i 是方波,而且 $RC \gg T/2$,C 充放电很慢,输出 u_o 是三角波,如图 4-14b 所示。这是因为输入 u_i 加在运放的反相输入端,当输入 u_i 为正电平时,i_C 电流方向即图 4-14a 中的方向,C 充电使输出电压 u_o 是线性降低的;当输入 u_i 为负电平时,i_C 电流方向与图 4-14a 中的方向相反,C 充电使输出电压 u_o 是线性升高的。

7. 微分电路

将积分电路中的 R 和 C 位置互换,而且 $RC \ll T/2$ 时,就可得到微分电路,如图 4-15a 所示。在这个电路中,A 点为虚地,即 $u_A \approx 0$。再根据虚断的概念,则有 $i_R \approx i_C$。假设电容 C 的初始电压为零,那么有 $i_C = C\dfrac{du_i}{dt}$,则输出电压为

$$u_o = -i_R R = -RC\frac{du_i}{dt} \qquad (4-13)$$

式(4-13) 表明,输出电压 u_o 为输入电压 u_i 对时间的微分,且相位相反。

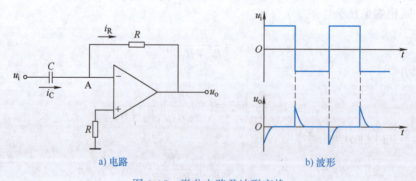

a) 电路　　　　　　　　　　b) 波形

图 4-15　微分电路及波形变换

当输入 u_i 为方波,则输出 u_o 为尖顶波,波形如图 4-15b 所示。这是由于 RC 时间常数很小,C 充放电很快,只有在 u_i 波形的突变部分,才有 i_C 电流,在 u_i 波形的平直部分,i_C 电流为零。

8. 集成运放在 RC 正弦波振荡电路中的应用

第 2 章已经介绍了由晶体管构成的正弦波振荡电路,下面介绍由集成运放构成的 RC 正

弦波低频振荡电路。

图 4-16 是典型的低频正弦波振荡电路，也称为<u>文氏电桥 RC 振荡电路</u>。正弦波振荡电路由基本放大电路、反馈网络及选频网络三部分组成，具体如下：

基本放大电路：LM324 与 R_5、R_4 和 R_3 构成同相输入放大器。

正反馈与选频网络：R_{P1}、R_1 和 C_1，R_2、C_2，对于频率为

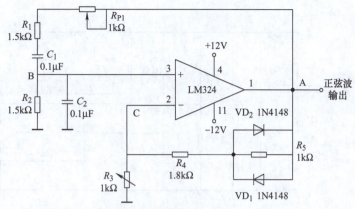

图 4-16　采用集成运放构成的 RC 正弦波振荡电路

$$f = \frac{1}{2\pi\sqrt{(R_{P1} + R_1)C_1 R_2 C_2}} \tag{4-14}$$

的正弦波信号，B 点反馈信号与 A 点输出信号同相，只要放大器的增益合适，电路就能够起振产生正弦波。通常，选 $R_1 = R_2 = R$，$C_1 = C_2 = C$，若 $R_{P1} = 0$，对应的振荡频率就变成

$$f_0 = \frac{1}{2\pi RC} \tag{4-15}$$

对于振荡频率，此时 B 点信号是 A 点信号幅度的 1/3，放大器增益理论上大于 3 就可以产生振荡，为了减少信号失真，放大器的放大倍数为 4~6 比较合适。回路中的 VD_1、VD_2 和 R_5、R_4、R_3 构成反相放大器的反馈回路，电压放大倍数为

$$A_u = 1 + \frac{R_4 + R_5}{R_3} \tag{4-16}$$

当输出信号由于各种原因增大，使 R_5 上的压降超过二极管的导通电压，二极管 VD_1、VD_2 就分流，降低了回路阻抗，相应的增益也减小，起到了<u>自动限制幅度</u>的效果。

9. 集成运放在稳压电源中的应用

由集成运放构成的线性稳压电源如图 4-17 所示。与图 2-52 所示稳压电源比较，即图 2-52 中的误差比较放大管 VT_2 改为由集成运放（OP07）来实现，调整管采用复合管，并增加限流保护功能。

（1）各元器件作用

在图 4-17 中，由 VD_1 ~ VD_4、C_1 构成桥式整流电容滤波电路，以便将交流电变成直流电；VT_2 和 VT_4 构成复合调整管；VT_3 是过电流保护管；R_5、R_6 和 R_{P1} 是稳压取样电阻，若 R_{P1} 调在中间位置时，取样系数为 $n = R_6/(R_5 + R_6 + R_{P1})$；OP07 是误差比较放大管，其反相输入端加取样电压，同相输入端加基准电压；基准电压就是 VL 两端电压，由 VT_1 恒流管产生。

（2）基准电压的产生

集成运放同相端的基准电压由 VT_1 提供，VT_1 的集电极电流由稳压二极管 VZ 决定，是 VZ 稳压值减去 0.7V，再除以 R_1 阻值。VT_1 集电极电流流经 VL，使 VL 指示灯发光，VL 两端电压就是基准电压。

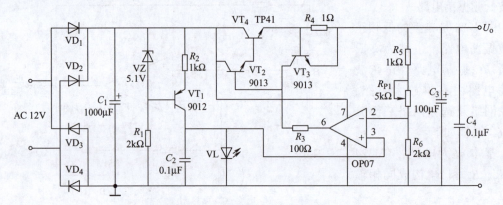

图 4-17 由集成运放构成的线性稳压电源

(3) 稳压原理

OP07 的作用是误差比较放大，所谓比较，就是 2 脚取样电压与 3 脚基准电压比较，如果输出电压正常，则取样电压与基准电压相等。如果输出电压升高，则取样电压也升高，经 OP07 反相放大后，6 脚输出电压降低，导致调整管 VT_2 和 VT_4 电流减小，即输出电压自动降回到原值。输出电压由 R_{P1} 调整，输出电压等于基准电压除以取样系数。

(4) 过电流限制保护

VT_3 是过电流保护管，R_4 是过电流检测电阻，一旦输出端负载电流过大，R_4 两端电压将超过 0.7V，使 VT_3 导通，VT_2 的基极电流被 VT_3 分流，输出电流自动减小，达到限流的目的。

复习思考题

4.1.2.1　什么是理想集成运放？

4.1.2.2　什么是"虚短"和"虚断"？

4.1.2.3　为什么在集成运放的线性应用电路中必须引入负反馈？

4.1.2.4　集成运放单电源使用时，同相输入端应加多大直流电压为好？

4.1.2.5　在图 4-14 所示的积分电路中，对 C 的容量选择有何要求？

4.1.2.6　在图 4-15 所示的微分电路中，对 C 的容量选择有何要求？

4.1.3　集成运放的非线性应用

所谓非线性应用，即集成运放的开环应用，其特点是集成运放不引入负反馈，集成运放内电路工作在非线性区域，其输出与输入不是线性关系，如输入是正弦波，输出是方波等。

1. 采用集成运放构成比较器

(1) 理想运算放大器的开环运用特性

当理想运算放大器工作在开环状态或外接正反馈时，由于它的差模电压放大倍数 A_{ud} 为无穷大，因此同相输入端与反相输入端之间只要有微小的差值电压输入，它就一定工作在非线性区。其特点是输出电压只有两种状态，不是正饱和电压 $+U_{om}$，就是负饱和电压 $-U_{om}$。其传输特性如图 4-18 所示。当同相输入端电压 u_+ 大于反相输入端电压 u_- 时，$u_o = +U_{om}$；当反相输入端电压 u_- 大于同相输入端电压 u_+ 时，$u_o = -U_{om}$。

(2) 过零比较器

过零比较器,顾名思义,其门限电压 $U_{TH}=0$。过零比较器如图4-19所示。对于图4-19a所示电路,为满足负载的需要,在运算放大器输出端接入由限流电阻 R 及稳压管 VZ 组成的稳压管限幅电路。VZ 是两只特性

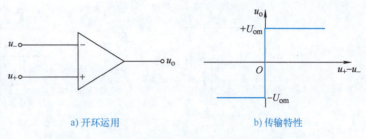

a) 开环运用　　　　　　b) 传输特性

图 4-18　理想运算放大器开环运用及其传输特性

相同且制作在一起的稳压管,双向稳定电压为 $\pm U_Z$,U_Z 值小于运算放大器最大输出电压值 U_{om}。输入信号 u_i 加在反相输入端,同相输入端接地。当 $u_i>0$ 时,$u'_o=-U_{om}$,经 VZ 稳压,$u_o=-U_Z$;当 $u_i<0$ 时,$u'_o=+U_{om}$,经 VZ 稳压,$u_o=+U_Z$。于是得电压传输特性如图4-19c所示。

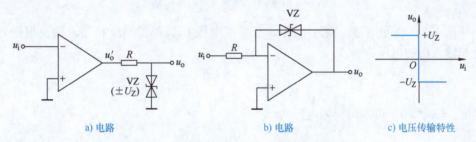

a) 电路　　　　　　b) 电路　　　　　　c) 电压传输特性

图 4-19　过零比较器及其电压传输特性

对于图4-19b所示电路,限幅稳压管接在输出端与反相端之间。假设稳压管截止,则运算放大器必然工作在开环状态,输出电压不是 $+U_{om}$ 就是 $-U_{om}$。这样,必然导致稳压管导通,VZ 构成负反馈,使反相输入端为虚地,输出电压 $u_o=\pm U_Z$。因而图4-19b所示电路的传输特性与图4-19a的相同。这种电路的优点是:集成运放的输入电压和输入电流均近似为零,从而保护了输入级。另外,由于输出端不会出

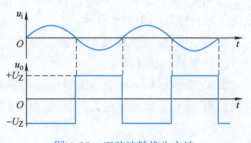

图 4-20　正弦波转换为方波

现 $\pm U_{om}$ 电压,即集成运放的内部没有工作在非线性区域,从而提高了输出电压的变化速度。

过零比较器的应用之一是可将正弦波转换为方波,如图4-20所示。

(3) 一般单限比较器

一般单限比较器的电路如图4-21所示。对于图4-21a所示的比较器,信号加到反相输入端,基准电压 U_{REF} 加到同相输入端,门限电压 $U_{TH}=U_{REF}$。当 $u_i>U_{REF}$ 时,$u_o=-U_Z$;当 $u_i<U_{REF}$ 时,$u_o=+U_Z$。其传输特性如图4-21b所示。若希望当 $u_i>U_{REF}$ 时,$u_o=+U_Z$,则只需将 u_i 与 U_{REF} 的位置对调即可。

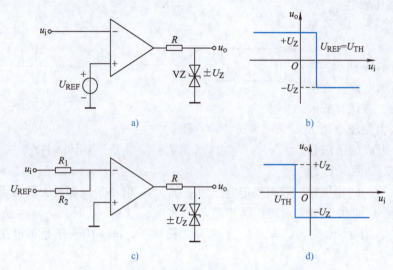

图 4-21 一般单限比较器及其电压传输特性

对于图 4-21c 所示电路,输入电压 u_i 与基准电压 U_{REF} 都加到反相输入端,根据叠加原理,反相输入端的电压为

$$u_- = \frac{R_2}{R_1+R_2}u_i + \frac{R_1}{R_1+R_2}U_{REF}$$

令 $u_- = u_+ = 0$,可求出门限电压为

$$U_{TH} = -\frac{R_1}{R_2}U_{REF} \tag{4-17}$$

当 $u_i < U_{TH}$ 时,$u_o = +U_Z$;当 $u_i > U_{TH}$ 时,$u_o = -U_Z$。若 $U_{REF} > 0$ 时,U_{TH} 为负值,则电压传输特性如图 4-21d 所示。

2. 采用集成运放构成方波振荡电路

(1) 电路组成

图 4-22 所示是一种能产生矩形波的基本电路,也称为方波产生电路。R_1 和 R_2 形成正反馈,R_F 和 C 形成充放电式负反馈。双向稳压管 VZ 限定了输出为 $\pm U_Z$。

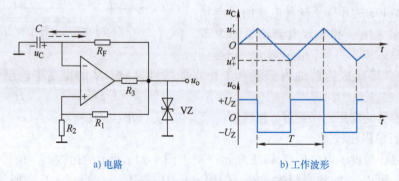

a) 电路 b) 工作波形

图 4-22 矩形波信号产生基本电路及其波形

(2) 工作原理

设在刚接通电源时,电容 C 上的电压为零,输出为正饱和电压 $+U_Z$,则同相输入端的

电压为

$$u'_+ = \frac{R_2}{R_1+R_2}U_Z$$

输出电压 $+U_Z$ 通过电阻 R_F 向 C 充电，充电电流经过电阻 R_F，如图 4-22a 中的实线所示。当充电电压 u_C 升至 u'_+ 值时，由于运算放大器输入端 $u_- > u_+$，于是电路翻转，输出电压由 $+U_Z$ 翻至 $-U_Z$，同相输入端电压变为

$$u''_+ = -\frac{R_2}{R_1+R_2}U_Z$$

此时，电容 C 通过电阻 R_F 开始放电，u_C 开始下降，放电电流如图 4-22a 中的虚线所示。当电容电压 u_C 降至 u''_+ 值时，由于 $u_- < u_+$，于是输出电压又翻转到 $u_o = +U_Z$ 值。如此周而复始，在集成运放的输出端便得到了如图 4-22b 所示的 u_o 矩形波波形。

（3）振荡频率

电路输出的矩形波电压周期 T 取决于充、放电的时间常数 $R_F C$，而且与分压电阻 R_1 和 R_2 有关。可以证明，其周期为

$$T = 2R_F C \ln\left(1+\frac{2R_2}{R_1}\right) \tag{4-18}$$

如果选 $R_1 = 1.164R_2$，则振荡周期可简化为 $T = 2R_F C$，或振荡频率为

$$f = \frac{1}{T} = \frac{1}{2R_F C} \tag{4-19}$$

3. 采用集成运放构成三角波振荡电路

产生三角波信号的基本电路及其波形如图 4-23 所示。

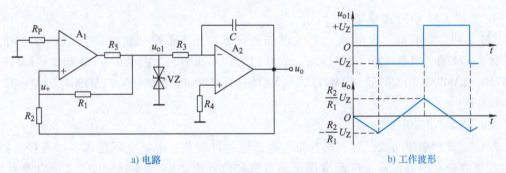

a) 电路　　　　　　　　　　　　　　b) 工作波形

图 4-23　三角波振荡电路及其波形

集成运放 A_2 构成积分器。集成运放 A_1 构成电压比较器，其反相输入端接地，其同相输入端的电压由 u_o 和 u_{o1} 共同决定，为

$$u_+ = u_{o1}\frac{R_2}{R_1+R_2} + u_o\frac{R_1}{R_1+R_2} \tag{4-20}$$

当 $u_+ > 0$ 时，$u_{o1} = +U_Z$；当 $u_+ < 0$ 时，$u_{o1} = -U_Z$。

在电源刚接通时，假设电容初始电压为零，集成运放 A_1 的输出电压为 $+U_Z$，即积分器输入为 $+U_Z$，电容 C 开始充电，输出电压 u_o 开始减小，u_+ 值也随之减小。当 u_o 减小到 $-U_Z\frac{R_2}{R_1}$ 时，u_+ 由正值变为零，比较器 A_1 翻转，集成运放 A_1 的输出 $u_{o1} = -U_Z$。

当 $u_{o1} = -U_z$ 时,积分器输入负电压,输出电压 u_o 开始增大,u_+ 值也随之增大。当 u_o 增加到 $U_z \dfrac{R_2}{R_1}$ 时,u_+ 由负值变为零,比较器 A_1 翻转,A_1 的输出 $u_{o1} = +U_z$。

此后,前述过程不断重复,便在 A_1 的输出端得到幅值为 U_z 的矩形波,A_2 的输出端得到三角波,波形如图 4-23b 所示。另外,可以证明,其频率为

$$f = \frac{R_1}{4R_2R_3C} \tag{4-21}$$

复习思考题

4.1.3.1 在比较器中,运算放大器通常工作在什么状态(开环、闭环或正反馈)?

4.1.3.2 在图 4-23 所示三角波振荡电路中,A_1 和 A_2 分别工作在线性区还是非线性区?为什么?

4.1.3.3 正弦波振荡电路由放大、正反馈及选频三部分组成,非正弦波振荡电路是否也同样?

4.2 集成功率放大器

集成音频功率放大器的品种已超过 300 种,从输出功率容量来看,有不到 1W 的小功率放大器、10W 以上的中功率放大器、直到 25W 以上的集成功率放大器;从电路的结构来看,有单声道集成功放和双声道集成功放。从生产厂家来看,有 LM 系列、TDA 系列、LA 系列、TA 系列和 μPC 系列等。下面介绍几款常用系列的集成功率放大器。

4.2.1 LM 系列集成功放

1. 常用 LM 系列集成功放

LM 系列是美国国家半导体公司生产的器件。常用 LM 系列集成功放型号有 LM380、LM384、LM386、LM1875、LM1876、LM1877、LM2879、LM3886、LM4682、LM4701、LM4730、LM4731、LM4732、LM4752、LM4766、LM4780、LM4860、LM4901、LM4902 和 LM4903 等。

2. LM386 小功率放大器

LM386 音频集成功放,具有功耗低、电压增益可调整、电源电压范围大、外接元器件少和总谐波失真小等优点,广泛应用于录音机和收音机之中。LM386 电压增益内置为 20,但在 1 脚和 8 脚之间增加一只外接电阻和电容,便可将电压增益调为任意值,最高可达 200。输入端以地为参考,同时输出端被自动偏置到电源电压的一半,在 6V 电源电压下,它的静态功耗仅为 24mW,这使得 LM386 特别适用于电池供电的场合。

LM386 的封装形式有塑封 8 引线双列直插式和贴片式。LM386 的 1、8 脚为增益调整,2 脚为反馈脚,3 脚为输入脚,4 脚接地,5 脚输出,6 脚接 4~12V 电源,7 脚接滤波电容。LM386 芯片典型应用如图 4-24 所示。

4.2.2 TDA 系列集成功放

1. 常用 TDA 系列集成功放

TDA 系列是荷兰飞利浦公司生产的器件。常用 TAD 系列集成功放型号有 TDA1009、

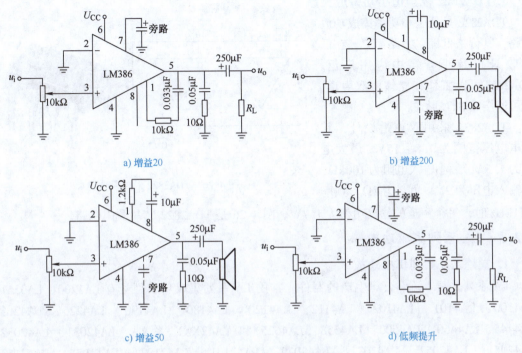

图 4-24　LM386 芯片典型应用

TDA1512、TDA1520、TDA1521、TDA1910、TDA2003、TDA2004、TDA2005、TDA2008、TDA2030、TDA2613、TDA2822、TDA7250、TDA7260、TDA7265、TDA7293、TDA7377 和 TDA7850 等。

2. TDA2003 中功率放大器

TDA2003 外接元器件非常少，输出功率大，$P_o = 18W$（$R_L = 4\Omega$）。采用超小型封装（TO-220），可提高组装密度。TDA2003 开机冲击极小，内含短路保护，热保护，地线偶然开路、电源极性反接及负载泄放电压反冲等保护。TDA2030A 能在最低 ±6V、最高 ±22V 的电压下工作，在 ±19V、8Ω 阻抗时能够输出 16W 的有效功率，THD≤0.1%。

TDA2003 引脚：1 脚是同相输入端；2 脚是反相输入端；3 脚是负电源输入端；4 脚是功率输出端；5 脚是正电源输入端。TDA2003 芯片及典型应用如图 4-25 所示。

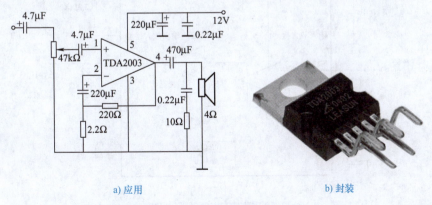

a) 应用　　　　　　　　　　　b) 封装

图 4-25　TDA2003 芯片及典型应用

3. TDA2822 双声道小功率放大器

TDA2822 是低压小功率集成功放电路，其价格低廉，线路简单，在低档收录机及小音箱中应用广泛。TDA2822 可以工作在立体声双声道，也可连接成 BTL 形式。

TDA2822 采用双声道设计，其供电电压范围为 1.8～15V，最大电流为 1.5A，最小输入电阻为 100kΩ，当输入电压为 9V、负载为 4Ω、频率为 1kHz 时，每个声道的输出功率为 1.7W。图 4-26 是 TDA2822 芯片及内电路。

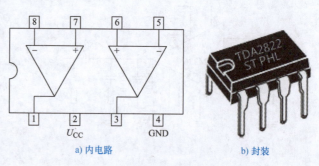

图 4-26　TDA2822 芯片及内电路

4.2.3 LA 系列集成功放

1. 常用 LA 系列集成功放

LA 系列是日本三洋公司生产的器件。常用 LA 系列集成功放型号有 LA1200、LA3361、LA4100、LA4101、LA4102、LA4112、LA4120、LA4180、LA4190、LA4225、LA4265、LA4445、LA4460、LA4500、LA4558、LA4625 和 LA42XXX 系列（LA42031、LA42032、LA42051、LA42052、LA42071、LA42072、LA42101、LA42102、LA42151、LA42152、LA42351 和 LA42352，最后一个数字表示声道数，采用 SIP13H 封装）。

2. LA42152 集成功放

LA42152 是专为电视机设计的 2×15W 双声道音频功放芯片，具有待机、静噪、过热保护（结温 160℃）和输出短路保护功能，电压增益为 35dB，图 4-27 是由 LA42152 芯片构成的双声道 BTL 功率放大电路。

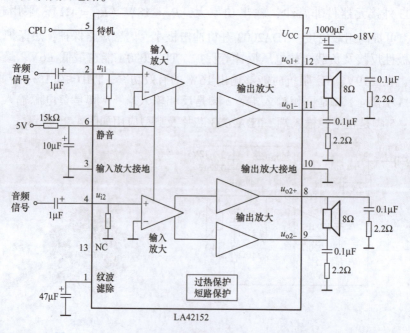

图 4-27　由 LA42152 芯片构成的双声道 BTL 功率放大电路

LA42152 芯片引脚功能说明如下：

1 脚：接滤波电容。

2 脚：第一声道的音频信号输入，输入电阻为 30kΩ。

3 脚：输入放大接地脚。

4 脚：第二声道的音频信号输入，输入电阻为 30kΩ。

5 脚：待机控制，低电平时电视机处于待机状态。

6 脚：电视机开机、关机时的静噪控制，低电平静噪。

7 脚：供电脚，典型电压为 16.5V，允许电压范围为 5.5~22V。

8、9 脚：第二声道的正、负输出脚，接 8Ω 扬声器及消振元件（0.1μF、2.2Ω）。

10 脚：输出放大接地脚。

11、12 脚：第一声道的正、负输出脚，接 8Ω 扬声器及消振元件（0.1μF、2.2Ω）。

13 脚：空脚。

3. LA42352 集成功放

LA42352 是专为电视机设计的 2×5W 双声道音频功放芯片，具有待机、直流音量控制及过热保护功能，图 4-28 是由 LA42352 芯片构成的双声道 OTL 功率放大电路。

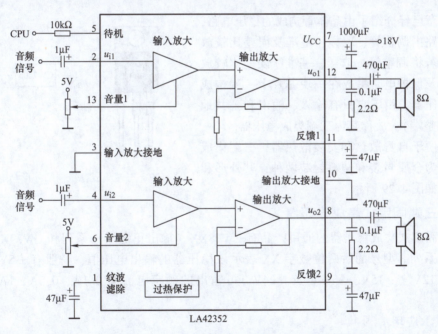

图 4-28　由 LA42352 芯片构成的双声道 OTL 功率放大电路

LA42352 芯片引脚功能说明如下：

1 脚：接滤波电容。

2 脚：第一声道音频信号输入。

3 脚：输入放大接地脚。

4 脚：第二声道音频信号输入。

5 脚：待机控制，低电平时电视机处于待机状态。

6 脚：第二声道直流（0~5V）音量控制，5V 音量最大。

7脚：供电脚，典型电压为18V，允许电压范围为10～22V。

8脚：第二声道输出脚，外接8Ω扬声器及消振元件（0.1μF、2.2Ω）。

9脚：第二声道负反馈脚。

10脚：输出放大接地脚。

11脚：第一声道负反馈脚。

12脚：第一声道输出脚，外接8Ω扬声器及消振元件（0.1μF、2.2Ω）。

13脚：第一声道直流（0～5V）音量控制，5V音量最大。

复习思考题

4.2.1　集成功放芯片哪些引脚是必不可少的？

4.2.2　集成功放的电压放大倍数通常如何设计？

4.2.3　扬声器是音频集成功放的负载，为什么有些集成功放输出端直接与扬声器连接？有些集成功放输出端通过耦合电容与扬声器连接？

4.2.4　为什么图4-27所示电路属于BTL功放，图4-28所示电路属于OTL功放？

4.3　三端集成稳压器

第2章已经介绍了由晶体管构成的稳压电路，该稳压电路由调整管、取样、基准及误差比较放大组成，若将调整管、取样、基准、误差比较放大、启动及保护电路集成在一块芯片上，就构成了集成稳压器，由于它只有输入、输出和公共地端（或调整端），故称其为三端集成稳压器。

为了便于自身散热和安装散热器，三端集成稳压器分为金属封装和塑料封装两种，其外形和电路符号如图4-29所示。

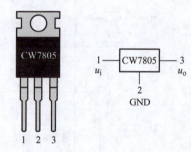

图4-29　三端集成稳压器的外形与电路符号

4.3.1　三端固定式集成稳压器

三端固定式集成稳压器的通用产品有CW78XX（输出正电压）系列和CW79XX（输出负电压）系列。型号的后两位数字XX表示该稳压器的输出电压值，一般有±5V、±6V、±8V、±12V、±15V、±18V及±24V。可输出的额定电流有0.1A、0.5A、1A、1.5A、3A及5A。

1. 基本应用

三端固定式集成稳压器的基本应用如图4-30所示。经滤波后的不稳定电压U_i加在输入端与公共地之间，在输出端与公共地之间得到固定的输出电压为

$$U_o = (XX)V \tag{4-22}$$

偏差约为±5%。为了让稳压器内部的调整管正常工作，输入电压U_i至少要比输出电压U_o高出2V。图中C_i用于抵消输入线较长时的电感效应，以防止电路产生自激。C_o用于消除输出端的高频噪声。当C_o容量较大、输出电压较高时，应在输入与输出端之间接入二极管VD，以防止输入端断开时C_o向稳压器放电，从而造成稳压器损坏。

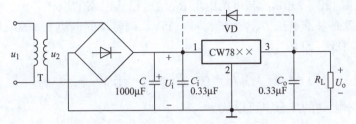

图 4-30 三端固定式集成稳压器的基本应用

2. 正、负输出应用

三端固定式集成稳压器的正、负输出应用如图 4-31 所示。由于电源变压器二次侧带有中心抽头并接地，整流滤波后得到两个大小相等、极性相反的 U_i 电压。然后由 CW7815 和 CW7915 稳压器稳压输出 ±15V 两路直流电压，并向负载提供 1.5A 的电流。

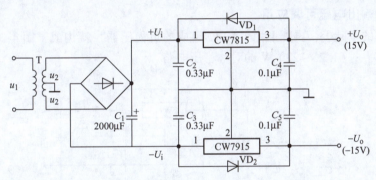

图 4-31 三端固定式集成稳压器的正、负输出应用

4.3.2 三端可调式集成稳压器

三端可调式集成稳压器是在三端固定式集成稳压器的基础上发展起来的，它将稳压器中的取样电路引到集成芯片外面，得到应用更加灵活、输出精度更高的稳压器。

三端可调式集成稳压器种类很多，最常用的是 CW117、CW317 和 CW137、CW337 系列，前者可输出 1.25~37V 连续可调正电压，后者可输出 -37~-1.25V 连续可调负电压。它们的基准电压分别为 ±1.25V，输出额定电流有 0.1A、0.5A 和 1.5A 三种。

1. 基本应用

三端可调式集成稳压器的基本应用如图 4-32 所示。

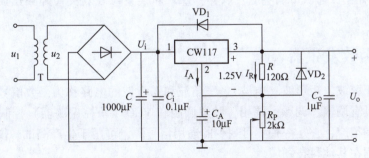

图 4-32 三端可调式集成稳压器的基本应用

电阻 R 一般取 $120\sim250\Omega$，与可调电阻 R_P 组成稳压电路的取样环节。稳压输出端与调整端之间的压差就是基准电压 U_{REF}，$U_{REF}=1.25V$。调整端的电流 $I_A=50\mu A$，改变 R_P 值可改变输出电压的高低，即有

$$U_o = U_{REF} + (I_R + I_A)R_P = \left(1+\frac{R_P}{R}\right)U_{REF} + I_A R_P \qquad (4\text{-}23)$$

在要求精度不太高的场合，可以认为

$$U_o \approx \left(1+\frac{R_P}{R}\right)U_{REF} \qquad (4\text{-}24)$$

电路中的 C_i 和 C_o 用于减小高频噪声，防止自激振荡，提高抑制纹波的能力，一般分别取 $0.1\mu F$ 和 $1\mu F$。电容 C_A 用于滤除可调电阻 R_P 两端的纹波，取 $10\mu F$ 为最佳。二极管 VD_1 用于当输入端断开时为 C_o 提供放电通路，保护稳压器内部的调整管。二极管 VD_2 用于输出端短路时为 C_A 提供放电通路，保护基准电压源。

2. 正、负输出电压可调应用

在图 4-32 的基础上，再配上由 CW137 组成的负稳压器，就构成了图 4-33 所示的输出电压调节范围为 $\pm(1.25\sim22)$ V 的对称稳压电路。

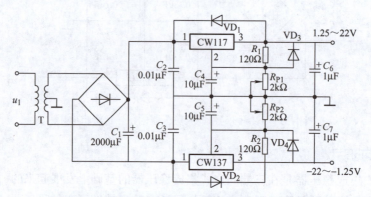

图 4-33 三端可调式集成稳压器的正、负输出应用

复习思考题

4.3.1 CW78XX 系列和 CW79XX 有什么区别？

4.3.2 在图 4-31 或图 4-33 所示电路中，为什么电源变压器二次绕组有一个接地的中心抽头？

4.3.3 通常稳压电源由调整管、取样、基准和误差比较放大四部分组成，三端集成稳压器是否也如此？

4.4 集成函数发生器

能够产生正弦波、矩形波（方波）、三角波和锯齿波的电路称为<u>函数信号发生器</u>，有些函数发生器还具有调幅、调频、调相、脉宽调制和 VCO（压控振荡器）控制等功能。函数发生器应用范围很广，它是一种不可缺少的通用信号源，可用于生产测试、仪器维修和实验室，还广泛使用在其他科技领域。

4.4.1 8038 集成函数发生器

美国 INTERSIL（英特矽尔）公司的 ICL8038 芯片简称 8038（国产 5G8038），是一种多用途的波形发生器芯片，可以产生<u>正弦波</u>、<u>方波</u>、<u>三角波</u>和<u>锯齿波</u>，其频率可以通过外加的直流电压进行调节，使用方便、性能可靠。

1. 认识 8038 芯片

8038 的内部原理电路框图如图 4-34 所示。它主要由两个恒流源、两个电压比较器和触发器等组成。

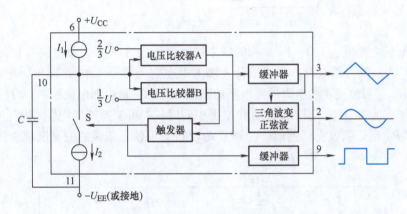

图 4-34　8038 内部原理电路框图

在图 4-34 中，电压比较器 A 和 B 的门限电压分别为两个电源电压之和（$U_{CC} + U_{EE}$）的 2/3 和 1/3，恒流源 I_1 和 I_2 的大小可通过外接电阻调节，其中 I_2 必须大于 I_1。

当触发器的输出端为低电平时，它控制开关 S 使电流源 I_2 断开，而电流源 I_1 则向外接电容 C 充电，使电容两端的电压随时间线性上升。当 u_C 上升到 $u_C = 2(U_{CC} + U_{EE})/3$ 时，比较器 A 的输出电压发生跳变，使触发器输出端由低电平变为高电平，这时开关 S 使电流源 I_2 接通。由于 $I_2 > I_1$，因此外接电容 C 经 10 脚放电，u_C 随时间线性下降。

当 u_C 下降到 $u_C = (U_{CC} + U_{EE})/3$ 时，比较器 B 输出发生跳变，使触发器输出端又由高电平变为低电平，S 再次被断开，I_1 再次向 C 充电，u_C 又随时间线性上升。如此周而复始，产生振荡。当 $I_2 = 2I_1$ 时，就会在电容 C 的两端产生三角波并输出到 3 脚。在 3 脚，三角波经正弦波变换器变成正弦波后由 2 脚输出。而触发器输出的方波经反向器缓冲，由 9 脚输出。

8038 性能优良，可用单电源供电，即将 11 脚接地，6 脚接 $+U_{CC}$，U_{CC} 为 10 ~ 30V；也可双电源供电，即将 11 脚接 $-U_{EE}$，6 脚接 $+U_{CC}$，它们的值为 ±（5 ~ 15）V。频率可调范围为 0.001Hz ~ 300kHz。

输出矩形波的占空比可调范围为 2% ~ 98%，输出三角波的非线性失真小于 0.05%，输出正弦波的失真度小于 1%。

2. 8038 芯片在函数发生器中的应用

图 4-35 所示为 8038 的外部引脚排列图及封装。

利用 8038 构成的函数发生器如图 4-36 所示，其振荡频率由电位器 R_{P1} 滑动触点的位置、C_2 的容量及 R_A 和 R_B 的阻值决定。8 脚外接振荡频率调整电位器 R_{P1}，调节 R_{P1}，电路振荡

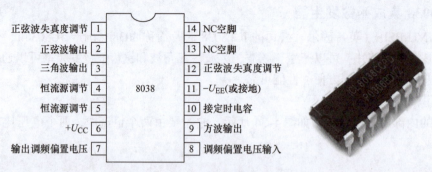

图 4-35　8038 的外部引脚排列图及封装

频率最高与最低之比可达 100∶1。8 脚的频率调整偏压也可以由 7 脚提供（直接将 7、8 两脚连接）。C_1 为高频旁路电容，用以消除 8 脚的寄生交流信号。R_{P2} 是输出矩形波的占空比调节，调节 R_{P2}，可改变 4 和 5 脚外接电阻的阻值，从而决定内部电流源 I_1 和 I_2 的大小，即改变输出矩形波的占空比。当 R_{P2} 滑动臂位于中间时，4 和 5 脚外接电阻相等，9 脚可输出方波。R_{P3} 和 R_{P4} 是正弦波失真度调节，调节 R_{P3} 和 R_{P4} 可使正弦波的失真度减少到 0.5%。

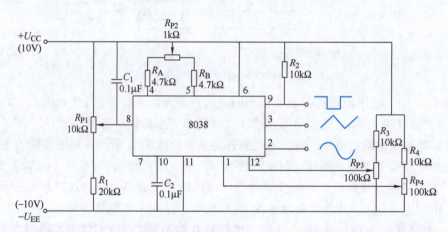

图 4-36　利用 8038 构成的函数发生器

4.4.2　MAX038 高频函数发生器

8038 集成函数发生器的最高振荡频率仅为 300kHz，而且三种波形从不同引脚输出，使用很不方便。美国马克西姆公司的 MAX038 芯片，其最高振荡频率可达 40MHz，芯片内设多种选择器，三种波形通过编程从同一个引脚输出，使用更加方便。

1. MAX038 芯片的识别

MAX038 芯片附加少许外围电路就能够产生三角波、锯齿波、正弦波、方波和矩形脉冲波形。该芯片输出频率范围为 0.1Hz~20MHz；输出波形占空比（15%~85%）独立可调，占空比可由 DADJ 端调整，具有低输出阻抗的输出缓冲器，输出阻抗的典型值为 0.1Ω；备有 TTL 兼容的独立同步信号 SYNC（方波输出，固定占空比为 50%），方便组建频率合成器系统。

MAX038 芯片采用 20 引脚 DIP 封装，内电路及引脚如图 4-37 所示。MAX308 芯片各引脚功能简述如下：

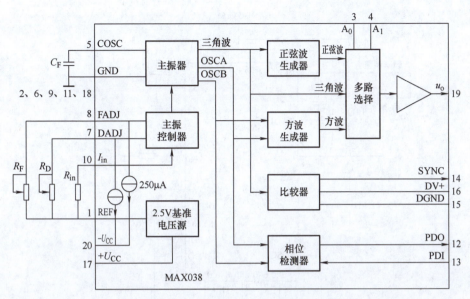

图 4-37　MAX038 芯片内电路及引脚

1 脚（REF）：内部 2.5V 参考电压输出，可利用该电压设定 FADJ、DADJ 的电压值，实现频率微调和占空比调节。

2、6、9、11、18 脚（GND）：模拟地。

4、3 脚（$A_1 A_0$）：输出波形选择，若 $A_1 A_0 = 10$，输出为正弦波；若 $A_1 A_0 = 00$，输出矩形波；若 $A_1 A_0 = 01$，输出为三角波。

5 脚（COSC）：内部振荡器外接电容 C_F，C_F 取值范围为 20pF～100μF。

8 脚（FADJ）：接振荡频率微调电阻，若施加 ±2.4V 可调电压，则频率变化为 ±70%。

7 脚（DADJ）：波形占空比调节，若接地，则输出占空比为 50%；若施加 ±2.3V 电压，则输出波形占空比在 15%～85% 范围变化。

10 脚（I_{in}）：电流输入，决定振荡频率粗调。

13 脚（PDI）、12 脚（PDO）：内部鉴相器输入、输出，若不用可接地。

14 脚（SYNC）：同步信号输出，允许内部振荡器与外电路同步，不用时开路。

15 脚（DGND）、16 脚（DV+）：内部数字电路电源。

17 脚（$+U_{CC}$）、20 脚（$-U_{CC}$）：供电电源（5V、−5V）。

19 脚（u_o）：波形输出端，若采用 ±5V 供电，则三种输出波形幅度能够达到 $2V_{P-P}$（峰峰值电压），输出阻抗为 0.1Ω，最大输出电流为 ±20mA。

MAX038 输出频率由 I_{in}、C_F、U_{FADJ} 共同确定，U_{FADJ} 是频率微调电压。当 $U_{FADJ} = 0V$ 时，输出频率 $f_0 = I_{in}/C_F$，$I_{in} = 2.5/R_{in}$。

2. MAX038 芯片的典型应用

由 MAX038 芯片组成的正弦波发生器如图 4-38 所示。

因为是正弦波输出，A_1 应接高电平，占空比引脚 DADJ 应接地，PDI 和 PDO 引脚均接地，DV+ 和 SYNC 引脚应开路。MAX038 输出正弦波频率由 I_{in}、C_F 和 U_{FADJ} 共同确定，电路中频率微调 FADJ 引脚经 R_1 接地，即 $U_{FADJ} = 0V$，则输出频率 $f_0 = I_{in}/C_F$，$I_{in} = 2 \times 2.5/$

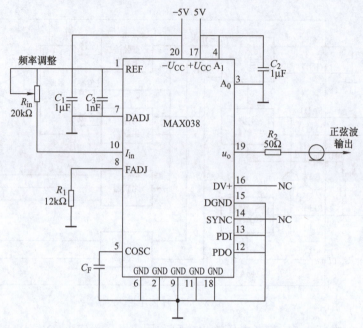

图 4-38 由 MAX038 芯片组成的正弦波发生器

R_{in}，改变 R_{in} 可改变频率。

复习思考题

4.4.1 8038 芯片内部由哪些电路组成？

4.4.2 图 4-36 所示电路中有四个可调电阻，根据 4.4 节对 8038 构成的函数发生器的介绍，四个可调电阻分别调节什么？

4.4.3 试比较 8038 芯片与 MAX038 芯片。

4.5 模拟集成电路应用实践操作

4.5.1 集成运放 LM324 的焊接与测试

LM324 是常用的四运放芯片，其引脚图如图 4-5 所示。

1. LM324 在放大器中的应用

（1）元器件焊接

在实验电路板上焊接图 4-39 所示电路。此电路是由 LM324 构成的反相放大器，采用 12V、-12V 双电源供电。

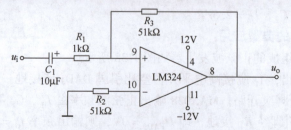

图 4-39 由 LM324 构成的反相放大器

(2) 静态测试

元器件焊接完成后,加±12V 供电电压,用万用表测试 LM324 的 4、8、9、10 和 11 脚直流电压,将测试的电压值填入表 4-1 中。

表 4-1　静态测试

测试点	4 脚	8 脚	9 脚	10 脚	11 脚
电压/V					

(3) 动态测试

当静态测试正常后,在输入端加频率为 1kHz、有效值为 1V 的正弦波信号。用示波器观察输出端波形,将波形画在表 4-2 中,要求标出正弦波峰峰值,并计算电压放大倍数。

表 4-2　动态测试

示波器观察点	输入端	输出端	计算电压放大倍数
电压波形			

2. LM324 在正弦波振荡电路中的应用

(1) 元器件焊接

在实验电路板上焊接图 4-16 所示电路。此电路是由 LM324 构成的 RC 正弦波振荡器,采用±12V 双电源供电。LM324 引脚图如图 4-5 所示。

(2) 静态测试

元器件焊接完成后,加±12V 电源电压,用万用表测试 LM324 的 1、2、3、4、11 脚直流电压,将测试的电压值填入表 4-3 中。

表 4-3　静态测试

测试点	1 脚	2 脚	3 脚	4 脚	11 脚
电压/V					

(3) 动态测试

当静态测试正常后,用示波器观察 A、B 和 C 点的正弦波波形,将波形画在表 4-4 中,要求标出正弦波峰峰值。

表 4-4　动态测试

示波器观察点	A	B	C
电压波形			

4.5.2 扩音机电路的制作

1. 电路分析

扩音机电路如图 4-40 所示。这是一个多级放大电路，第一级由 VT_1 组成，第二级由集成运放 NE5532 组成，第三级由 VT_2 组成，第四级由 VT_4 和 VT_5 组成。

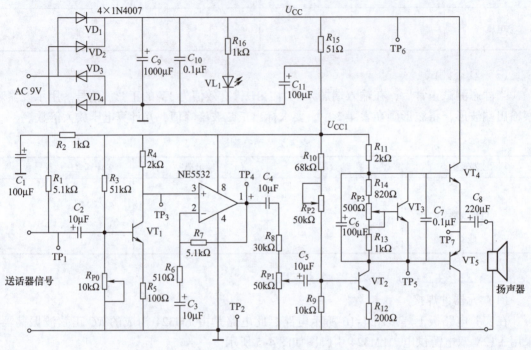

图 4-40 扩音机电路

第一级 VT_1 是一个共发射极电压放大电路，又称为前置放大，其静态电流由 R_{P0} 调整。送话器信号经 C_2 耦合到 VT_1 的基极，放大后由集电极输出。由于 R_5 没有并联旁路电路，因此 R_5 将产生交直流负反馈，电压放大倍数为 $A_u = R_4/R_5$，约放大 20 倍。

第二级由集成运放 NE5532 组成，单电源供电，属于同相放大，电压放大倍数为 $A_u = 1 + R_7/R_6$，约放大 11 倍。放大后信号经 C_4 耦合输出，R_{P1} 是音量调整。

第三级 VT_2 是一个共发射极电压放大电路，主要作用是驱动第四级功率放大电路工作，故又称为驱动放大或激励放大。R_{11} 是 VT_2 的集电极负载电阻，决定 VT_2 的电压放大倍数。由于 R_{12} 没有并联旁路电容，因而 R_{12} 有交直流负反馈。该级电压放大倍数为 $A_u = R_{11}/R_{12}$。

第四级 VT_4（NPN）和 VT_5（PNP）组成 OTL 功率放大，VT_3、R_{13}、R_{14} 和 R_{P3} 为功放管建立甲乙类静态工作点，调整 R_{P3} 可改变 VT_4 和 VT_5 的静态电流。放大后的信号由 C_8 耦合输出给扬声器。

$VD_1 \sim VD_4$ 为桥式整流电路，C_9、C_{10} 是滤波电容，电源输入可以采用交流电也可以采用直流电，VL_1 是电源指示灯，R_{16} 是限流电阻。为了防止干扰，前置放大电路电源 U_{CC1} 由 U_{CC} 经 R_{15}、C_{11} 退耦滤波后提供。

2. 元器件焊接

在图 4-41 所示的印制电路板上焊接图 4-40 所示扩音机电路。注意：①每个元器件焊接前都必须经过万用表测试；②二极管、晶体管、电解电容和驻极体送话器的极性不能焊错。

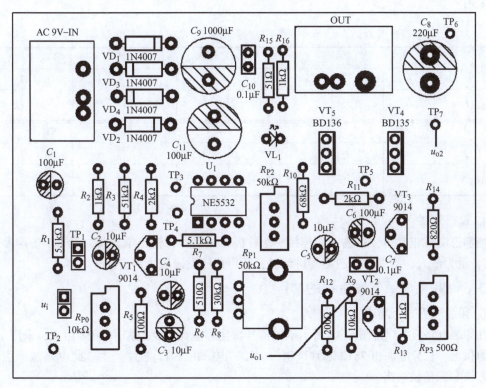

图 4-41　扩音机的印制电路板

3. 静态调试与测试

（1）整机电流测试与调整（R_{P3}）

元器件焊接完成后，给印制电路板上加 12V 直流电压，指示灯 VL_1 应发光。将万用表拨到电流档量程，并串接在电路中测试整机电流。若整机电流在 10mA 以内，则为正常；若电流很大，则说明有故障，应查明原因再通电测试，通常是 R_{P3} 没有调好，引起 VT_4 和 VT_5 的静态电流过大（超过 500mA）。

VT_4 和 VT_5 的静态电流为 10mA 以内为好，若电流太大，则功耗大；若电流太小，则易产生交越失真。

（2）VT_1 集电极电压调整（R_{P0}）

VT_1 集电极电压应为供电电压的 1/2（约 5V），若偏差较大，可通过调整 R_{P0} 解决。若 VT_1 集电极电压调整到 5V，由于 NE5532 的 3 脚与 VT_1 集电极相连接，则 NE5532 的 1、2 和 3 脚电压也自然地都为 5V。

（3）VT_2 集电极电压调整（R_{P2}）

VT_4 与 VT_5 的发射极电压应为供电电压的 1/2（约 5V），若偏差较大，VT_4 管压降与 VT_5 管压降也偏差较大，则放大信号时容易产生不对称失真。调整 R_{P2}，可改变 VT_2 集电极电压，也就改变了 VT_4 与 VT_5 的发射极电压，使之为 5V 左右。

(4) 各关键点直流电压测试

当上述静态调整完成后,用万用表测试各关键点的直流电压,将测试电压值填入表4-5中。

表4-5 静态测试

测试点	VT$_1$			NE5532			VT$_2$		
	e	b	c	1	2	3	e	b	c
电压/V									

测试点	VT$_3$			VT$_4$			VT$_5$		
	e	b	c	e	b	c	e	b	c
电压/V									

4. 动态测试

当静态测试正常后,在输入端连接一个驻极体送话器,输出端连接一个8Ω扬声器。调R_{P1}使音量为最大,当人对着送话器讲话时,扬声器应发出较大声音。

4.5.3 8038集成函数发生器的制作

1. 印制电路板元器件的焊接

在印制电路板上焊接图4-42所示函数信号发生器电路。此电路由8038组成,采用±12V双电源供电,12V电源由7812芯片产生,-12V电源由7912芯片产生。此电路能产生正弦波、方波和三角波输出。

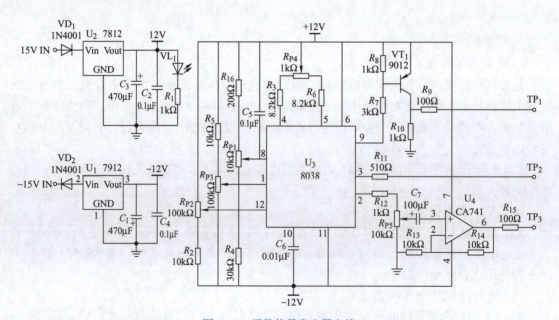

图4-42 函数信号发生器电路

在完成电路元器件安装与焊接后,首先进行通电测试,在输入端加入±15V直流电压后,观察VL$_1$是否发亮,如果灯亮,则说明电路通电正常。用万用表测试8038芯片各引脚直流电压,将测试电压值填入表 4-6 中。

表 4-6 静态测试

8038 引脚	1	2	3	4	5	6	7	8	9	10	11	12
电压/V												

2. 动态测试

当静态测试正常后,用示波器观察输出端 TP_1、TP_2 和 TP_3 的波形,将波形画在表 4-7 中。示波器观察操作如下:

1)把示波器接到 TP_3 点,调节 R_{P2} 和 R_{P3} 两个电位器,实现对正弦波信号的失真度调节,直到调出完整的正弦波信号,要求测出正弦波的频率与幅度。

2)把示波器接到 TP_2 点,观察输出三角波波形,要求测出三角波的频率与幅度。

3)把示波器接到 TP_1 点,观察输出方波波形,要求测出方波的频率与幅度。

表 4-7 动态测试

示波器观察点	TP_1	TP_2	TP_3
电压波形			

有四个电位器,具体作用说明如下:

1)R_{P1}:振荡频率调整。

2)R_{P2}:正弦波失真度调整。

3)R_{P3}:正弦波失真度调整。

4)R_{P4}:波形对称性调整。

习 题

1. 由理想运算放大器构成的三个电路如图 4-43 所示,试计算输出电压 u_o 的值。

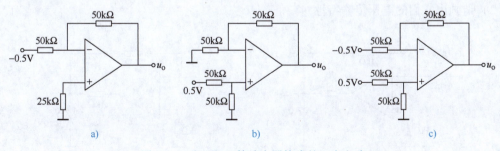

图 4-43 由理想运算放大器构成的三个电路

2. 由理想运算放大器构成的两个电路如图4-44所示，试计算输出电压u_o的值。

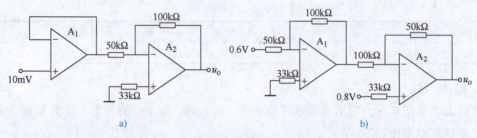

图4-44　由理想运算放大器构成的两个电路

3. 由理想运算放大器构成的两个电路如图4-45所示，试计算输出电压u_o的值。

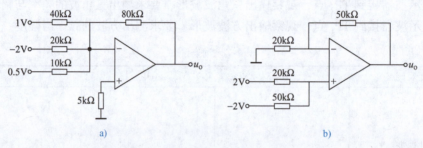

图4-45　由理想运算放大器构成的两个电路

4. 比较器如图4-46所示，请画出其电压传输特性。

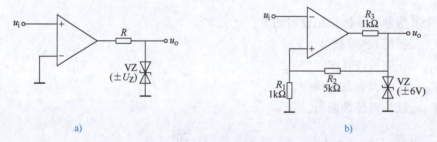

图4-46　比较器

5. 电路如图4-47所示。

1）指出它们分别属于什么类型电路？

2）请画出它们的电压传输特性。

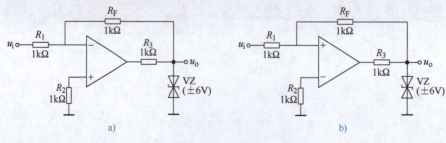

图4-47　电路

6. 已知图 4-48 所示框图的各点波形，请说出各框图的电路名称，画出各框图的相应电路。

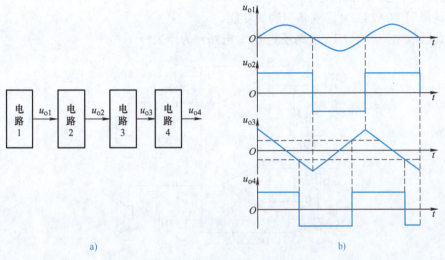

图 4-48 框图及各点波形

7. 矩形波产生电路如图 4-49 所示。已知 $R_4 = 2R_5$，即 C 的充、放电时间常数不一样，试定性画出 u_o 的波形。

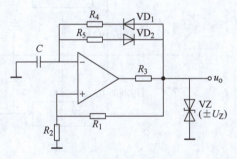

图 4-49 矩形波产生电路

8. 波形产生电路如图 4-50 所示，试问：

1) 当 R_{P1} 滑动臂上下滑动时，对 u_o 波形产生什么影响？
2) 当 R_{P2} 滑动臂上下滑动时，对 u_o 波形产生什么影响？

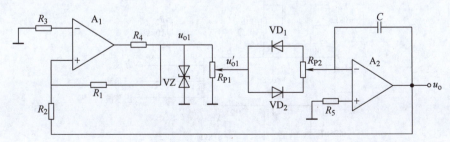

图 4-50 波形产生电路

9. 由 TDA2822M 组成的双声道小功率功放电路如图 4-51 所示（TDA2822M 供电电压低于 1.8V 时仍能正常工作，集成度高，外围元器件少，音质好，广泛应用于收音机、随身听和耳机放大器等电子产品的立体声功率放大）。

1）请说明 TDA2822M 芯片各引脚的功能。

2）此功放电路属于 OTL 电路还是 OCL 电路？为什么？

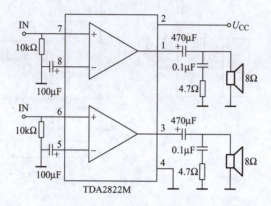

图 4-51　双声道小功率功放电路

10. ±15V 电源电路如图 4-52 所示，请说明各元器件的作用。

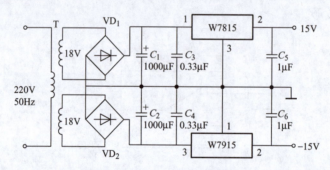

图 4-52　±15V 电源电路

11. 由 8038 构成的 90~900Hz 的正弦波、方波及三角波产生电路如图 4-53 所示。

1）R_{P1a} 和 R_{P1b} 是什么调节？为什么要同轴调节？

2）更换哪一个元器件能使振荡频率提高一倍？

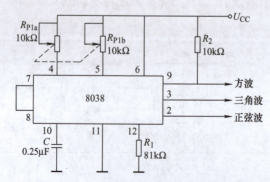

图 4-53　正弦波、方波及三角波产生电路

读图练习

请认真阅读图 4-54 所示焊机中的焊缝跟踪控制电路。这是一个光电偏差绝对值电压产生电路。VL_2、$VDL_1 \sim VDL_4$ 组成光电跟踪传感器,VL_2 为红外发光二极管,$VDL_1 \sim VDL_4$ 为光电二极管,$u_1 \sim u_4$ 分别与 $VDL_1 \sim VDL_4$ 的光电流相对应。运算放大器 $A_1 \sim A_7$ 均采用 LM324。

1) $A_1 \sim A_4$ 是什么电路?电压放大倍数多大?

2) A_5 是什么电路?写出 A_5 输出 u'_o 与输入 u_1、u_2、u_3 及 u_4 之间的关系式。

3) A_6 是什么电路?调节 R_{P1} 可改变什么?

4) A_7、VD_1 及 VD_2 等器件组成绝对值电路,无论 u''_o 是正或是负,u_o 均为正,试分析其原理。

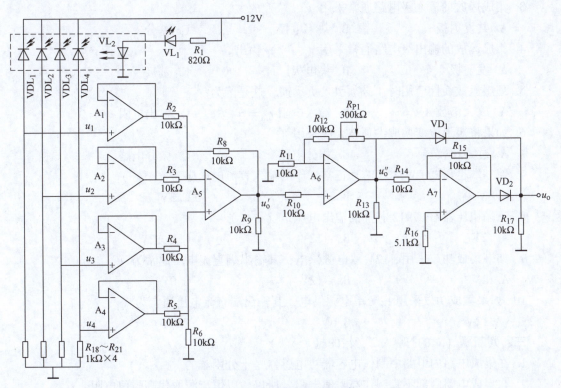

图 4-54 焊缝跟踪控制电路

自测题

一、填空题

1. 集成运算放大电路通常由 _____、_____、_____、_____ 四部分电路组成。

2. 集成运放的理想化性能指标是 _____、_____、_____、_____。

3. 当集成运放采用正、负双电源供电时，同相输入端必须_____，以保证同相输入端、反相输入端及输出端的直流电压均为____V。当采用单电源供电时，将同相输入端的直流电压设置为供电电压（$+U_{CC}$）的_____，以保证同相输入端、反相输入端及输出端的直流电压均为_____。

4. 三端固定式集成稳压器的通用产品有_____（输出正电压）系列和_____（输出负电压）系列。型号的后两位数字 XX 表示该稳压器的_____电压值。

5. 采用 8038 芯片可构成_____、_____、_____发生器。

二、选择题

1. 集成运放内部的多级放大电路都采用（　）耦合。
   A. 阻容　　　　　　B. 变压器　　　　　　C. 直接

2. 集成运放内部最基本的电路是（　）放大电路。
   A. 共发射极　　　　B. 共集电极　　　　　C. 差分

3. 集成运放的输入级电路通常采用（　）放大。
   A. 共发射极　　　　B. 共集电极　　　　　C. 差分

4. 集成运放的输出级电路通常采用（　）输出。
   A. 发射极　　　　　B. 集电极　　　　　　C. 基极

5. 理想运放线性应用时，必须引入负反馈，这是因为（　）。
   A. 放大倍数 $A_{ud} = \infty$　　B. 输入电阻 $r_{id} = \infty$　　C. 输出电阻 $r_{od} = 0$

6. 如果将矩形波变换成尖顶波，应采用（　）。
   A. 过零比较器　　　B. 积分电路　　　　　C. 微分电路

7. 使三端稳压器 CW7805 芯片正常工作的输入直流电压应为（　）。
   A. 8V　　　　　　　B. 5V　　　　　　　　C. 3V

8. 三端稳压器 CW7912 芯片的输出电压是（　）。
   A. 12V　　　　　　 B. -12V　　　　　　　C. ±12V

9. 如果集成功放采用 ±12V 双电源供电，其输出端直流电压通常为（　）。
   A. 12V　　　　　　 B. -12V　　　　　　　C. 0V

10. 如果集成功放采用 12V 单电源供电，其输出端直流电压通常为（　）。
    A. 12V　　　　　　B. 6V　　　　　　　　C. 0V

三、判断题（对的打"√"，错的打"×"）

1. 在集成电路内电路中制作电容器、电感器是十分困难的。（　）
2. 在集成电路内部不宜制作高阻值电阻，所以常以恒流源取代高阻值电阻。（　）
3. 集成运放的线性应用是指：输出与输入呈线性比例关系。（　）
4. 集成运放中的"虚短"概念是指 $u_+ \approx u_-$。（　）
5. 集成运放中的"虚断"概念是指 $i_- = i_+ \approx 0$。（　）
6. 集成运放的非线性应用是指：输出与输入不呈线性比例关系。（　）
7. 集成运放在非线性应用时，必须在输出端与反相端之间跨接一个负反馈电阻。（　）
8. 过零比较器可以将正弦波变换成方波。（　）
9. 集成功放的输出功率与供电电压的二次方（U_{CC}^2）成正比。（　）
10. 与集成运放一样，集成功放通常也有同相、反相两个输入端。（　）

第5章 逻辑门及其应用

逻辑门电路是数字电子技术的基础。与门、或门和非门是基本逻辑门电路,其他逻辑门电路都是由与门、或门和非门复合构成的,由逻辑门电路可以构成加法器、编码器、译码器、数据选择器和数据分配器等组合逻辑电路。

5.1 逻辑代数基础及逻辑门

电信号一般可分为两类:一类是在时间上连续变化的,称为模拟信号。对模拟信号进行传输、处理的电子线路称为模拟电路。另一类是时间和幅度都离散变化的信号,称为数字信号。对数字信号进行传输、处理的电子线路称为数字电路。

数字电路比模拟电路有更多的优点,如电路便于集成化、系列化生产,成本低廉,使用方便;抗干扰性强,可靠性高,精度高;处理功能强,不仅能实现数值运算,还可以实现逻辑运算和判断;数字信号更易于存储、加密、压缩、传输和再现。

5.1.1 数制与编码

1. 数制

数制就是计数方式,在生活中,人们常用十进制数。在数字电路中一般采用二进制数,有时也采用八进制数和十六进制数。对于任何一个数,可以用不同的进位制来表示。

(1)十进制数

十进制数有十个数码,即 0、1、2、…、9。计数规则是"逢十进一"。

(2)二进制数

二进制数有两个数码,即 0、1。采用二进制的优点是:

1)二进制的基数为 2,只有 0 和 1 两个数码,容易用电路来实现。

2)二进制运算规则简单,其进位规则是"逢二进一",便于进行运算。

二进制数算术运算的规则为:

1)加法规则:$0+0=0$　$0+1=1$　$1+0=1$　$1+1=10$

2)乘法规则:$0\times0=0$　$0\times1=0$　$1\times0=0$　$1\times1=1$

可以将任何一个二进制数转换为十进制数。例如:

$$(11011.11)_2 = 1\times2^4+1\times2^3+0\times2^2+1\times2^1+1\times2^0+1\times2^{-1}+1\times2^{-2}$$
$$= 16+8+0+2+1+0.5+0.25 = (27.75)_{10}$$

(3)八进制数

二进制数的缺点是,当位数很多时不便于书写和记忆,容易出错。因此,在数字电路中通常采用二进制的缩写形式:八进制。

八进制的基数为 8,采用的八个数码分别为 0、1、…、7,进位规则为"逢八进一"。由于 $2^3=8$,则三位二进制数可以用一位八进制数来表示。

可以将任何一个八进制数转换为二进制数。例如:

$$(5632)_8 = (101110011010)_2$$

(4) 十六进制数

十六进制的基数为 16,采用的 16 个数字符号为 0、1、…、9、A、B、C、D、E、F,其中字母 A、B、C、D、E、F 分别代表 10、11、12、13、14、15,进位规则为"逢十六进一"。由于 $2^4=16$,则四位二进制数可以用一位十六进制数来表示。

可以将任何一个十六进制数转换为二进制数,例如:

$$(2D3.B6)_{16} = (10\ 1101\ 0011.1011\ 0110)_2$$

表 5-1 列出了十进制、二进制、八进制和十六进制数之间的对应关系。

表 5-1 十进制、二进制、八进制和十六进制数之间的对应关系

十进制数	二进制数	八进制数	十六进制数
0	0000	0	0
1	0001	1	1
2	0010	2	2
3	0011	3	3
4	0100	4	4
5	0101	5	5
6	0110	6	6
7	0111	7	7
8	1000	10	8
9	1001	11	9
10	1010	12	A
11	1011	13	B
12	1100	14	C
13	1101	15	D
14	1110	16	E
15	1111	17	F

2. 数制之间的转换

(1) 二进制数转换为十进制数

将二进制数转换成十进制数,只要按权展开后相加即可。

如 $(10011011)_2 = (128+16+8+2+1)_{10} = (155)_{10}$

其他进制数转换成十进制数,可以先将它转换成二进制数,再转换为十进制数,也可以按权展开后相加。

(2) 二进制数与八进制数之间的相互转换

由于一位八进制数的八个数码正好对应于三位二进制数的八种不同组合,所以八进制与二进制之间有简单的对应关系:

八进制　0　1　2　3　4　5　6　7
二进制　000　001　010　011　100　101　110　111

利用这种对应关系,可以很方便地在八进制数与二进制数之间进行数的转换。

由二进制数转换为八进制数的方法是：以小数点为界，将二进制数的整数部分从低位开始，小数部分从高位开始，每三位分成一组，头尾不足三位的补 0，然后将每组的三位二进制数转换为一位八进制数。

例如，将二进制数 110110110.1101 转换为八进制数：

$$(110\ 110\ 110.110\ 100)_2 = (666.64)_8$$

将八进制数转换为二进制数，只要将每一位八进制数用三位二进制数表示即可。例如，将八进制数 $(7456)_8$ 转换为二进制数：

$$(7456)_8 = (111\ 100\ 101\ 110)_2$$

（3）二进制数与十六进制数之间的相互转换

由于一位十六进制数的 16 个数码正好对应于四位二进制数的 16 种不同组合，所以十六进制数与二进制数之间有简单的对应关系，见表 5-1。

利用这种对应关系，可以很方便地在十六进制数与二进制数之间进行转换。例如，将二进制数 10101101 10111 转换为十六进制数：

$$(1\ 0101\ 1011\ 0111)_2 = (15B7)_{16}$$

将十六进制数 2BC3 转换为二进制数：

$$(2BC3)_{16} = (0010\ 1011\ 1100\ 0011)_2$$

（4）十进制数转换为其他进制数

将十进制数转换为其他进制数一般采用基数除法，也称为"除基取余法"。设将十进制整数转换为 N 进制整数，其方法是将十进制整数连续除以 N 进制的基数 N，求得各次的余数，然后将各余数换成 N 进制中的数码，即将先得到的余数列在低位，后得到的余数列在高位，即得 N 进制的整数。

将十进制小数转换为其他进制数一般采用基数乘法，也称为"乘基取整法"。设将十进制小数转换为 N 进制小数，其方法是将十进制小数连续乘以 N 进制的基数 N，求得各次乘积的整数部分，然后将各整数换成 N 进制中的数码，即将先得到的整数列在高位、后得到的整数列在低位，即得 N 进制的小数。

例如，将十进制数 $(18.375)_{10}$ 转换成二进制数，对于整数部分，采用"除 2 取余法"，即 18 除以 2，商为 9，余数为 0；再将 9 除以 2，商为 4，余数为 1；……；一直不断进行下去，直到商为 0 为止，将每次的余数连起来，得到二进制数 $(10010)_2$。过程表示如下：

$18/2 = 9$ ……………………余数 0（低位）
$9/2 = 4$ ……………………余数 1
$4/2 = 2$ ……………………余数 0
$2/2 = 1$ ……………………余数 0
$1/2 = 0$ ……………………余数 1（高位）

对于小数部分，采用"乘 2 取整法"，即 0.375 乘以 2，积为 0.75，取走整数 0，余下 0.75；再将 0.75 乘以 2，积为 1.5，取走整数 1，余下 0.5；再将 0.5 乘以 2，积为 1.0，取走整数 1，余数为 0。将各整数连接起来，得到二进制数 $(0.011)_2$。过程表示如下：

$0.375 \times 2 = 0.75$ ……………………整数 0（高位）
$0.75 \times 2 = 1.5$ ……………………整数 1
$0.5 \times 2 = 1$ ……………………整数 1（低位）

将整数转换结果与小数转换结果合并，最后得到：$(18.375)_{10} = (10010.011)_2$。

同理，采用"除 8 取余法"和"乘 8 取整法"，可将十进制数转换成八进制数。采用"除 16 取余法"和"乘 16 取整法"，可将十进制数转换成十六进制数。

为了便于转换，也可以将十进制数先转换成二进制数，再转换成八、十六进制数。例如，将十进制数 $(1044)_{10}$ 和 $(0.375)_{10}$ 分别转换成二进制、八进制和十六进制数：

$$(1044)_{10} = (10\ 000\ 010\ 100)_2 = (2024)_8 = (414)_{16}。$$
$$(0.375)_{10} = (0.011)_2 = (0.3)_8 = (0.6)_{16}。$$

3. 编码

数字电路中处理的信息除了数字外，还有文字、符号以及一些特定的操作等。为了处理这些信息，必须将这些信息也用二进制数码来表示。这些特定的二进制数码称为这些信息的代码。这些代码的编制过程称为编码。

在数字电子计算机中，十进制数除了转换成二进制数参加运算外，还可以直接用十进制数进行输入和运算。其方法是将十进制的 10 个数字符号分别用四位二进制代码来表示，这种编码称为二 – 十进制编码，也称为 BCD 码（Binary Coded Decimals）。由于四位二进制数有 16 个状态，所以 BCD 码有很多种形式，目前常用的有 8421 码、余 3 码、2421 码、5421 码和奇偶校验码等，见表 5-2。

表 5-2 目前常用的几种 BCD 码

十进制数	8421 码	余 3 码	2421 码	5421 码
0	0000	0011	0000	0000
1	0001	0100	0001	0001
2	0010	0101	0010	0010
3	0011	0110	0011	0011
4	0100	0111	0100	0100
5	0101	1000	1011	1000
6	0110	1001	1100	1001
7	0111	1010	1101	1010
8	1000	1011	1110	1011
9	1001	1100	1111	1100
权	8421		2421	5421

在 8421 码中，十个十进制数码与自然二进制数一一对应，即用二进制数的 0000～1001 分别表示十进制数的 0～9。8421 码是一种有权码，各位的权从左到右分别为 8、4、2、1，所以根据代码的组成便可知道代码所代表的十进制数的值。

8421 码与十进制数之间的转换只要直接按位转换即可。例如：

$$(873.54)_{10} = (1000\ 0111\ 0011.0101\ 0100)_{8421BCD}$$
$$(0111\ 1001\ 0011.0101\ 0100)_{8421BCD} = (793.54)_{10}$$

8421 码只利用了四位二进制数的 16 种组合 0000～1111 中的前十种组合 0000～1001，其余六种组合 1010～1111 是无效的。从 16 种组合中选取十种组合方式的不同，可以得到其他二–十进制码,如 2421 码、5421 码等。余 3 码由 8421 码加 3(0011)得来,是一种无权码。

复习思考题

5.1.1.1 试比较数字电路与模拟电路的区别。

5.1.1.2 如何将十进制数(如 100.75)变换成二进制数?

5.1.1.3 全班同学的学号就是一种十进制编码,如何对全班同学进行二进制编码?

5.1.2 基本逻辑运算

在客观世界中,事物的发展变化通常都是有一定因果关系的,这种因果关系一般称为逻辑关系。反映和处理逻辑关系的数学工具就是逻辑代数,又称为布尔代数。和普通代数不同的是,逻辑变量只有两种取值,并用二元变量 0 和 1 来表示。逻辑代数中的 0 和 1 并不表示数量的大小,而是表示两种完全对立的逻辑状态,如是与非、真与假、高与低、亮与灭、有和无、开和关等。

在客观世界中,最基本的逻辑关系只有与逻辑关系、或逻辑关系和非逻辑关系三种,所以逻辑代数中变量的运算也只有与运算、或运算和非运算三种基本逻辑运算。其他任何复杂的逻辑运算都可以用这三种基本逻辑运算来实现。

1. 与运算

只有当决定一件事情的所有条件全部具备时,这件事情才会发生,这样的逻辑关系称为与逻辑关系。

实际生活中与逻辑关系的例子很多。例如,在图 5-1a 所示的电路中,电池 E 通过开关 A 和 B 向灯 Y 供电,只有 A 与 B 都闭合时,灯 Y 才会亮;A 和 B 中只要有一个断开或二者都断开时,灯 Y 不亮。所以对灯亮来说,开关 A、B 闭合是与逻辑关系。这一关系可以用表 5-3 所示的功能表来表示。

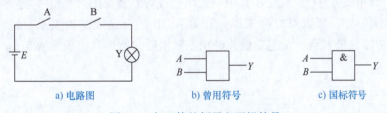

a) 电路图   b) 曾用符号   c) 国标符号

图 5-1 与运算的例子和逻辑符号

表 5-3 图 5-1a 所示电路的功能表

开关 A	开关 B	灯 Y
断开	断开	灭
断开	闭合	灭
闭合	断开	灭
闭合	闭合	亮

如果用二元常量 0 和 1 来表示图 5-1a 所示电路的逻辑关系,若用 A、B 表示两个开关,Y 表示灯,并用 0 表示开关断开和灯灭,用 1 表示开关闭合和灯亮,则可以得到表 5-4 所列

的真值表。这种用字母表示开关和电灯的过程称为设定变量，用二元常量0和1表示开关和电灯有关状态的过程称为状态赋值，经过状态赋值得到的反映开关状态和电灯亮灭之间逻辑关系的表格称为逻辑真值表，简称真值表。

表5-4 图5-1a所示电路的真值表

A	B	Y
0	0	0
0	1	0
1	0	0
1	1	1

由表5-4可知，Y 与 A、B 之间的关系是：只有当 A 和 B 都是1时，Y 才为1；否则 Y 为0。这一关系可用逻辑表达式表示为

$$Y = A \cdot B \tag{5-1}$$

式中，小圆点"·"表示 A、B 的与运算，与运算又称为逻辑乘，通常与运算符"·"可以省略。由与运算的逻辑表达式 $Y=A\cdot B$ 或表5-4所列的真值表可知与运算的口诀是："有0出0、全1出1"，即

$$0 \cdot 0 = 0, \ 0 \cdot 1 = 0, \ 1 \cdot 0 = 0, \ 1 \cdot 1 = 1$$

与运算除了用真值表和逻辑表达式表示外，还可以用逻辑符号表示，如图5-1b、c所示，其中图5-1b所示为曾用符号，图5-1c所示为国家规定的标准符号。

2. 或运算

在决定一件事情的所有条件中，只要具备一个或一个以上的条件，这件事情就会发生，这样的逻辑关系称为或逻辑关系。

实际生活中或逻辑关系的例子也很多。例如，在图5-2a所示的电路中，电池 E 通过开关 A 和 B 向灯 Y 供电，只要 A 或 B 其中一者闭合或者二者都闭合，灯 Y 就会亮；A 和 B 均不闭合时，灯 Y 不亮。所以对灯亮来说，开关 A、B 闭合是或逻辑关系。这一关系可以用表5-5所列的功能表来表示。设定变量并经状态赋值后，所得真值表见表5-6。

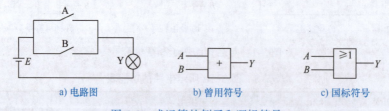

a) 电路图　　　　　b) 曾用符号　　　　　c) 国标符号

图5-2 或运算的例子和逻辑符号

表5-5 图5-2a所示电路的功能表

开关A	开关B	灯Y
断开	断开	灭
断开	闭合	亮
闭合	断开	亮
闭合	闭合	亮

表 5-6 图 5-2a 所示电路的真值表

A	B	Y
0	0	0
0	1	1
1	0	1
1	1	1

由表 5-6 可知，Y 与 A、B 之间的关系是：只要 A、B 当中有一个或二者全是 1 时，Y 就为 1；若 A 和 B 全为 0，则 Y 为 0。这一关系可用逻辑表达式表示为

$$Y = A + B \tag{5-2}$$

式中，符号"＋"表示 A、B 的或运算，或运算又称为逻辑加。由或运算的逻辑表达式 $Y = A + B$ 或表 5-6 所列的真值表可知或运算的口诀是："有 1 出 1、全 0 出 0"，即

$$0 + 0 = 0, \ 0 + 1 = 1, \ 1 + 0 = 1, \ 1 + 1 = 1$$

或运算也可用逻辑符号表示，如图 5-2b、c 所示，其中图 5-2b 所示为曾用符号，图 5-2c 所示为国家规定的标准符号。

3. 非运算

当决定一件事情的条件不具备时，这件事情才会发生，这样的逻辑关系称为非逻辑关系。非就是相反，就是否定。

例如，在图 5-3a 所示电路中，当开关 A 闭合时，灯 Y 灭；而当开关 A 断开时，灯 Y 亮。所以对灯亮来说，开关 A 闭合是一种非逻辑关系。这一关系可以用表 5-7 所列的功能表来表示，其真值表见表 5-8。

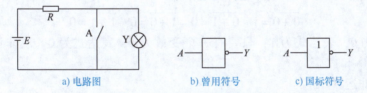

a) 电路图   b) 曾用符号   c) 国标符号

图 5-3 非运算的例子和逻辑符号

表 5-7 图 5-3a 所示电路的功能表

开关 A	灯 Y
断开	亮
闭合	灭

表 5-8 图 5-3a 所示电路的真值表

A	Y
0	1
1	0

由表 5-8 可知，Y 与 A 之间的关系是：当 $A = 0$ 时，$Y = 1$；而 $A = 1$ 时，则 $Y = 0$。这一关系可用逻辑表达式表示为

$$Y = \overline{A} \tag{5-3}$$

式中，字母 A 上方的符号"–"表示 A 的非运算或者反运算。显然，非运算的规律是

$$\overline{1} = 0, \overline{0} = 1$$

非运算的逻辑符号如图 5-3b、c 所示，其中图 5-3b 所示为曾用符号，图 5-3c 所示为国标符号。

4. 复合逻辑运算

除了与、或、非这三种基本逻辑运算之外，经常用到的还有由这三种基本运算构成的一些复合运算，如与非、或非、与或非、异或等运算，运算符号分别如图 5-4 所示。

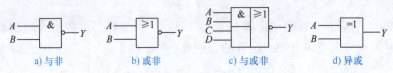

a) 与非　　　　b) 或非　　　　c) 与或非　　　　d) 异或

图 5-4　常用逻辑运算的符号

（1）与非运算

逻辑表达式为 $Y = \overline{A \cdot B}$。与非运算的规律是

$$\overline{0 \cdot 0} = 1, \overline{0 \cdot 1} = 1, \overline{1 \cdot 0} = 1, \overline{1 \cdot 1} = 0$$

即变量全为 1，表达式为 0；只要有一个变量为 0，表达式为 1。与非运算的口诀是："有 0 出 1、全 1 出 0"。

（2）或非运算

逻辑表达式为 $Y = \overline{A + B}$。或非运算的规律是

$$\overline{0 + 0} = 1 \quad \overline{0 + 1} = 0 \quad \overline{1 + 0} = 0 \quad \overline{1 + 1} = 0$$

即变量全为 0，表达式为 1；只要有一个变量为 1，表达式为 0。或非运算的口诀是："有 1 出 0、全 0 出 1"。

（3）与或非运算

逻辑表达式为 $Y = \overline{AB + CD}$。与或非运算的规律遵从与运算、或运算、非运算的规律，运算的先后顺序为：先与运算、再或运算、最后非运算。

（4）异或运算

逻辑表达式为 $Y = \overline{A}B + A\overline{B} = A \oplus B$。异或运算的规律是：$A$、$B$ 取值相同时，$Y = 0$；A、B 取值不同时，$Y = 1$。异或运算的口诀是："相异出 1、相同出 0"。

复习思考题

5.1.2.1　逻辑代数中的 0 和 1 表示数量的大小吗？

5.1.2.2　举一些例子，说明日常生活中的与、或、非逻辑关系。

5.1.2.3　为什么说基本逻辑关系只有与、或、非三种？

5.1.3　逻辑代数的基本定律

根据逻辑变量的取值只有 0 和 1，以及逻辑变量的与、或、非三种运算法则，可推导出逻辑运算的基本定律。这些定律的证明，最直接的方法是列出等号两边函数的真值表，看看

是否完全相同，也可利用已知的定律来证明其他定律。

1. 常量之间的关系

因为在二值逻辑中只有 0 和 1 两个常量，逻辑变量的取值不是 0 就是 1，而最基本的逻辑运算又只有与、或、非三种，所以常量之间的关系也只有与、或、非三种。

与运算：$0 \cdot 0 = 0$，$0 \cdot 1 = 0$，$1 \cdot 0 = 0$，$1 \cdot 1 = 1$。

或运算：$0 + 0 = 0$，$0 + 1 = 1$，$1 + 0 = 1$，$1 + 1 = 1$。

非运算：$\bar{1} = 0$，$\bar{0} = 1$。

2. 基本定律

0-1 律：
$$A + 0 = A$$
$$A \cdot 1 = A$$
$$A + 1 = 1$$
$$A \cdot 0 = 0$$

互补律：
$$A + \bar{A} = 1$$
$$A \cdot \bar{A} = 0$$

等幂律：
$$A + A = A$$
$$A \cdot A = A$$

双重否定律：
$$\bar{\bar{A}} = A$$

交换律：
$$A \cdot B = B \cdot A$$
$$A + B = B + A$$

结合律：
$$(A \cdot B) \cdot C = A \cdot (B \cdot C)$$
$$(A + B) + C = A + (B + C)$$

分配律：
$$A \cdot (B + C) = A \cdot B + A \cdot C$$
$$A + B \cdot C = (A + B) \cdot (A + C)$$

反演律（摩根定律）：
$$\overline{A \cdot B \cdot C} = \bar{A} + \bar{B} + \bar{C}$$
$$\overline{A + B + C} = \bar{A} \cdot \bar{B} \cdot \bar{C}$$

还原律：
$$A \cdot B + A \cdot \bar{B} = A$$
$$(A + B) \cdot (A + \bar{B}) = A$$

吸收率：

$$A + A \cdot B = A$$
$$A \cdot (A + B) = A$$
$$A \cdot (\bar{A} + B) = A \cdot B$$
$$A + \bar{A}B = A + B$$

冗余律：
$$A \cdot B + \bar{A} \cdot C + B \cdot C = A \cdot B + \bar{A} \cdot C$$

5.1.4 逻辑函数的化简

一个逻辑函数的表达式可以有多种表示形式，其中与或表达式最为常见，函数的与或表达式就是将函数表示为若干个乘积项之和的形式，即若干个与项相或的形式。

1. 逻辑函数的最小项表达式

定义：如果一个函数的某个乘积项包含了函数的全部变量，其中每个变量都以原变量或反变量的形式出现，且仅出现一次，则这个乘积项称为该函数的一个标准积项，标准积项通常称为最小项。

根据最小项的定义可知：一个变量 A 可组成两个最小项（A、$\bar{A}$）；两个变量 A、B 可组成四个最小项（$\overline{AB}$、$\overline{A}B$、$A\overline{B}$、AB）；三个变量 A、B、C 可组成八个最小项（$\overline{ABC}$、$\overline{AB}C$、$\overline{A}B\overline{C}$、$\overline{A}BC$、$A\overline{BC}$、$A\overline{B}C$、$AB\overline{C}$、$ABC$）；……；$n$ 个变量的函数可组成 2^n 个最小项。

任一逻辑函数均可以表示成一组最小项的和，这种表达式称为函数的最小项表达式，也称为函数的标准与或表达式，或称为函数的标准积之和表达式。任何一个 n 变量的函数都有一个且仅有一个最小项表达式。

2. 逻辑函数化简举例

根据逻辑表达式，可以画出相应的逻辑图。但是直接根据逻辑要求归纳出来的逻辑表达式及其对应的逻辑电路往往不是最简单的形式，这就需要对逻辑表达式进行化简。用化简后的逻辑表达式构成逻辑电路，所需门电路（逻辑门电路）的数目最少，而且每个门电路的输入端数目也最少。

（1）利用还原律化简

利用还原律 $AB + A\bar{B} = A$ 化简，例如：
$$\overline{A}BC + \overline{A}\,\overline{B}C = \overline{A}C(B + \bar{B}) = \overline{A}C$$

利用还原律 $(A + B)(A + \bar{B}) = A$ 化简，例如：
$$(BC + AD)(BC + \overline{AD}) = BC$$

（2）利用吸收律化简

利用吸收律 $A + AB = A$ 化简，例如：
$$B + AB + \overline{A}BC + AB\,\overline{CD} = B(1 + A + \overline{A}C + A\,\overline{CD}) = B$$

利用吸收律 $A + \bar{A}B = A + B$ 化简，例如：
$$A + \overline{A}B + \overline{A}\,\overline{B}C = A + B + \overline{A}\,\overline{B}C = A + B + C$$

（3）利用冗余律化简

利用冗余律 $AB + \overline{A}C + BC = AB + \overline{A}C$ 化简，例如：

$$ABC + \bar{A}CD + BCD = ABC + \bar{A}CD$$

(4) 利用配项法化简

利用公式 $A + \bar{A} = 1$，作配项用，以便消去更多的项。例如：

$$\begin{aligned}
A\bar{B} + \bar{B}C + \bar{B}\bar{C} + \bar{A}B &= A\bar{B} + \bar{B}C + (A + \bar{A})\bar{B}C + \bar{A}B(C + \bar{C}) \\
&= A\bar{B} + \bar{B}C + A\bar{B}C + \bar{A}\bar{B}C + \bar{A}BC + \bar{A}B\bar{C} \\
&= A\bar{B}(1 + C) + \bar{B}C(1 + \bar{A}) + \bar{A}C(\bar{B} + B) \\
&= A\bar{B} + \bar{B}C + \bar{A}C
\end{aligned}$$

例 5-1 化简逻辑函数 $Y = A\bar{B} + \bar{B}C + \bar{A}B + AC$。

解：先利用 $A\bar{B} + \bar{B}C = A\bar{B} + \bar{B}C + \bar{A}C$ 增加 $\bar{A}C$ 项，于是有

$$\begin{aligned}
Y &= A\bar{B} + \bar{B}C + \bar{A}B + AC = A\bar{B} + \bar{B}C + \bar{A}C + \bar{A}B + AC \\
&= A\bar{B} + \bar{B}C + \bar{A}B + A \\
&= \bar{B}C + \bar{A}B + A \\
&= \bar{B}C + B + A \\
&= B + A
\end{aligned}$$

例 5-2 化简逻辑函数 $Y = (A + B + C)(\bar{A} + \bar{B} + \bar{C})$。

解：若给定函数不是与或式，先转换成与或式，再配成最小项，再合并化简（若看不清楚最佳合并，可画成卡诺图形式，本书不再介绍），则有

$$\begin{aligned}
Y &= (A + B + C)(\bar{A} + \bar{B} + \bar{C}) \\
&= A\bar{B} + A\bar{C} + \bar{A}B + B\bar{C} + \bar{A}C + \bar{B}C \\
&= A\bar{B}(C + \bar{C}) + A(B + \bar{B})\bar{C} + \bar{A}B(C + \bar{C}) + (A + \bar{A})B\bar{C} + \bar{A}(B + \bar{B})C + (A + \bar{A})\bar{B}C \\
&= A\bar{B}C + A\bar{B}\bar{C} + AB\bar{C} + A\bar{B}\bar{C} + \bar{A}BC + \bar{A}B\bar{C} + AB\bar{C} + \bar{A}B\bar{C} + \bar{A}BC + \bar{A}\bar{B}C + A\bar{B}C + \bar{A}\bar{B}C \\
&= A\bar{B}C + A\bar{B}\bar{C} + AB\bar{C} + \bar{A}BC + \bar{A}B\bar{C} + \bar{A}\bar{B}C \\
&= A\bar{B}(C + \bar{C}) + (A + \bar{A})B\bar{C} + \bar{A}(B + \bar{B})C \\
&= A\bar{B} + B\bar{C} + \bar{A}C
\end{aligned}$$

5.1.5 逻辑门电路

实现逻辑运算的电子电路称为逻辑门电路，简称门电路。例如，实现与运算的电路称为与门，实现或运算的电路称为或门，实现非运算的电路称为非门。类似地，实现与非、或非、与或非、异或等运算的电路，分别称为与非门、或非门、与或非门、异或门。

在逻辑代数中，逻辑变量的取值不是 0 就是 1，是一种二值量。能实现这种两状态的电子器件称为电子开关。二极管、晶体管和场效应晶体管就是构成这种电子开关的基本开关器件。门电路有分立器件门电路和集成门电路两类，集成门电路又分为 TTL 和 CMOS 两类。

1. TTL 集成门电路

TTL 电路是目前双极型数字集成电路中用得最多的一种，由于这种数字集成电路的输入

级和输出级的结构形式都采用了半导体晶体管,所以一般称为晶体管-晶体管逻辑门电路,简称 TTL(Transistor-Transistor Logic)电路。TTL 集成门电路的生产工艺成熟、产品参数稳定、工作性能可靠及开关速度快,因而得到了广泛应用。图 5-5 为 TTL 集成与非门内电路。

VT_1 是多发射极晶体管,A、B、C 是信号输入端,Y 是信号输出端。

当 VT_1 的发射极 A、B、C 均接高电平时,电源 U_{CC} 经 R_1、VT_1 的集电结向 VT_2、VT_5 提供基极电流,VT_2、VT_5 饱和,输出端 Y 为 0.3V 低电平。

当 VT_1 的发射极 A、B、C 有一个或全部接低电平 0.3V 时,VT_1 导通,VT_1 基极电位为 0.3V + 0.7V = 1V,不足以向 VT_2、VT_5 提供基极电流,所以 VT_2、VT_5 截止,电源 U_{CC} 经 R_2 向 VT_3、VT_4 提供基极电流,VT_4 饱和导通,输出端 Y 为 3.6V 高电平。

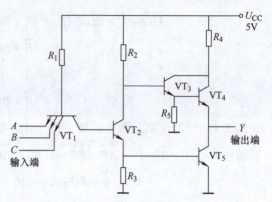

图 5-5　TTL 集成与非门内电路

$$U_Y = U_{CC} - I_b R_2 - U_{be3} - U_{be4} \approx 5V - 0.7V - 0.7V = 3.6V$$

由此可知,输出与输入是与非逻辑关系,其逻辑函数式为

$$Y = \overline{ABC}$$

TTL 集成门电路有 CT74 系列(民用)、CT54 系列(军用)。CT74 系列又分为 CT74H(高速)、CT74L(低功耗)、CT74S(肖特基)和 CT74LS(低功耗肖特基)等系列。

2. CMOS 集成门电路

集成门电路也可以由 CMOS 管构成,有 CMOS 非门、CMOS 与非门和 CMOS 或非门等。CMOS 集成门电路具有制造工艺简单、集成度高、输入阻抗高、体积小、功耗低和抗干扰能力强等优点,缺点是工作速度较低。

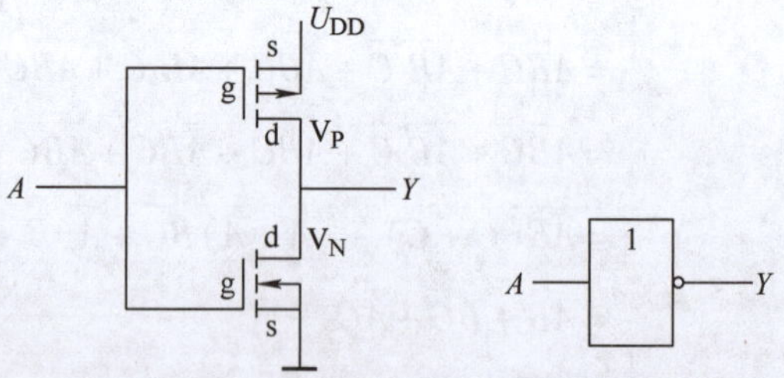

下面仅介绍 CMOS 非门电路,其电路及逻辑符号如图 5-6 所示。V_N 是 NMOS 管,源极(s)接地,称为驱动管;V_P 是 PMOS 管,源极(s)接电源 $+U_{DD}$,称为负载管。两管的栅极(g)相连,作为输入端 A;两管的漏极(d)相连,作为输出端 Y。

当 A 为高电平时,V_N 管导通,V_P 管截止,输出端 Y 为低电平。

当 A 为低电平时,V_P 管导通,V_N 管截止,输出端 Y 为高电平。

图 5-6　CMOS 非门电路及逻辑符号

综上分析可知,输出与输入符合非逻辑关系,即

$$Y = \overline{A}$$

CMOS 逻辑门有基本 CMOS-4000 系列(如 CDXXXX)、高速 CMOS-HC(HCT)系列和先进 CMOS-AC(ACT)系列,如芯片上面标有 CDXXXX、74HC、74HCT、54HC(军用)和 54HCT(军用),均为 CMOS 逻辑门芯片。

3. 常用集成门电路介绍

(1) 与非门

与非门集成电路很多，如 74LS00、74LS10、74LS20 和 74LS301 芯片，它们的逻辑功能分别为四—2 输入与非门、三—3 输入与非门、二—4 输入与非门、8 输入与非门。

图 5-7 所示为 CD4011（TC4011）芯片。CD4011 是 CMOS 四—2 输入与非门芯片，电源电压范围为 3～15V，功耗为 700mW（普通封装）或 500mW（小外形封装）。利用 CD4011 芯片可以组装成七种逻辑电路，也可以将两个输入端连接在一起，成为反相器，然后再并联使用，以增加反相器的输出驱动。

图 5-8 所示为 74LS00 芯片，这也是 TTL 四—2 输入与非门芯片，其引脚排列与 CD4011 不同。

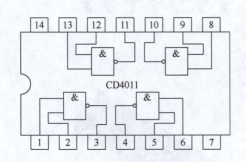

a) 内电路

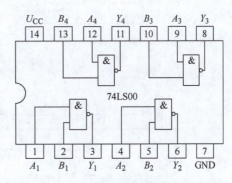

a) 内电路

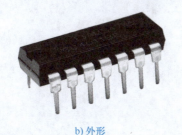

b) 外形

图 5-7 CD4011 芯片

b) 外形

图 5-8 74LS00 芯片

(2) 或非门

或非门集成电路很多，有 74LS02、74LS25、74LS27、74LS36 和 CD4001 等。CD4001（TC4001）芯片如图 5-9 所示。CD4001 是 COMS 四—2 输入或非门芯片，U_{DD} 最高电压为 20V，通常 5V、10V 和 15V 为额定值，输出电流为 4.2mA，每个晶体管耗散功率为 100mW。

(3) 非门（反相器）

反相器（非门）可以将输入信号的相位反转 180°，在电子线路设计中，经常要用到反相器。04 系列为六组反相器，共有 54/7404、54/74HC04、54/74S04 和 54/74LS04 四种线路结构。六反相器 74HC04 芯片如图 5-10 所示。

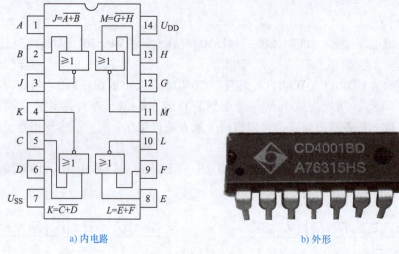

a) 内电路　　　　　　　　b) 外形

图 5-9　CD4001 芯片

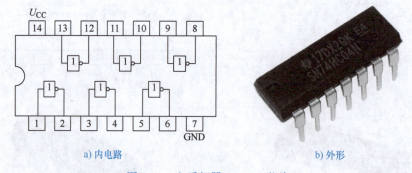

a) 内电路　　　　　　　　b) 外形

图 5-10　六反相器 74HC04 芯片

复习思考题

5.1.5.1　什么是门电路？基本门电路有哪些？

5.1.5.2　TTL 门电路与 CMOS 门电路的主要区别是什么？

5.1.5.3　门电路的民用系列与军用系列是如何区分的？

5.2　逻辑门的应用

数字电路分为组合逻辑电路和时序逻辑电路两大类。组合逻辑电路主要由逻辑门组成，特点是：电路任何时刻的输出仅取决于该时刻输入信号的组合，而与电路原有的状态无关。

设计逻辑门在组合逻辑电路中的应用，可按以下步骤进行：

1）分析给定的实际逻辑问题，确定变量，规定逻辑取值，根据逻辑要求列出真值表。

2）根据真值表写出组合电路的逻辑函数表达式并化简。

3）画出逻辑电路图。

5.2.1　逻辑门在奇偶校验中的应用

奇偶校验是一种校验代码传输正确性的方法。根据被传输的一组二进制代码中的"1"

的数量是奇数或偶数来进行校验。采用奇数的称为奇校验；反之，称为偶校验。

1）分析：为简单一些，设 A、B、C 为三位二进制代码传输，采用奇校验。若 A、B、C 中有奇数个“1”时，则校验位 $Y=1$；若 A、B、C 中有偶数个“1”时，则校验位 $Y=0$。根据此要求列出真值表，见表 5-9。

表 5-9　奇校验的真值表

A	B	C	Y
0	0	0	0
0	0	1	1
0	1	0	1
0	1	1	0
1	0	0	1
1	0	1	0
1	1	0	0
1	1	1	1

2）写出输出逻辑函数式：当 $ABC=001$ 或 010 或 100 或 111 时，$Y=1$。于是，输出逻辑函数由四个最小项组成，化简如下：

$$
\begin{aligned}
Y &= \overline{A}\,\overline{B}C + ABC + \overline{A}B\overline{C} + A\overline{B}\,\overline{C} \\
&= (\overline{A}\,\overline{B} + AB)C + (\overline{A}B + A\overline{B})\overline{C} \\
&= (\overline{A \oplus B})C + (A \oplus B)\overline{C} \\
&= A \oplus B \oplus C
\end{aligned}
$$

3）画出逻辑电路图：逻辑电路由两个异或门组成，如图 5-11 所示。

同理，如果采用偶校验，也可以按上述思路及步骤设计。

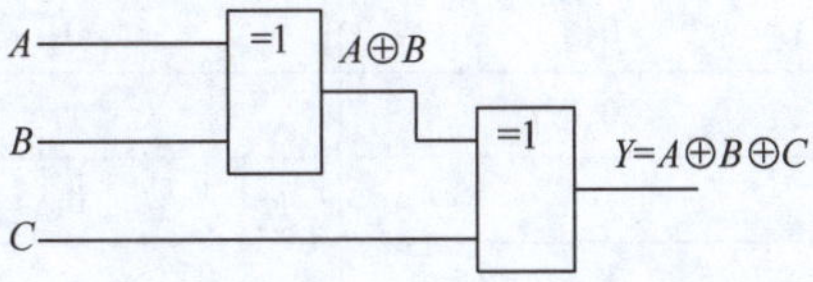

图 5-11　三位码的奇校验电路

5.2.2　逻辑门在表决器中的应用

表决器在日常生活中经常遇到，当表决某个提案时，多数人同意，则提案通过。本表决器由 A、B、C 三人参加，但 A 具有否决权，要求由与非门来实现此功能。

1）分析：设 A、B、C 三人参加表决，同意提案时取值为 1，不同意时取值为 0；Y 表示表决结果，提案通过则取值为 1，否则取值为 0。另外，A 具有否决权。得三人表决的真值表见表 5-10。

表 5-10　三人表决的真值表

A	B	C	Y
0	0	0	0
0	0	1	0
0	1	0	0
0	1	1	0

(续)

A	B	C	Y
1	0	0	0
1	0	1	1
1	1	0	1
1	1	1	1

2)写出输出逻辑函数式：当 ABC = 101 或 110 或 111 时，$Y=1$。于是，输出逻辑函数由三个最小项组成，化简成与非门形式如下：

$$Y = A\overline{B}C + AB\overline{C} + ABC$$
$$= AB + AC = \overline{\overline{AB + AC}} = \overline{\overline{AB}\,\overline{AC}}$$

3)画出逻辑电路图：逻辑电路由三个与非门组成，如图5-12所示。

5.2.3 逻辑门在加法器中的应用

加法器是数字系统和计算机中不可缺少的单元电路，加法器分为半加器与全加器。

1. 半加器

将两个一位二进制数相加，而不考虑低位进位的运算电路，称为半加器。

1)分析：设 A、B 分别为被加数和加数，S 表示和，C 表示进位。半加器的真值表见表5-11。

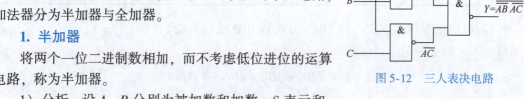

图5-12 三人表决电路

表5-11 半加器真值表

A	B	S	C
0	0	0	0
0	1	1	0
1	0	1	0
1	1	0	1

2)写出输出逻辑函数式：根据半加器的真值表，输出逻辑函数式如下：

$$S = \overline{A}B + A\overline{B} = A \oplus B$$
$$C = AB$$

3)画出逻辑电路图：逻辑电路由一个异或门和一个与门组成，如图5-13所示。

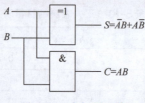

图5-13 半加器电路

2. 全加器

将两个一位二进制数相加,而且考虑低位进位的运算电路,称为全加器。

1)分析:设两个加数分别为 A_i 和 B_i,低位来的进位为 C_{i-1},S_i 为本位和,C_i 为向高位产生的进位。全加器真值表见表 5-12。

表 5-12 全加器真值表

A_i	B_i	C_{i-1}	S_i	C_i
0	0	0	0	0
0	0	1	1	0
0	1	0	1	0
0	1	1	0	1
1	0	0	1	0
1	0	1	0	1
1	1	0	0	1
1	1	1	1	1

2)写出输出逻辑函数式:根据全加器的真值表,S_i 和 C_i 的逻辑函数式分别如下:

$$S_i = \overline{A_i}\,\overline{B_i}C_{i-1} + \overline{A_i}B_i\overline{C_{i-1}} + A_i\overline{B_i}\,\overline{C_{i-1}} + A_iB_iC_{i-1}$$
$$= (\overline{A_i}B_i + A_i\overline{B_i})\,\overline{C_{i-1}} + (\overline{\overline{A_i}B_i + A_i\overline{B_i}})\,C_{i-1}$$
$$= (A_i \oplus B_i)\,\overline{C_{i-1}} + (\overline{A_i \oplus B_i})\,C_{i-1}$$
$$= A_i \oplus B_i \oplus C_{i-1}$$

$$C_i = \overline{A_i}B_iC_{i-1} + A_i\overline{B_i}C_{i-1} + A_iB_i\overline{C_{i-1}} + A_iB_iC_{i-1}$$
$$= (\overline{A_i}B_i + A_i\overline{B_i})\,C_{i-1} + A_iB_i\,(\overline{C_{i-1}} + C_{i-1})$$
$$= (A_i \oplus B_i)\,C_{i-1} + A_iB_i$$

3)画出逻辑电路图:全加器逻辑电路由两个异或门、一个与或非门及一个非门组成,如图 5-14 所示。

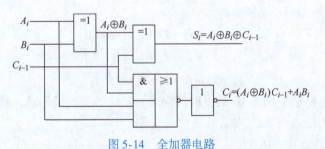

图 5-14 全加器电路

5.2.4 逻辑门在编码器中的应用

用文字、符号或数字表示特定对象的过程称为编码。例如,对全班学生进行编码,这就是学号;对全国人民进行编码,这就是身份证号码。对于文字、符号和十进制数字,采用电路难以实现,所以在数字电路中使用二进制数进行编码,相应的二进制数称为二进制代码。

实现编码操作的电路称为编码器，其示意图如图 5-15 所示。

图 5-15　编码器示意图

1. 二进制编码器

用 n 位二进制代码来表示 $N=2^n$ 个信号的电路称为二进制编码器。二进制编码器输入有 $N=2^n$ 个信号，输出为 n 位二进制代码。根据编码器输出代码的位数，二进制编码器可分为三位二进制编码器、四位二进制编码器等。

1) 分析：三位二进制编码器是把八个输入信号（I_0、I_1、I_2、I_3、I_4、I_5、I_6、I_7）编成对应的三位二进制代码。因输入有八个信号，要求有八种状态，所以输出的是三位（$2^3=8$）二进制代码。用三位二进制代码表示八个信号的方案很多，现分别用 000、001、010、011、100、101、110、111 表示 I_0、I_1、I_2、I_3、I_4、I_5、I_6、I_7。其真值表见表 5-13。

表 5-13　三位二进制编码器的真值表

输入	Y_2	Y_1	Y_0
I_0	0	0	0
I_1	0	0	1
I_2	0	1	0
I_3	0	1	1
I_4	1	0	0
I_5	1	0	1
I_6	1	1	0
I_7	1	1	1

2) 写出输出逻辑函数式：由于 I_0、I_1、I_2、I_3、I_4、I_5、I_6、I_7 互相排斥（任何时刻只能对一个输入信号进行编码），所以只需要将使函数值为 1 的变量进行或运算即可，也可以利用摩根定律，转换为与非运算，即

$$Y_2 = I_4 + I_5 + I_6 + I_7 = \overline{\overline{I_4}\,\overline{I_5}\,\overline{I_6}\,\overline{I_7}}$$
$$Y_1 = I_2 + I_3 + I_6 + I_7 = \overline{\overline{I_2}\,\overline{I_3}\,\overline{I_6}\,\overline{I_7}}$$
$$Y_0 = I_1 + I_3 + I_5 + I_7 = \overline{\overline{I_1}\,\overline{I_3}\,\overline{I_5}\,\overline{I_7}}$$

3) 画出逻辑电路图：图 5-16 是由或门构成的三位二进制编码器，输入为原变量，即高电平有效。图 5-17 是由与非门构成的三位二进制编码器。无论是在图 5-16 中还是在图 5-17 中，I_0 的编码都是隐含着的，即当 I_1、I_2、I_3、I_4、I_5、I_6、I_7 均为无效状态时，编码器的输出就是 I_0 的编码。

小结：①编码器有很多输入信号，但这些输入信号只能有一个为"1"，即任何时刻只能对一

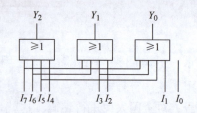

图 5-16　由或门构成的三位二进制编码器

个输入信号进行编码。②编码器可采用或门电路来实现,也可以采用与非门电路来实现。

2. 二-十进制编码器

将十进制的十个数码 0、1、2、3、4、5、6、7、8 和 9 编成二进制代码的逻辑电路称为二－十进制编码器。其工作原理与二进制编码器并无本质区别。现以最常用的 8421BCD 码编码器为例说明。

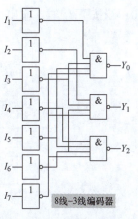

图 5-17 由与非门构成的三位二进制编码器

1)分析:因为输入有十个数码,要求有十种状态,而三位二进制代码只有八种状态,所以输出需用四位($2^4 > 10$)二进制代码。设输入的十个数码分别用 I_0、I_1、…、I_9 表示,输出的二进制代码分别为 Y_3、Y_2、Y_1 和 Y_0,采用 8421BCD 码,则真值表见表 5-14。

表 5-14 8421BCD 码编码器的真值表

I	Y_3	Y_2	Y_1	Y_0
0 (I_0)	0	0	0	0
1 (I_1)	0	0	0	1
2 (I_2)	0	0	1	0
3 (I_3)	0	0	1	1
4 (I_4)	0	1	0	0
5 (I_5)	0	1	0	1
6 (I_6)	0	1	1	0
7 (I_7)	0	1	1	1
8 (I_8)	1	0	0	0
9 (I_9)	1	0	0	1

2)写出输出逻辑函数式:由于 $I_0 \sim I_9$ 是一组相互排斥的变量,故可由真值表直接写出输出函数的逻辑表达式,即为

$$Y_3 = I_8 + I_9 = \overline{\overline{I_8}\,\overline{I_9}}$$

$$Y_2 = I_4 + I_5 + I_6 + I_7 = \overline{\overline{I_4}\,\overline{I_5}\,\overline{I_6}\,\overline{I_7}}$$

$$Y_1 = I_2 + I_3 + I_6 + I_7 = \overline{\overline{I_2}\,\overline{I_3}\,\overline{I_6}\,\overline{I_7}}$$

$$Y_0 = I_2 + I_3 + I_5 + I_7 + I_9 = \overline{\overline{I_1}\,\overline{I_3}\,\overline{I_5}\,\overline{I_7}\,\overline{I_9}}$$

3)画出逻辑电路图:由或门构成的 8421BCD 码编码器逻辑图如图 5-18 所示,或门电路可由二极管来实现,如图 5-19 所示,其中 I_0 也是隐含着的。当然,也可以由与非门构成 8421BCD 码编码器。

若高电平为"1",低电平为"0",则对于图 5-19 电路,当按下 I_0 时,输出 $Y_3Y_2Y_1Y_0$ 为

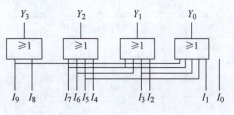

图 5-18 由或门构成的 8421BCD 码编码器

0000；当按下 I_1 时，输出 $Y_3Y_2Y_1Y_0$ 为 0001；…；当按下 I_9 时，输出 $Y_3Y_2Y_1Y_0$ 为 1001。

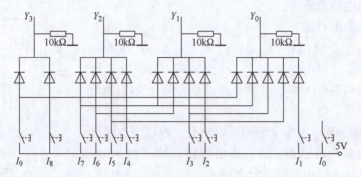

图 5-19　由二极管或门构成的 8421BCD 码编码器

5.2.5　逻辑门在译码器中的应用

译码是编码的逆过程。在编码时，每一种二进制代码状态都赋予了特定的含义，即都表示了一个确定的信号或者对象。把代码状态的特定含义翻译出来的过程称为译码，实现译码操作的电路称为译码器。或者说，译码器是将输入二进制代码的状态翻译成输出信号，以表示其原来含义的电路。译码器示意图如图 5-20 所示。

译码器的种类很多，有二进制译码器、二-十进制译码器和显示译码器等，各种译码器的工作原理类似，设计方法也相同。

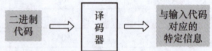

图 5-20　译码器示意图

1. 二进制译码器

把二进制代码的各种状态按照其原意翻译成对应输出信号的电路，称为二进制译码器。显然，若二进制译码器的输入端为 n 个，则输出端为 $N=2^n$ 个，且对应于输入代码的每一种状态，2^n 个输出中只有一个为 1（或为 0），其余全为 0（或为 1）。

（1）三位二进制译码器

1）分析：由于 $n=3$，即输入的是三位二进制代码 $A_2A_1A_0$，而三位二进制代码可表示八种不同的状态，所以输出的必须是八个译码信号，设八个输出信号分别为 Y_0、Y_1、…、Y_7。根据二进制译码器的功能，可列出三位二进制译码器的真值表，见表 5-15。

表 5-15　三位二进制译码器的真值表

输	入		输				出			
A_2	A_1	A_0	Y_0	Y_1	Y_2	Y_3	Y_4	Y_5	Y_6	Y_7
0	0	0	1	0	0	0	0	0	0	0
0	0	1	0	1	0	0	0	0	0	0
0	1	0	0	0	1	0	0	0	0	0
0	1	1	0	0	0	1	0	0	0	0
1	0	0	0	0	0	0	1	0	0	0
1	0	1	0	0	0	0	0	1	0	0
1	1	0	0	0	0	0	0	0	1	0
1	1	1	0	0	0	0	0	0	0	1

2）写出输出逻辑函数式：从真值表可知，对应于一组变量输入，在八个输出中只有一个为1，其余七个为0。因为输入端三个，输出端八个，故又称之为3线-8线译码器，也称为三变量译码器。由真值表可直接写出各输出信号的逻辑表达式：

$$Y_0 = \overline{A_2}\,\overline{A_1}\,\overline{A_0} \qquad Y_1 = \overline{A_2}\,\overline{A_1}\,A_0$$
$$Y_2 = \overline{A_2}\,A_1\,\overline{A_0} \qquad Y_3 = \overline{A_2}\,A_1\,A_0$$
$$Y_4 = A_2\,\overline{A_1}\,\overline{A_0} \qquad Y_5 = A_2\,\overline{A_1}\,A_0$$
$$Y_6 = A_2\,A_1\,\overline{A_0} \qquad Y_7 = A_2\,A_1\,A_0$$

3）画出逻辑电路图：根据这些逻辑表达式画出的逻辑图如图5-21所示。由于译码器各个输出信号表达式的基本形式是有关输入信号的与运算，所以它的逻辑图是由与门组成的阵列，这也是译码器基本电路结构的一个显著特点。

（2）集成3线-8线译码器

常用的中规模集成二进制译码器有双2线-4线译码器、3线-8线译码器及4线-16线译码器等。为了便于扩展译码器的输入变量，集成译码器常常带有若干个选通控制端（也称为使能端或允许端）。

图5-22是带选通控制端的集成3线-8线译码器74LS138的引脚排列图和逻辑功能示意图，其中 A_2、A_1、A_0 为

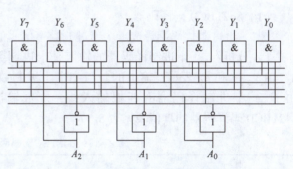

图5-21 三位二进制译码器

二进制译码输入端，$\overline{Y_7} \sim \overline{Y_0}$ 为译码输出端（低电平有效），G_1、$\overline{G_{2A}}$、$\overline{G_{2B}}$ 为选通控制端。当 $G_1 = 1$、$\overline{G_{2A}} + \overline{G_{2B}} = 0$ 时，译码器处于工作状态；当 $G_1 = 0$ 或 $\overline{G_{2A}} + \overline{G_{2B}} = 1$ 时，译码器处于禁止状态。74LS138的真值表见表5-16。

表5-16 集成3线-8线译码器74LS138的真值表

控 制		输 入			输 出							
G_1	$\overline{G_2}$	A_2	A_1	A_0	$\overline{Y_7}$	$\overline{Y_6}$	$\overline{Y_5}$	$\overline{Y_4}$	$\overline{Y_3}$	$\overline{Y_2}$	$\overline{Y_1}$	$\overline{Y_0}$
×	1	×	×	×	1	1	1	1	1	1	1	1
0	×	×	×	×	1	1	1	1	1	1	1	1
1	0	0	0	0	1	1	1	1	1	1	1	0
1	0	0	0	1	1	1	1	1	1	1	0	1
1	0	0	1	0	1	1	1	1	1	0	1	1
1	0	0	1	1	1	1	1	1	0	1	1	1
1	0	1	0	0	1	1	1	0	1	1	1	1
1	0	1	0	1	1	1	0	1	1	1	1	1
1	0	1	1	0	1	0	1	1	1	1	1	1
1	0	1	1	1	0	1	1	1	1	1	1	1

注：表中的 $\overline{G_2} = \overline{G_{2A}} + \overline{G_{2B}}$。

电子技术及其应用

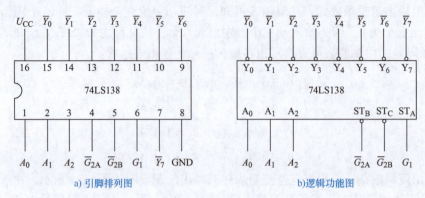

a) 引脚排列图 　　　　　　　　　　　　　　b) 逻辑功能图

图 5-22　集成 3 线 – 8 线译码器 74LS138

2. 二–十进制译码器

（1）8421BCD 码译码器

把二–十进制代码翻译成十个十进制数字信号的电路，称为二–十进制译码器。

1）分析：二–十进制译码器的输入是十进制数的四位二进制编码（BCD 码），分别用 A_3、A_2、A_1 和 A_0 表示；输出的是与十个十进制数字相对应的十个信号，用 $Y_9 \sim Y_0$ 表示。由于二–十进制译码器有四根输入线，十根输出线，所以又称为 4 线 – 10 线译码器。8421BCD 码译码器的真值表见表 5-17。

表 5-17　8421BCD 码译码器的真值表

输入				输出									
A_3	A_2	A_1	A_0	Y_9	Y_8	Y_7	Y_6	Y_5	Y_4	Y_3	Y_2	Y_1	Y_0
0	0	0	0	0	0	0	0	0	0	0	0	0	1
0	0	0	1	0	0	0	0	0	0	0	0	1	0
0	0	1	0	0	0	0	0	0	0	0	1	0	0
0	0	1	1	0	0	0	0	0	0	1	0	0	0
0	1	0	0	0	0	0	0	0	1	0	0	0	0
0	1	0	1	0	0	0	0	1	0	0	0	0	0
0	1	1	0	0	0	0	1	0	0	0	0	0	0
0	1	1	1	0	0	1	0	0	0	0	0	0	0
1	0	0	0	0	1	0	0	0	0	0	0	0	0
1	0	0	1	1	0	0	0	0	0	0	0	0	0
1	0	1	0	×	×	×	×	×	×	×	×	×	×
1	0	1	1	×	×	×	×	×	×	×	×	×	×
1	1	0	0	×	×	×	×	×	×	×	×	×	×
1	1	0	1	×	×	×	×	×	×	×	×	×	×
1	1	1	0	×	×	×	×	×	×	×	×	×	×
1	1	1	1	×	×	×	×	×	×	×	×	×	×

表中左边是输入的 8421BCD 码，右边是译码输出。其中 1010～1111 共六种状态没有使用，是无效状态，在正常工作状态下不会出现，化简时可以作为随意项处理。

2）写出输出逻辑式：采用完全译码方案的输出函数，可直接由真值表（表 5-17）写出，分别为

$$Y_0 = \bar{A}_3\bar{A}_2\bar{A}_1\bar{A}_0 \qquad Y_1 = \bar{A}_3\bar{A}_2\bar{A}_1 A_0$$
$$Y_2 = \bar{A}_3\bar{A}_2 A_1 \bar{A}_0 \qquad Y_3 = \bar{A}_3\bar{A}_2 A_1 A_0$$
$$Y_4 = \bar{A}_3 A_2 \bar{A}_1 \bar{A}_0 \qquad Y_5 = \bar{A}_3 A_2 \bar{A}_1 A_0$$
$$Y_6 = \bar{A}_3 A_2 A_1 \bar{A}_0 \qquad Y_7 = \bar{A}_3 A_2 A_1 A_0$$
$$Y_8 = A_3 \bar{A}_2 \bar{A}_1 \bar{A}_0 \qquad Y_9 = A_3 \bar{A}_2 \bar{A}_1 A_0$$

3）画出逻辑电路图：由上述逻辑函数表达式画出的逻辑电路图如图 5-23 所示，它由十个与门和四个非门组成。

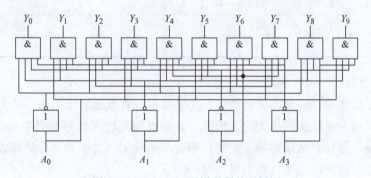

图 5-23　8421BCD 码译码器的逻辑图

如果要输出为反变量，即为低电平有效，则只需将图 5-23 所示电路中的与门换成与非门即可。

（2）集成 4 线-10 线译码器

图 5-24 是 8421BCD 输入的集成 4 线-10 线译码器 74LS42 的逻辑功能示意图。74LS42 的输出为反变量，即为低电平有效，并且采用完全译码方案，其真值表见表 5-18。

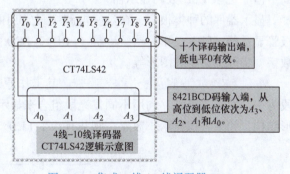

图 5-24　集成 4 线-10 线译码器 74LS42

表 5-18　译码器 74LS42 真值表

十进制数	输入				输出									
	A_3	A_2	A_1	A_0	$\bar{Y}_0$	$\bar{Y}_1$	$\bar{Y}_2$	$\bar{Y}_3$	$\bar{Y}_4$	$\bar{Y}_5$	$\bar{Y}_6$	$\bar{Y}_7$	$\bar{Y}_8$	$\bar{Y}_9$
0	0	0	0	0	0	1	1	1	1	1	1	1	1	1
1	0	0	0	1	1	0	1	1	1	1	1	1	1	1
2	0	0	1	0	1	1	0	1	1	1	1	1	1	1
3	0	0	1	1	1	1	1	0	1	1	1	1	1	1

(续)

十进制数	输入				输出									
	A_3	A_2	A_1	A_0	$\overline{Y_0}$	$\overline{Y_1}$	$\overline{Y_2}$	$\overline{Y_3}$	$\overline{Y_4}$	$\overline{Y_5}$	$\overline{Y_6}$	$\overline{Y_7}$	$\overline{Y_8}$	$\overline{Y_9}$
4	0	1	0	0	1	1	1	1	0	1	1	1	1	1
5	0	1	0	0	1	1	1	1	1	0	1	1	1	1
6	0	1	1	0	1	1	1	1	1	1	0	1	1	1
7	0	1	1	1	1	1	1	1	1	1	1	0	1	1
8	1	0	0	0	1	1	1	1	1	1	1	1	0	1
9	1	0	0	1	1	1	1	1	1	1	1	1	1	0
伪码	1	0	1	0	1	1	1	1	1	1	1	1	1	1
	1	0	1	1	1	1	1	1	1	1	1	1	1	1
	1	1	0	0	1	1	1	1	1	1	1	1	1	1
	1	1	0	1	1	1	1	1	1	1	1	1	1	1
	1	1	1	0	1	1	1	1	1	1	1	1	1	1
	1	1	1	1	1	1	1	1	1	1	1	1	1	1

3. 显示译码器

在各种数字设备中，经常需要将数字、文字和符号直观地显示出来，供人们直接读取结果，或用以监视数字系统的工作情况。因此，显示电路是许多数字设备中必不可少的部分。用来驱动各种显示器件，从而将用二进制代码表示的数字、文字和符号翻译成人们习惯的形式，并直观地显示出来的电路，称为显示译码器。

（1）七段 LED 数码显示器

显示器件的种类很多，在数字电路中最常用的显示器是半导体显示器（又称为发光二极管显示器，LED）和液晶显示器（LCD）。LED 主要用于显示数字和字母，LCD 可以显示数字、字母、文字和图形等。

七段 LED 数码显示器俗称数码管。其工作原理是将要显示的十进制数码分成七段，每段为一个发光二极管，利用不同发光段组合来显示不同的数字。图 5-25a 所示为数码管的外形结构，如果考虑显示小数点，则共有八个 LED。

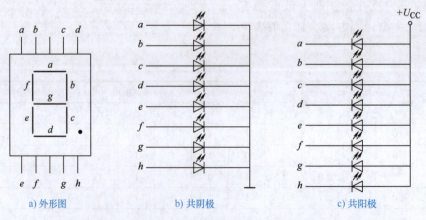

a) 外形图　　　　b) 共阴极　　　　c) 共阳极

图 5-25　七段显示器的外形图及二极管的连接方式

数码管中的七个发光二极管有共阴极和共阳极两种接法，如图 5-25b、c 所示，图中的发光二极管 $a \sim g$ 用于显示十进制的十个数字 $0 \sim 9$，h 用于显示小数点。从图中可以看出，对于共阴极的显示器，某一段接高电平时发光；对于共阳极的显示器，某一段接低电平时发光，使用时每个二极管要串联一个约 100Ω 的限流电阻。

七段数码管是利用不同发光段组合来显示不同的数字。以共阴极显示器为例，若 a、b、c、d 和 g 各段接高电平，则对应的各段发光，显示出十进制数字 3；若 b、c、f 和 g 各段接高电平，则显示十进制数字 4。

$0 \sim 9$ 十个数字的显示字形如图 5-26 所示。LED 显示器的特点是：清晰悦目、工作电压低（$1.5 \sim 3V$）、体积小、寿命长（大于 1000h）、响应速度快（$1 \sim 100ns$）、颜色丰富（有红、绿和黄等色）及工作可靠。

图 5-26　$0 \sim 9$ 十个数字的显示字形

(2) 集成显示译码器

设输入信号为 8421BCD 码，根据数码管的显示原理可列出驱动共阴极数码管的七段显示译码器的真值表，见表 5-19。

表 5-19　七段显示译码器的真值表（共阴极）

输入				输出							显示字形
A_3	A_2	A_1	A_0	a	b	c	d	e	f	g	
0	0	0	0	1	1	1	1	1	1	0	0
0	0	0	1	0	1	1	0	0	0	0	1
0	0	1	0	1	1	0	1	1	0	1	2
0	0	1	1	1	1	1	1	0	0	1	3
0	1	0	0	0	1	1	0	0	1	1	4
0	1	0	1	1	0	1	1	0	1	1	5
0	1	1	0	0	0	1	1	1	1	1	6
0	1	1	1	1	1	1	0	0	0	0	7
1	0	0	0	1	1	1	1	1	1	1	8
1	0	0	1	1	1	1	0	0	1	1	9

在表 5-19 中，输入 A_3、A_2、A_1、A_0 是 8421BCD 码，其中 $1010 \sim 1111$ 这六种状态没有使用，是无效状态。输出 $a \sim g$ 是驱动七段数码管相应显示段的信号，由于驱动共阴极数码管，故应为高电平有效，即高电平时显示段亮。

常用的集成七段译码驱动器中，TTL 型的有 74LS47、74LS48 等，CMOS 型的有 CD4511、CD4055 七段译码驱动器等。74LS47 为低电平有效，用于驱动共阳极的 LED 显示器，因为 74LS47 为集电极开路（OC）输出结构，工作时必须外接集电极电阻。74LS48 为高电平有效，用于驱动共阴极的 LED 显示器，其内部电路的输出级有集电极电阻，使用时可直接接显示器。

74LS48（CD4511）的引脚排列和实物图如图 5-27 所示。

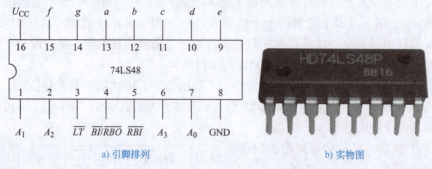

图 5-27 集成七段译码驱动器 74LS48 的引脚排列和实物图

由图 5-27 可以看出，为了增强器件的功能，在 74LS48 中还设置了一些辅助端。这些辅助端的功能如下：

1) 试灯输入端 $\overline{LT}$。低电平有效。当 $\overline{LT}=0$ 时，数码管的七段应全亮，与输入的译码信号无关。该输入端用于测试数码管的好坏。

2) 动态灭零输入端 $\overline{RBI}$。低电平有效。当 $\overline{LT}=1$、$\overline{RBI}=0$，且译码输入全为 0 时，该位输出不显示，即 0 字被熄灭；当译码输入不全为 0 时，该位正常显示。本输入端用于消隐无效的 0，如数据 0034.50 可显示为 34.5。

3) 灭灯输入/动态灭零输出端 $\overline{BI}/\overline{RBO}$。这是一个特殊的端钮，有时用作输入，有时用作输出。当 $\overline{BI}/\overline{RBO}$ 作为输入使用，且 $\overline{BI}/\overline{RBO}=0$ 时，数码管七段全灭，与译码输入无关。当 $\overline{BI}/\overline{RBO}$ 作为输出使用时，受控于 $\overline{LT}$ 和 $\overline{RBI}$：当 $\overline{LT}=1$ 且 $\overline{RBI}=0$ 时，$\overline{BI}/\overline{RBO}=0$；其他情况下，$\overline{BI}/\overline{RBO}=1$。该端用于显示多位数字时多个译码器之间的连接。

5.2.6 逻辑门在数据选择器中的应用

数据选择器又称为多路选择器或多路开关，它是"多输入单输出"的组合逻辑电路，如图 5-28 所示。数据选择器能够根据地址码的要求从多路输入信号中选择其中一路输出。

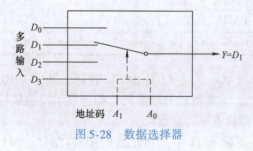

图 5-28 数据选择器

1. 与门在电子开关中的应用

与门电路可应用于电子开关，图 5-29 是单地址码电子开关电路。设与门的两个输入分别为 A 和 D，其中 A 代表地址码，D 为数据码。根据与逻辑关系，有 $Y=AD$。如果 $A=1$，则有 $Y=D$，等效于开关闭合，D 数据从 Y 端输出；若 $A=0$，则 $Y=0$，等效于开关断开，D 数据不能从 Y 端输出。因此，一个与门电路可以等效为一个受 A 控制的电子开关。

图 5-30 是双地址码电子开关电路，根据与逻辑关系，有 $Y=A_1A_0D$。当两位地址码 $A_1A_0=$ 11 时，开关闭合，$Y=D$；当 $A_1A_0=00$ 或 01 或 10 时，开关断开，$Y=0$。

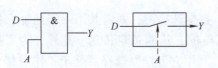

图 5-29 单地址码电子开关电路

图 5-30 双地址码电子开关电路

利用与门电路的受控电子开关特性，可以构成数据选择器与数据分配器。

2. 4 选 1 数据选择器

1）分析：4 选 1 数据选择器有四个输入数据 D_0、D_1、D_2、D_3，两个选择控制信号 A_1 和 A_0，一个输出信号 Y。设 A_1A_0 取值分别为 00、01、10、11 时，分别选择数据 D_0、D_1、D_2、D_3 输出。由此可列出 4 选 1 数据选择器的真值表，见表 5-20。

表 5-20 4 选 1 数据选择器的真值表

D	A_1	A_0	Y
D_0	0	0	D_0
D_1	0	1	D_1
D_2	1	0	D_2
D_3	1	1	D_3

2）写出输出逻辑函数式：根据真值表很容易得到输出的逻辑函数表达式为

$$Y = D_0\bar{A}_1\bar{A}_0 + D_1\bar{A}_1A_0 + D_2A_1\bar{A}_0 + D_3A_1A_0 = \sum_{i=0}^{3}D_im_i$$

3）画出逻辑电路图：根据上式画出的逻辑图如图 5-31 所示，它由四个与门、一个或门及两个非门组成。A_1A_0 取值不同，被打开的与门也不同，而只有加在被打开与门输入端的数据才能传送到输出端。所以，图 5-28 中的 A_1A_0 也称为地址码或地址控制信号。

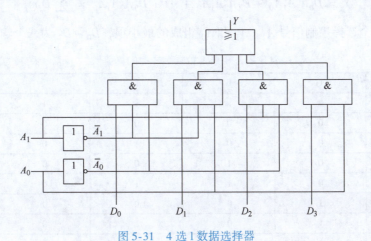

图 5-31 4 选 1 数据选择器

3. 集成数据选择器

集成数据选择器的规格品种较多，图 5-32 所示为集成双 4 选 1 数据选择器 74LS153 和集成 8 选 1 数据选择器 74LS151 的引脚排列图。

由图 5-32a 可以看到，74LS153 包含两个 4 选 1 数据选择器，两者共用一组地址选择信号 A_1A_0，这样，可以利用一片 74LS153 实现四路二位的二进制信息传送。此外，为了扩大芯片的功能，在 74LS153 中还设置了选通控制端 S，利用它可控制选择器处于工作或禁止状态，选通端 $\bar{S}$ 为低电平有效。当 $\bar{S}=1$ 时，选择器被禁止，无论地址码是什么，Y 总是等于 0；当 $S=0$ 时，选择器被选中，处于工作状态，由地址码决定选择哪一路输出。

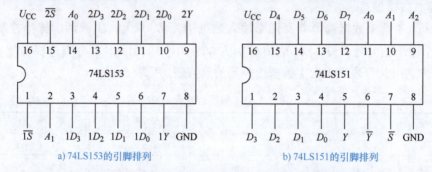

a) 74LS153的引脚排列　　　　b) 74LS151的引脚排列

图 5-32　集成数据选择器 74LS153 和 74LS151 的引脚排列图

图 5-32b 所示的 8 选 1 数据选择器，有八个数据输入端 $D_0 \sim D_7$，三个地址输入端 A_2、A_1、A_0，两个互补的输出端 Y 和 $\bar{Y}$，一个选通控制端 $\bar{S}$。其真值表见表 5-21。

由表 5-21 可以看出，当选通输入信号 $\bar{S}=1$ 时，选择器被禁止，$Y=0$，输入数据和地址均不起作用。当 $\bar{S}=0$ 时，选择器被选中，此时有

$$Y = D_0\bar{A}_2\bar{A}_1\bar{A}_0 + D_1\bar{A}_2\bar{A}_1A_0 + \cdots + D_7A_2A_1A_0 = \sum_{i=0}^{7} D_i m_i$$

$$\bar{Y} = \overline{D_0\bar{A}_2\bar{A}_1\bar{A}_0} + \overline{D_1\bar{A}_2\bar{A}_1A_0} + \cdots + \overline{D_7A_2A_1A_0} = \sum_{i=0}^{7} \bar{D}_i m_i$$

式中，m_i 为三个选择控制信号 A_2、A_1 和 A_0 组成的最小项，$D_0 \sim D_7$ 为八个输入数据。

表 5-21　8 选 1 数据选择器的真值表

D	A_2	A_1	A_0	$\bar{S}$	Y
×	×	×	×	1	0
D_0	0	0	0	0	D_0
D_1	0	0	1	0	D_1
D_2	0	1	0	0	D_2
D_3	0	1	1	0	D_3
D_4	1	0	0	0	D_4
D_5	1	0	1	0	D_5
D_6	1	1	0	0	D_6
D_7	1	1	1	0	D_7

复习思考题

5.2.1 什么是组合逻辑电路?

5.2.2 什么是编码器?什么是译码器?

5.2.3 表5-19是共阴极数码管的七段显示译码器的真值表,如果是共阳极数码管,其真值表又如何?

5.2.4 共阳极、共阴极数码管的驱动芯片74LS47和74LS48有何区别?

5.2.5 或门也可以用于受控电子开关吗?

5.3 逻辑门应用实践操作

5.3.1 基本逻辑门芯片测试

1. 非门74LS04芯片测试

74LS04芯片有六个非门,其引脚图如图5-33所示。在芯片14脚与7脚之间加5V电压后,测试各非门逻辑是否正确。

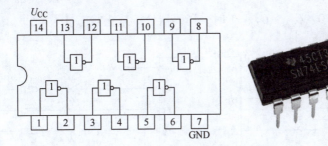

图5-33 74LS04芯片引脚图

2. 与门74LS08芯片测试

74LS08芯片有四个2输入与门,其引脚图如图5-34所示。在芯片14脚与7脚之间加5V电压后,测试各与门逻辑是否正确。

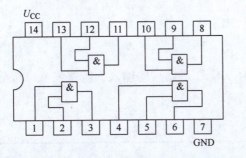

图5-34 74LS08芯片引脚图

3. 或门74LS32芯片测试

74LS32芯片有四个2输入或门,其引脚图如图5-35所示。在芯片14脚与7脚之间加5V电压后,测试各或门逻辑是否正确。

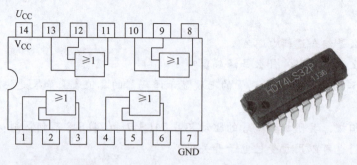

图 5-35　74LS32 芯片引脚图

5.3.2　74LS138 译码器芯片测试

1. 74LS138 芯片测试电路

74LS138 功能测试电路如图 5-36 所示。74LS138 是带选通控制端的集成 3 线 – 8 线译码器，74LS138 的真值表见表 5-16。芯片中的 A_2、A_1 和 A_0 为二进制译码输入端，$\overline{Y}_7 \sim \overline{Y}_0$ 为译码输出端（低电平有效），G_1、$\overline{G}_{2A}$ 和 $\overline{G}_{2B}$ 为选通控制端。当 $G_1 = 1$、$\overline{G}_{2A} + \overline{G}_{2B} = 0$ 时，译码器处于工作状态；当 $G_1 = 0$、$\overline{G}_{2A} + \overline{G}_{2B} = 1$ 时，译码器处于禁止状态。

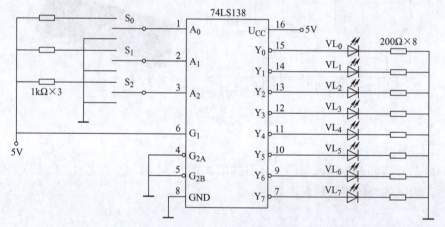

图 5-36　74LS138 功能测试电路

2. 74LS138 芯片测试步骤

拨动 S_2、S_1、S_0 开关，模拟 A_2、A_1、A_0 二进制代码输入，观察发光二极管 $VL_0 \sim VL_7$ 的亮灭情况（即输出 $\overline{Y}_0 \sim \overline{Y}_7$ 的情况），填入表 5-22 中。

表 5-22　74LS138 芯片测试

输入			输出							
A_2	A_1	A_0	$\overline{Y}_7$	$\overline{Y}_6$	$\overline{Y}_5$	$\overline{Y}_4$	$\overline{Y}_3$	$\overline{Y}_2$	$\overline{Y}_1$	$\overline{Y}_0$
0	0	0								
0	0	1								
0	1	0								

(续)

输入			输出							
A_2	A_1	A_0	$\overline{Y_7}$	$\overline{Y_6}$	$\overline{Y_5}$	$\overline{Y_4}$	$\overline{Y_3}$	$\overline{Y_2}$	$\overline{Y_1}$	$\overline{Y_0}$
0	1	1								
1	0	0								
1	0	1								
1	1	0								
1	1	1								

5.3.3 数字抢答器的制作

1. 数字抢答器电路分析

数字抢答器电路如图 5-37 所示,集成七段译码驱动器 CD4511 为高电平有效,用于驱动共阴极的 LED 显示器,其内部电路的输出级有集电极电阻,使用时可直接接显示器。

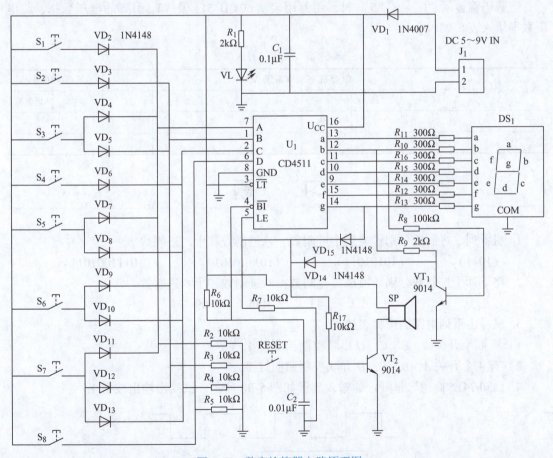

图 5-37 数字抢答器电路原理图

CD4511 的 3 脚为测试输入端,当 3 脚为 0 时,数码管的七段应全亮,与输入的译码信号无关,该输入端用于测试数码管的好坏。4 脚为消隐输入端,当 RESET 按钮按下,4 脚为 0,数码管的七段应全熄灭。5 脚为锁定输入端,当 5 脚为 0 时,允许译码输出;当 5 脚为 1

时，译码器是锁定保持状态，译码器输出被保持在 LE = 0 时的数值。

VT_1、VD_{14} 和 VD_{15} 为抢答锁定控制。当按一下 RESET 按钮后，CD4511 的输出 abcdefg 为 1111110，数码管显示"0"，VD_{15} 截止，VT_1 导通，VD_{14} 也截止，5 脚为 0V，CD4511 允许译码，同时 VT_2 截止，蜂鸣器不发声。

$S_1 \sim S_8$ 为抢答开关，由 $VD_2 \sim VD_{13}$ 组成译码器电路，将 $S_1 \sim S_8$ 开关译成相应二进制数码 DCBA（D 为高位）。如 S_8 被按下，DCBA 为 1000；S_7 被按下，DCBA 为 0111。

工作过程：先按 RESET 按钮，数码管显示"0"，抢答开始。若 S_8 先被按下，则 CD4511 芯片的输入 DCBA 为 1000，CD4511 芯片的输出 abcdefg 为 1111111，数码管显示"8"。其中，CD4511 的 g 输出端高电平经过 VD_{15} 使 5 脚为高电平，则译码器进入锁定保持状态，也就是迟按下的 $S_1 \sim S_7$ 开关均无效。同时，5 脚为高电平使 VT_2 导通，蜂鸣器发声。

2. 电路板制作与测试

在给定的电路板中焊接元器件。焊接完成后通电测试。加 5~9V 直流电压，指示灯 VL 点亮。按抢答开关 $S_1 \sim S_8$，检查数码管显示、抢答锁定和蜂鸣器发声是否正确。

当数码管显示"0"或"5"时，用万用表测试 CD4511 及 VT_1 引脚的电压数据，将电压数据填入表 5-23 中。

表 5-23 数字抢答器测试

测试点	CD4511 各引脚电压/V								VT_1 管脚电压/V	
	a	b	c	d	e	f	g	LE	基极	集电极
显示"0"										
显示"5"										

习 题

1. 将下列二进制数分别转换成十进制数、八进制数和十六进制数。
   $(1011)_2$　　　$(10101011)_2$　　　$(101110101)_2$　　　$(10111001011)_2$

2. 将下列十进制数分别转换成二进制数、八进制数和十六进制数。
   22　　43　　456　　7809

3. 试写出下列电路的逻辑表达式：

1）有四个开关 A、B、C、D 串联控制照明灯 Y。

2）有 4 个开关 A、B、C、D 并联控制照明灯 Y。

4. 已知 74LS00（与非门）的输入波形如图 5-38 所示，试绘出输出波形 Y。

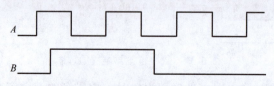

图 5-38 74LS00（与非门）的输入波形

5. 已知 74LS02（或非门）的输入波形如图 5-39 所示，试绘出输出波形 Y。

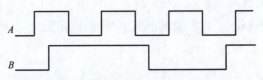

图 5-39　74LS02（或非门）的输入波形

6. 利用真值表证明下列等式。

1）$ABC + AB\overline{C} + A\overline{B}C + \overline{A}BC + AB\,\overline{C} + \overline{AB}C + \overline{A}\,\overline{B}C + \overline{A}\,\overline{B}\,\overline{C} = 1$

2）$A\overline{B} + \overline{B}C + C\overline{A} = \overline{A}B + B\overline{C} + \overline{C}A$

7. 在下列各个逻辑函数表达式中，变量 A、B 和 C 分别为哪几种取值时函数值为 1。

1）$Y = AB + BC + CA$

2）$Y = (A + B + C)(\overline{A} + B + \overline{C})$

8. 利用公式和定理证明下列等式：

1）$ABC + A\overline{B}C + AB\overline{C} = AB + AC$

2）$A + A\overline{B}\,\overline{C} + \overline{A}CD + (\overline{C} + \overline{D})E = A + CD + E$

3）$\overline{A \oplus B} = A \odot B = \overline{A} \oplus B = \overline{A}\,\overline{B} + AB$

4）$(A + B)(A + B + C + D + E + F) = A + B$

9. 将下列函数展开为最小项表达式：

1）$Y(A, B, C) = AB + AC$

2）$Y(A, B, C) = \overline{A}\,\overline{(B + \overline{C})}$

3）$Y(A, B, C, D) = AD + BC\overline{D} + \overline{A}\,\overline{B}C$

10. 已知下列逻辑函数表达式，请画出相应的逻辑电路图。

1）$Y = AB + BC + CA$

2）$Y = (A + B + C)(\overline{A} + B + \overline{C})$

3）$Y(A, B, C) = \overline{A}\,\overline{(B + \overline{C})}$

11. 逻辑电路如图 5-40 所示，写出逻辑电路图的输出逻辑函数表达式。

12. 逻辑电路如图 5-41 所示，写出逻辑电路图的输出逻辑函数表达式。

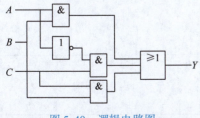

图 5-40　逻辑电路图

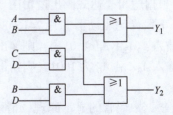

图 5-41　逻辑电路图

13. 写出图 5-42 所示电路输出信号的逻辑表达式，并说明电路的逻辑功能。

14. 用与非门设计一个能实现"变量多数表决"的组合逻辑电路（三个变量中有两个或三个为 1 时输出为 1）。

15. 三位二进制编码器电路如图 5-43 所示。当输入 $I_0I_1I_2I_3I_4I_5I_6I_7$ 分别为 01000000、00010000、00000100、00000001 时，输出 $Y_2Y_1Y_0$ 分别是什么？

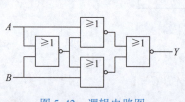

图 5-42　逻辑电路图

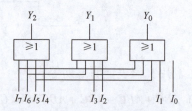

图 5-43　三位二进制编码器电路图

16. 请设计一个两位二进制编码器。两位二进制编码器是把四个输入信号（I_0、I_1、I_2、I_3）编成对应的两位二进制代码（Y_1、Y_0）输出。要求如下：

1）列出两位二进制编码器的真值表。

2）写出输出信号（Y_1、Y_0）的最简与或表达式。

3）画出由或门构成的两位二进制编码器电路。

17. 三位二进制译码器电路如图 5-44 所示。当输入 $A_2A_1A_0$ 分别为 001、011、101、111 时，输出 $Y_7Y_6Y_5Y_4Y_3Y_2Y_1Y_0$ 分别是什么？

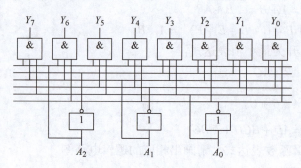

图 5-44　三位二进制译码器电路图

18. 请设计一个两位二进制译码器，输入是两位二进制代码 A_1A_0，四个译码输出信号为 Y_0、Y_1、Y_2 和 Y_3。要求如下：

1）根据二进制译码器的功能，列出两位二进制译码器的真值表。

2）由真值表写出各译码输出信号的逻辑表达式。

3）根据逻辑表达式画出逻辑图（由与门组成）。

19. 七段译码驱动器芯片 74LS48 如图 5-45 所示。若输入 $A_3A_2A_1A_0$ 为 0110，则输出 $abcdefg$ 是什么？若输入 $A_3A_2A_1A_0$ 为 1001，则输出 $abcdefg$ 又是什么？

20. 根据数码管的显示原理，请列出驱动共阳极数码管的七段显示译码器的真值表。设输入信号为 8421BCD 码。

21. 请设计一个如图 5-46 所示的三选一信号选择器（或电子开关），有三个输入信号（D_0、

图 5-45　七段译码驱动器芯片 74LS48

D_1、D_2），两个选择控制信号（A_1、A_0），一个输出信号 Y。要求：当 $A_1A_0 = 00$ 时，输出 $Y = D_0$；当 $A_1A_0 = 01$ 时，输出 $Y = D_1$；当 $A_1A_0 = 10$ 时，输出 $Y = D_2$。

22. 设计一个如图 5-47 所示的两路输出的数据分配器。要求：输入为 D，当 $A = 0$ 时，输出 $Y_0 = D$；当 $A = 1$ 时，输出 $Y_1 = D$。

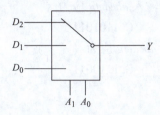

图 5-46　三选一信号选择器

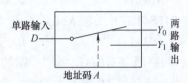

图 5-47　两路输出的数据分配器

自测题

一、填空题

1. 在时间上连续变化的信号，称为_____；在时间和幅度上都是离散变化的信号，称为_____。

2. 数字电路与模拟电路相比较，有许多优点。如电路便于_____、系列化生产，成本低廉，使用方便；_____，可靠性高，精度高；处理功能强，不仅能实现____运算，还可以实现____运算和判断；数字信号更易于____、____、压缩、传输和再现。

3. 在客观世界中，最基本的逻辑关系只有____逻辑关系、____逻辑关系和____逻辑关系三种，其他任何复杂的逻辑关系都是这三种基本逻辑关系的组合。

4. 将十进制的十个数字符号分别用四位二进制代码来表示，这种编码称为_____编码，也称为_____码。

5. 数字电路中使用的集成门电路分为_____和_____两类，其中_____电路是目前双极型数字集成电路中用得最多的一种。

二、选择题（单选或多选）

1. 将十进制数 100.5 变换成二进制数，正确答案是（　　）。
   A.$(1100100.1)_2$　　　　B.$(1100010.1)_2$　　　　C.$(1010100.1)_2$

2. 将二进制数 $(111111)_2$ 变换进十进制数，正确答案是（　　）。
   A. 64　　　　　　　　　B. 65　　　　　　　　　　C. 63

3. 将二进制数 $(11011100010)_2$ 变换成十六进制数，正确答案是（　　）。
   A.$(DC4)_{16}$　　　　　B.$(6E2)_{16}$　　　　　　C.$(6D2)_{16}$

4. 将十六进制数 $(B5)_{16}$ 变换成二进制数，正确答案是（　　）。
   A.$(11000101)_2$　　　B.$(10110101)_2$　　　　C.$(10100101)_2$

5. 与门有 A、B、C 三个输入端，使与门输出为 1 的输入是（　　）。
   A. 000　　　　　　　　B. 111　　　　　　　　　C. 101

6. 或门有 A、B、C 三个输入端，使或门输出为 1 的输入是（　　）。
   A. 000　　　　　　　　B. 111　　　　　　　　　C. 101

7. 与非门有 A、B、C 三个输入端，使与非门输出为 0 的输入是（　　）。
   A. 000　　　　　　　　B. 111　　　　　　　　C. 101
8. 或非门有 A、B、C 三个输入端，使或非门输出为 1 的输入是（　　）。
   A. 000　　　　　　　　B. 111　　　　　　　　C. 101
9. 欲使共阴极七段 LED 数码显示器显示"5"，则其输入 $abcdefg$ 应为（　　）。
   A. 0101011　　　　　　B. 1011011　　　　　　C. 1101011
10. 74LS48 芯片的输入 $A_3A_2A_1A_0$ 为 0111，则其输出 $abcdefg$ 应为（　　）。
    A. 0011111　　　　　　B. 1110000　　　　　　C. 1110011

三、判断题（对的打"√"，错的打"×"）

1. 当异或门的 AB 输入为 11 时，输出为 1。（　　）
2. 同或门就是对异或门的输出进行非运算。（　　）
3. 9 的 8421BCD 码是 1010。（　　）
4. $A + \overline{A}BC = A + BC$。（　　）
5. $1 + A + BC = 1$。（　　）
6. $\overline{A}BC + \overline{A}\,\overline{B}C = \overline{A}C$（　　）
7. $(BC + AD)(BC + \overline{AD}) = BC$。（　　）
8. $AB + \overline{A}C + BCD = AB + \overline{A}C$。（　　）
9. $\overline{A + B + DC} = \overline{A} \cdot \overline{B} \cdot \overline{DC}$。（　　）
10. 74LS153 芯片内含两个四选一数据选择器。（　　）

第6章 触发器及其应用

在数字电子技术中，经常需要将二进制的代码信息保存起来进行处理，触发器就是实现存储二进制信息功能的单元电路。数字电子技术中的计数器、寄存器和存储器等时序逻辑电路都是由触发器构成的。

6.1 认识触发器

触发器按结构可分为基本触发器、同步触发器、主从触发器和边沿触发器。按逻辑功能可分为 RS 触发器、JK 触发器、D 触发器、T 触发器和 T′触发器。按使用的开关元器件可分为 TTL 触发器和 CMOS 触发器。

从触发器的逻辑功能要求出发，无论哪一种触发器都必须具备以下条件：

1) 具有两个稳定状态（0 状态和 1 状态）。这表示触发器能反映数字电路的两个逻辑状态或二进制的 0 和 1。

2) 在输入信号的作用下，触发器可以从一个稳态转换到另一个稳态，触发器的这种状态转换过程称为翻转。这表示触发器能够接收信息。

3) 输入信号撤除后，触发器可以保持接收到的信息。这表示触发器具有记忆功能。

6.1.1 基本 RS 触发器

1. 基本 RS 触发器的电路组成

图 6-1a 所示是用两个与非门交叉连接起来构成的基本 RS 触发器。图中，$\bar{R}$、$\bar{S}$ 是信号输入端，低电平有效，即 $\bar{R}$、$\bar{S}$ 端为低电平时表示有信号，为高电平时表示无信号。Q、$\bar{Q}$ 既表示触发器的状态，又是两个互补的信号输出端。$Q=0$、$\bar{Q}=1$ 的状态称为 0 状态，$Q=1$、$\bar{Q}=0$ 的状态称为 1 状态。图 6-1b 是基本 RS 触

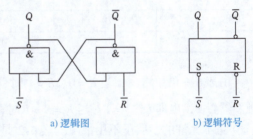

图 6-1 基本 RS 触发器的逻辑图和逻辑符号

发器的逻辑符号，方框下面输入端处的小圆圈表示低电平有效，方框上面的两个输出端，无小圆圈的为 Q 端，有小圆圈的为 $\bar{Q}$ 端。在正常工作情况下，Q 和 $\bar{Q}$ 的状态是互补的，即一个为高电平时另一个为低电平，反之亦然。

2. 基本 RS 触发器的工作原理

下面分四种情况分析基本 RS 触发器输出与输入之间的逻辑关系。

1) $\bar{R}=0$，$\bar{S}=1$。由于 $\bar{R}=0$，无论 Q 为 0 还是 1，都有 $\bar{Q}=1$；再由 $\bar{S}=1$、$\bar{Q}=1$ 可得 $Q=0$。即无论触发器原来处于什么状态都将变成 0 状态，这种情况称为将触发器置 0 或复位。由于是在 $\bar{R}$ 端加输入信号（负脉冲）将触发器置 0，所以把 $\bar{R}$ 端称为触发器的置 0 端或复位端。

2) $\bar{R}=1$、$\bar{S}=0$。由于 $\bar{S}=0$，无论 Q 为 0 还是 1，都有 $Q=1$；再由 $\bar{R}=1$、$Q=1$ 可得 $\bar{Q}=0$。即无论触发器原来处于什么状态都将变成 1 状态，这种情况称为将触发器置 1 或置位。由于是在 $\bar{S}$ 端加输入信号（负脉冲）将触发器置 1，所以把 $\bar{S}$ 端称为触发器的<u>置 1 端或置位端</u>。

3) $\bar{R}=1$、$\bar{S}=1$。根据与非门的逻辑功能不难得知，当 $\bar{R}=\bar{S}=1$ 时，触发器保持原有状态不变，即原来的状态被触发器存储起来，这体现了触发器具有<u>记忆能力</u>。

4) $\bar{R}=0$、$\bar{S}=0$。显然，这种情况下两个与非门的输出端 Q 和 $\bar{Q}$ 全为 1，不符合触发器的逻辑关系。并且由于与非门延迟时间不可能完全相等，在两输入端的 0 信号同时撤除后，将不能确定触发器是处于 1 状态还是 0 状态。所以触发器不允许出现这种情况，这就是基本 RS 触发器的<u>约束条件</u>。

反映触发器次态 Q^{n+1} 与输入信号及现态 Q^n 之间对应关系的表格称为特性表。实际上，特性表就是触发器次态 Q^{n+1} 的真值表。根据以上分析，可列出基本 RS 触发器的特性表，见表 6-1。

表 6-1 基本 RS 触发器的特性表

$\bar{R}$	$\bar{S}$	Q^n	Q^{n+1}	功能
0	0	0	不用	不允许
0	0	1	不用	
0	1	0	0	$Q^{n+1}=0$ 置 0
0	1	1	0	
1	0	0	1	$Q^{n+1}=1$ 置 1
1	0	1	1	
1	1	0	0	$Q^{n+1}=Q^n$ 保持
1	1	1	1	

由表 6-1 可以看出，当 $\bar{R}=0$、$\bar{S}=1$ 时，触发器置 0，也即 $Q^{n+1}=0$；当 $\bar{R}=1$、$\bar{S}=0$ 时，触发器置 1，也即 $Q^{n+1}=1$；当 $\bar{R}=\bar{S}=1$ 时，触发器保持原来状态，也即 $Q^{n+1}=Q^n$；而 $\bar{R}=\bar{S}=0$ 是不允许的，属于不用情况。表 6-2 是基本 RS 触发器特性表的简化形式。

表 6-2 基本 RS 触发器的简化特性表

$\bar{R}$	$\bar{S}$	Q^{n+1}	功能
0	0	不用	不允许
0	1	0	置 0
1	0	1	置 1
1	1	Q^n	保持

综上所述，基本 RS 触发器具有如下特点：
1) 触发器的次态 Q^{n+1} 不仅与输入信号状态有关，而且与触发器的现态 Q^n 有关。
2) 电路具有两个稳定状态，在无外来触发信号作用时，电路将保持原状态不变。

3) 在外加触发信号有效时，电路可以触发翻转，实现置 0 或置 1。

4) 在稳定状态下两个输出端的状态 Q 和 $\overline{Q}$ 必须是互补关系，即有约束条件。

在数字电路中，凡根据输入信号 R、S 情况的不同，具有置 0、置 1 和保持功能的电路，都称为 RS 触发器。

需要说明的是，基本 RS 触发器也可由或非门构成。

3. 集成基本 RS 触发器

图 6-2 所示是 TTL 集成基本 RS 触发器 74LS279 的引脚排列图。74LS279 内部集成了四个相互独立的由与非门构成的基本 RS 触发器，其中有两个触发器的 $\overline{S}$ 端为双输入端，两个输入端的关系为与逻辑关系，即 $\overline{S} = \overline{S_1 S_2}$。

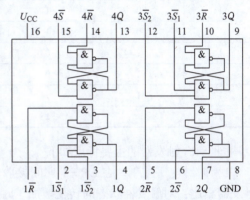

图 6-2　集成基本 RS 触发器 74LS279

6.1.2　同步 RS 触发器

1. 同步 RS 触发器的电路组成

同步 RS 触发器是在基本 RS 触发器的基础上增加了两个控制门 G_3、G_4 和一个输入控制信号 CP，输入信号 R、S 通过控制门进行传送，输入控制信号 CP 称为**时钟脉冲**。同步 RS 触发器逻辑电路如图 6-3a 所示，图 6-3b 为同步 RS 触发器曾用逻辑符号，图 6-3c 是国家规定的标准符号。

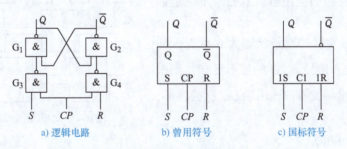

a) 逻辑电路　　　　b) 曾用符号　　　　c) 国标符号

图 6-3　同步 RS 触发器的逻辑电路和逻辑符号

2. 同步 RS 触发器的工作原理

从图 6-3a 所示电路可知，$CP = 0$ 时控制门 G_3、G_4 被封锁，基本 RS 触发器保持原来状态不变。只有当 $CP = 1$ 时，控制门被打开，电路才会接收输入信号，且当 $R = 0$、$S = 1$ 时，触发器置 1，也即 $Q^{n+1} = 1$；当 $R = 1$、$S = 0$ 时，触发器置 0，也即 $Q^{n+1} = 0$；当 $R = S = 0$ 时，触发器保持原来状态，也即 $Q^{n+1} = Q^n$；当 $R = S = 1$ 时，触发器的两个输出全为 1，是不允许的，属于不用情况。

由此可见，当 $CP = 1$ 时，同步 RS 触发器的工作情况与基本触发器没有什么区别，不同的只是由于增加了两个控制门，输入信号 R、S 为高电平有效，即 R、S 为高电平时表示有信号，为低电平时表示无信号，所以两个输入信号端 R 和 S 中，R 仍为置 0 端，S 仍为置 1 端。根据以上分析，可列出同步 RS 触发器的特性表，见表 6-3。

表 6-3　同步 RS 触发器的特性表

CP	R	S	Q^n	Q^{n+1}	功　能
0	×	×	×	Q^n	$Q^{n+1}=Q^n$ 保持
1	0	0	0	0	$Q^{n+1}=Q^n$ 保持
1	0	0	1	1	
1	0	1	0	1	$Q^{n+1}=1$　置 1
1	0	1	1	1	
1	1	0	0	0	$Q^{n+1}=0$　置 0
1	1	0	1	0	
1	1	1	0	不用	不允许
1	1	1	1	不用	

同步 RS 触发器的主要特点如下：

1) **时钟电平控制**。在 $CP=1$ 期间接收输入信号，$CP=0$ 时状态保持不变，与基本 RS 触发器相比，对触发器状态的转变增加了时间控制。这样可使多个触发器在同一个时钟脉冲控制下同步工作，给使用带来了方便。而且由于同步 RS 触发器只在 $CP=1$ 时工作，$CP=0$ 时被禁止，所以抗干扰能力也要比基本 RS 触发器强得多。但在 $CP=1$ 期间，输入信号仍然直接控制着触发器输出端的状态。

2) **R、S 之间有约束**。不能允许出现 R 和 S 同时为 1 的情况，否则会使触发器处于不确定的状态。

设同步 RS 触发器的原始状态为 0 状态，即 $Q=0$，$\overline{Q}=1$，输入信号 R、S 的波形已知，则根据特性表即可画出触发器的输出端 Q、$\overline{Q}$ 的波形，如图 6-4 所示。

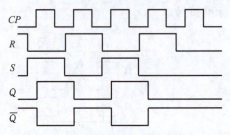

图 6-4　同步 RS 触发器波形图

6.1.3　同步 D 触发器

1. 同步 D 触发器的电路组成与工作原理

为了克服同步 RS 触发器输入 R、S 同时为 1 时所出现的状态不确定的缺点，可增加一个反相器，通过反相器把加在 S 端的 D 信号反相之后再送到 R 端，即接成图 6-5a 所示形式，这样便构成了只有单输入端的同步 D 触发器。同步 D 触发器又称为 D 锁存器，其逻辑符号如图 6-5b 所示。

同步 D 触发器的逻辑功能比较简单：$CP=0$ 时，触发器状态保持不变；$CP=1$ 时，如果 $D=0$ 则触发器置 0，如果 $D=1$ 则触发器置 1。其功能为

$$Q^{n+1}=D \qquad CP=1 \text{ 期间有效}$$

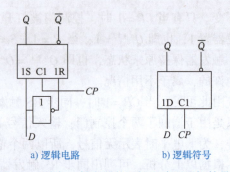

a) 逻辑电路　　　　b) 逻辑符号

图 6-5　同步 D 触发器的逻辑电路和逻辑符号

2. 集成 D 触发器

在数字电路中，凡在 CP 时钟脉冲控制下，根据输入信号 D 取值的不同，具有置 0 和置 1 功能的电路，都称为 D 触发器。

图 6-6a 所示是 TTL 集成同步 D 触发器 74LS375 的引脚排列图。74LS375 内部集成了四个同步 D 触发器单元，其中 $1G$ 端是单元 1、2 的共用时钟 $CP_{1,2}$ 的输入端，$2G$ 端是单元 3、4 的共用时钟 $CP_{3,4}$ 的输入端。

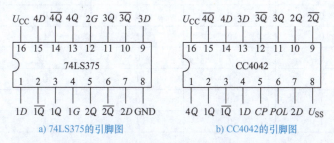

a) 74LS375的引脚图　　　b) CC4042的引脚图

图 6-6　集成 D 触发器 74LS375 和 CC4042 的引脚排列图

图 6-6b 所示是 CMOS 集成同步 D 触发器 CC4042 的引脚排列图。CC4042 内部也集成了四个同步 D 触发器单元，四个单元共用一个时钟 CP。与 74LS375 不同的是，CC4042 增加了一个极性控制信号 POL：当 $POL=1$ 时，有效的时钟条件是 $CP=1$，锁存的内容是 CP 下降沿时 D 的值；当 $POL=0$ 时，有效的时钟条件是 $CP=0$，锁存的内容是 CP 上升沿时 D 的值。

6.1.4　同步 JK 触发器

1. 同步 JK 触发器的电路组成

在同步 RS 触发器中，不允许输入端 R 和 S 同时为 1 的情况出现，给使用带来了不便。为了从根本上消除这种情况，可将触发器接成如图 6-7a 所示形式，即在同步 RS 触发器的基础上把 $\overline{Q}$ 引回到门 G_3 的输入端，把 Q 引回到门 G_4 的输入端，同时将输入端 S 改成 J，R 改成 K，就构成了同步 JK 触发器。它的逻辑符号如图 6-7b、c 所示。

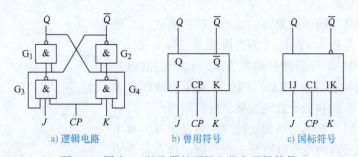

a) 逻辑电路　　　b) 曾用符号　　　c) 国标符号

图 6-7　同步 JK 触发器的逻辑电路和逻辑符号

2. 同步 JK 触发器的工作原理

同步 JK 触发器的逻辑功能如下：

当 $CP=0$ 时，无论输入 J 和 K 如何变化，触发器的状态将保持不变。当 $CP=1$ 时，如果 $J=0$、$K=0$，则触发器保持原来状态不变；如果 $J=0$、$K=1$，无论触发器的现态如何，其次态总是 0；如果 $J=1$、$K=0$，无论触发器的现态如何，其次态总是 1；如果 $J=1$、$K=1$，触发器必将翻转，即触发器的次态必将与现态相反。

综上所述，可列出同步 JK 触发器的特性表，见表 6-4。

表 6-4　同步 JK 触发器的特性表

CP	J	K	Q^n	Q^{n+1}	功　能
0	×	×	×	Q^n	$Q^{n+1}=Q^n$ 保持
1	0	0	0	0	$Q^{n+1}=Q^n$ 保持
1	0	0	1	1	
1	0	1	0	0	$Q^{n+1}=0$ 置 0
1	0	1	1	0	
1	1	0	0	1	$Q^{n+1}=0$ 置 1
1	1	0	1	1	
1	1	1	0	1	$Q^{n+1}=\overline{Q^n}$ 翻转
1	1	1	1	0	

在数字电路中，凡在 CP 时钟脉冲控制下，根据输入信号 J、K 情况的不同，具有置 0、置 1、保持和翻转功能的电路，都称为 JK 触发器。

6.1.5　空翻现象与边沿触发器

1. 空翻现象

同步触发器的触发方式是电平触发，$CP=1$ 期间翻转的称为正电平触发，$CP=0$ 期间翻转的称为负电平触发。同步触发器的缺点是存在空翻现象。

当 CP 触发脉冲作用期间，输入信号发生多次变化时，触发器输出状态也相应发生多次变化的现象称为空翻。空翻可能导致电路失控，应避免之。

2. 边沿触发器

为了避免空翻现象的发生，于是产生了主从触发器与边沿触发器，其中边沿触发器避免空翻现象的性能更好。

边沿触发器是在同步触发器的基础上改进而成的。所谓边沿触发，就是指由 CP 脉冲的边沿触发，分为 CP 脉冲上升沿、CP 脉冲下降沿两种触发方式。由于边沿触发器只能在 CP 脉冲边沿时刻翻转，因此可避免空翻现象发生，触发器的可靠性和抗干扰能力强，应用范围广。

由于篇幅限制，就边沿触发器的应用角度出发，本书不再介绍边沿触发器的逻辑电路与工作原理，读者可参考其他书籍。下面仅给出边沿触发器的逻辑符号，如图 6-8 所示。

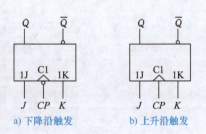

a) 下降沿触发　　b) 上升沿触发

图 6-8　边沿触发器的逻辑符号

6.1.6　由 JK 触发器构成 D、T、T′触发器

1. 由 JK 触发器构成 D 触发器

若在 JK 触发器的基础上增加一个非门电路，使 J、K 两个输入端不可能相同，根据同

步 JK 触发器的特性表可知，它将具有同步 D 触发器的逻辑功能。此电路如图 6-9 所示。

当 CP 脉冲下降沿到来时，$Q^{n+1} = D$；当 CP 脉冲下降沿没有到来时，电路状态为保持。

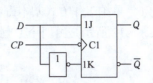

图 6-9　由 JK 触发器构成 D 触发器

2. 由 JK 触发器构成 T 触发器

若将 JK 触发器的 J、K 两个输入端连接在一起，就构成了 T 触发器，电路如图 6-10 所示。若 T = 0，当 CP 脉冲下降沿到来时，则电路状态仍为保持；若 T = 1，当 CP 脉冲下降沿到来时，电路输出为状态翻转。

3. 由 JK 触发器构成 T′ 触发器

若将 JK 触发器的 J、K 两个输入端连接在一起，而且固定为 1，则构成了 T′ 触发器，电路如图 6-11 所示。T′ 触发器只有一个 CP 脉冲输出，这使得当每一个 CP 脉冲下降沿到来时，电路输出均为状态翻转，即 $Q^{n+1} = \overline{Q^n}$。

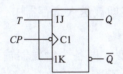

图 6-10　由 JK 触发器构成 T 触发器

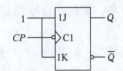

图 6-11　由 JK 触发器构成 T′ 触发器

复习思考题

6.1.1　试用两个或非门构成基本 RS 触发器，并列出特性表。

6.1.2　什么是同步触发器？

6.1.3　对于图 6-7 所示 JK 触发器，为什么 CP = 0 时，无论输入 J 和 K 如何变化，触发器状态均为保持？

6.1.4　怎样从 JK 触发器的逻辑符号上识别其属于电平触发、上升沿触发或下降沿触发？

6.2　触发器的应用

时序逻辑电路主要由触发器组成，其特点是：电路任何时刻的输出不仅取决于该时刻输入信号的组合，而且与电路原有的状态有关。

6.2.1　触发器在寄存器中的应用

在数字电路中，用来存放二进制数据或代码的电路称为寄存器。寄存器是一种基本时序电路，任何现代数字系统都必须把需要处理的数据和代码先寄存起来，以便随时取用。

寄存器是由具有存储功能的触发器组合起来构成的。一个触发器可以存储一位二进制代码，存放 n 位二进制代码的寄存器需要用 n 个触发器来构成。

按照功能的不同，可将寄存器分为基本寄存器和移位寄存器两大类；按照接收数据方式的不同，寄存器有单拍工作方式和双拍工作方式；按照所用开关器件的不同，寄存器又有 TTL 寄存器和 CMOS 寄存器等。

1. 基本寄存器

（1）单拍工作方式基本寄存器

图 6-12 所示是由四个 D 触发器构成的单拍工作方式四位基本寄存器。

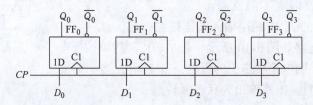

图 6-12　由 D 触发器构成的单拍工作方式四位基本寄存器

D 触发器的功能是

$$Q^{n+1} = D \qquad CP \text{ 触发沿到来时有效}$$

所以在图 6-12 所示电路中，无论寄存器中原来的内容是什么，只要送数控制时钟脉冲 CP 上升沿到来，加在并行数据输入端的数据 $D_0 \sim D_3$，就立即被送入寄存器中，即有

$$Q_3^{n+1} Q_2^{n+1} Q_1^{n+1} Q_0^{n+1} = D_3 D_2 D_1 D_0$$

此后，只要不出现 CP 上升沿，寄存器内容将保持不变，即各个触发器输出端 Q 的状态与 D 无关，都将保持不变。由于这种电路一步就完成了送数工作，故称为<u>单拍工作方式</u>。

（2）双拍工作方式基本寄存器

图 6-13 所示电路是一个由四个 D 触发器构成的双拍工作方式四位基本寄存器。

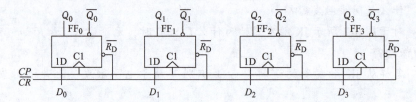

图 6-13　由 D 触发器构成的双拍工作方式四位基本寄存器

图 6-13 所示电路工作原理如下：

1）清零。$\overline{CR} = 0$，异步清零。无论寄存器中原来的内容是什么，只要 $\overline{CR} = 0$，就立即通过异步输入端将四个触发器复位到 0 状态。

2）送数。当 $\overline{CR} = 1$ 时，CP 上升沿送数。无论寄存器中原来存储的内容是什么，在 $\overline{CR} = 1$ 时，只要送数控制时钟脉冲 CP 上升沿到来，加在并行数据输入端的数据 $D_0 \sim D_3$ 就立即被送入寄存器中，即有

$$Q_3^{n+1} Q_2^{n+1} Q_1^{n+1} Q_0^{n+1} = D_3 D_2 D_1 D_0$$

在 $\overline{CR} = 1$、CP 上升沿以外时间，寄存器内容将保持不变。由于这种电路的整个工作过程分成清零、送数两步进行的，所以称为<u>双拍工作方式</u>。

2. 移位寄存器

移位寄存器除了具有存储数据的功能外，还可将所存储的数据逐位（由低位向高位或由高位向低位）移动。移位寄存器又分为单向移位寄存器和双向移位寄存器两大类。

(1) 单向移位寄存器

图 6-14 所示是用四个 D 触发器构成的四位右移移位寄存器。假设各个触发器的起始状态均为 0，由此可得

时钟方程：
$$CP_3 = CP_2 = CP_1 = CP_0 = CP$$

驱动方程：
$$D_0 = D_i \quad D_1 = Q_0^n \quad D_2 = Q_1^n \quad D_3 = Q_2^n$$

状态方程：
$$Q_0^{n+1} = D_i \quad Q_1^{n+1} = Q_0^n \quad Q_2^{n+1} = Q_1^n \quad Q_3^{n+1} = Q_2^n$$

图 6-15 具体地描述了右移移位过程。设串行输入数据为 1011，寄存器的初始状态为 0000，在移位脉冲 CP 上升沿作用下，数据 1011 依次被移入寄存器中，并由 $Q_3Q_2Q_1Q_0$ 并行输出。

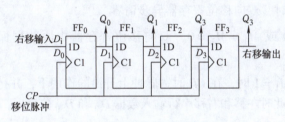

图 6-14 基本四位右移移位寄存器

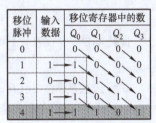

图 6-15 右移移位过程

综上所述，单向移位寄存器具有以下主要特点：

1) 单向移位寄存器中的数码在 CP 脉冲作用下可以依次右移或左移。

2) n 位单向移位寄存器可以寄存 n 位二进制代码。n 个 CP 脉冲即可完成串行输入工作，此后可从 $Q_0 \sim Q_{n-1}$ 端获得并行的 n 位二进制数码，再用 n 个 CP 脉冲又可实现串行输出操作。

3) 若串行输入端状态为 0，则 n 个 CP 脉冲后，寄存器被清零。

(2) 集成双向移位寄存器

把左移移位寄存器和右移移位寄存器组合起来，加上移位方向控制信号，便可方便地构成双向移位寄存器。

集成移位寄存器产品较多。图 6-16 所示是四位双向移位寄存器 74LS194 的引脚排列图和逻辑功能示意图。$\overline{CR}$ 是清零端；M_0、M_1 是工作状态控制端；D_{SR} 和 D_{SL} 分别为右移和左移串行数据输入端；$D_0 \sim D_3$ 是并行数据输入端；$Q_0 \sim Q_3$ 是并行数据输出端；CP 是移位时钟脉冲。表 6-5 所示是 74LS194 的功能表。

a) 引脚排列

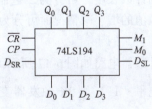

b) 逻辑功能示意图

图 6-16 74LS194 的引脚排列和逻辑功能示意图

表 6-5　74LS194 的功能表

$\overline{CR}$	M_1	M_0	D_{SR}	D_{SL}	CP	Q_0^{n+1}	Q_1^{n+1}	Q_2^{n+1}	Q_3^{n+1}	说明
0	×	×	×	×	×	0	0	0	0	异步清零
1	×	×	×	×	0	Q_0^n	Q_1^n	Q_2^n	Q_3^n	保持
1	1	1	×	×	↑	D_0	D_1	D_2	D_3	并行输入
1	0	1	1	×	↑	1	Q_0^n	Q_1^n	Q_2^n	右移输入 1
1	0	1	0	×	↑	0	Q_0^n	Q_1^n	Q_2^n	右移输入 0
1	1	0	×	1	↑	Q_1^n	Q_2^n	Q_3^n	1	左移输入 1
1	1	0	×	0	↑	Q_1^n	Q_2^n	Q_3^n	0	左移输入 0
1	0	0	×	×	×	Q_0^n	Q_1^n	Q_2^n	Q_3^n	保持

由表 6-5 可知，74LS194 具有下列功能：

1）异步清零功能。当清除端 $\overline{CR}=0$ 时，双向移位寄存器异步清零。

2）保持功能。当 $\overline{CR}=1$ 时，$CP=0$ 或 $M_0=M_1=0$，双向移位寄存器中原数据保持不变。

3）并行送数功能。当 $\overline{CR}=1$、$M_0=M_1=1$ 时，在 CP 时钟脉冲上升沿的作用下，并行数据 $D_0\sim D_3$ 被送到相应的输出端 $Q_0\sim Q_3$，此时左移和右移串行输入数据 D_{SL} 和 D_{SR} 被禁止。

4）右移串行送数功能。当 $\overline{CR}=1$、$M_0=1$、$M_1=0$ 时，在 CP 上升沿作用下进行右移操作，数据由 D_{SR} 送入。

5）左移串行送数功能。当 $\overline{CR}=1$、$M_0=0$、$M_1=1$ 时，在 CP 上升沿作用下进行左移操作，数据由从 D_{SL} 送入。

复习思考题

6.2.1.1　为什么寄存器中的触发器都是 D 触发器？

6.2.1.2　什么是单拍工作方式？什么是双拍工作方式？

6.2.1.3　芯片 74LS194 具有哪些功能？

6.2.2　触发器在计数器中的应用

在数字电路中，能够记忆输入脉冲个数的电路称为计数器。计数器是一种应用十分广泛的时序电路，除用于计数、分频外，还广泛用于数字测量、运算和控制，从小型数字仪表到大型数字电子计算机，几乎无所不在，已成为现代数字系统中不可缺少的组成部分。

根据计数器中各个触发器状态的更新是否同步，可分为同步计数器和异步计数器两大类。根据计数器的计数长度，可分为二进制计数器、十进制计数器和 N 进制计数器。根据计数时计数器中数值的增、减情况，可分为加法计数器、减法计数器和可逆计数器。

1. 异步二进制加法计数器

异步二进制计数器电路如图 6-17 所示。四个 JK 触发器（$FF_0\sim FF_3$）的 J、K 端分别连接在一起，加高电平"1"，则 JK 触发器变成了 T' 触发器。$\overline{R}_D$ 是清零脉冲，低电平有效。驱动方程为

$$CP_0 = CP \quad CP_1 = Q_0^n \quad CP_2 = Q_1^n \quad CP_3 = Q_2^n$$

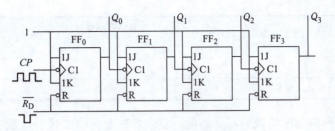

图 6-17　异步二进制计数器电路

根据 T′ 触发器的功能，当 CP 脉冲下降沿到来，触发器状态翻转。于是，Q_0 在每个 CP 脉冲下降沿到来时翻转，Q_1 在每个 Q_0 脉冲下降沿到来时翻转，Q_2 在每个 Q_1 脉冲下降沿到来时翻转，Q_3 在每个 Q_2 脉冲下降沿到来时翻转。其工作原理可以用图 6-18 所示的计数波形来表示。当输入第"15"个 CP 脉冲下降沿时，输出"1111"，当输入第"16"个脉冲下降沿时，输出返回初态"0000"，且 Q_3 端输出进位信号下降沿。因此，该电路构成四位二进制加法计数器。

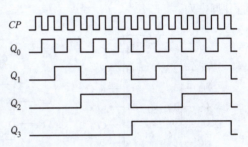

图 6-18　异步二进制计数器的计数波形

计数器也可以作为分频器来使用，在图 6-18 中，Q_0 的频率是 CP 脉冲频率的 1/2，Q_1 的频率是 CP 脉冲频率的 1/4，Q_2 的频率是 CP 脉冲频率的 1/8，Q_3 的频率是 CP 脉冲频率的 1/16，各触发器输出波形的频率为

$$f_{Q0} = \frac{1}{2}f_{CP} \quad f_{Q1} = \frac{1}{4}f_{CP} \quad f_{Q2} = \frac{1}{8}f_{CP} \quad f_{Q3} = \frac{1}{16}f_{CP}$$

2. 异步十进制计数器 74LS290 芯片

在四位二进制计数器基础上引入反馈，强迫电路在计至状态 1001 后就能返回初始状态 0000，这就成为十进制计数器。十进制计数器仅利用了四位二进制加法计数器的前十个状态 0000~1001。十进制计数器态序表见表 6-6，逢十清零，重新计数。

表 6-6　十进制计数器态序表

计数顺序	计数器状态			
	Q_3	Q_2	Q_1	Q_0
0	0	0	0	0
1	0	0	0	1
2	0	0	1	0
3	0	0	1	1
4	0	1	0	0
5	0	1	0	1
6	0	1	1	0
7	0	1	1	1
8	1	0	0	0

(续)

计数顺序	计数器状态			
	Q_3	Q_2	Q_1	Q_0
9	1	0	0	1
10	0	0	0	0

74LS290 是一种典型的集成异步计数器，它内含一个一位二进制计数器的一个五进制计数器，可实现二-五-十进制计数。图 6-19 所示是 74LS290 引脚排列图，图 6-20 是 74LS290 的逻辑功能图及内含电路。74LS90 也是集成异步二-五-十进制计数器，与 74LS290 不同的是引脚排列。

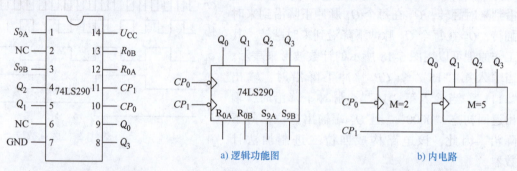

图 6-19 74LS290 引脚图　　　　图 6-20 74LS290 的逻辑功能示意图及内电路

74LS290 芯片的引脚功能说明如下：

1）异步置 0 功能：当 $R_0 = R_{0A} \cdot R_{0B} = 1$、$S_9 = S_{9A} \cdot S_{9B} = 0$ 时，计数器异步置 0。

2）异步置 9 功能：当 $R_0 = R_{0A} \cdot R_{0B} = 0$、$S_9 = S_{9A} \cdot S_{9B} = 1$ 时，计数器异步置 9。

3）计数功能：当 $R_0 = R_{0A} \cdot R_{0B} = 0$ 且 $S_9 = S_{9A} \cdot S_{9B} = 0$ 时，在时钟下降沿进行计数。根据连接的不同，有三种基本计数方式，分别说明如下。

（1）构成一位二进制计数器

若将 CP 加在 CP_0，而 CP_1 接高电平，即 $CP_1 = 1$（如图 6-21 所示），则计数器内电路中的 FF_0 工作，FF_1、FF_2 和 FF_3 不工作，电路构成一位二进制计数器。一位二进制计数也称为二分频，这是因为 Q_0 变化的频率是 CP 频率的 1/2。

（2）构成五进制计数器

如果只将 CP 加在 CP_1 端，CP_0 接 1（如图 6-22 所示），则计数器内电路中的 FF_0 不工作，FF_1、FF_2 和 FF_3 工作，且构成五进制异步计数器，也称为五分频电路。

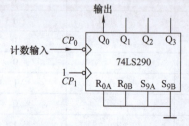

图 6-21 构成一位二进制计数器

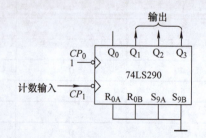

图 6-22 构成五进制计数器

(3) 构成 8421BCD 码十进制计数器

若将输入时钟脉冲 CP 加在 CP_0 端,即 $CP_0 = CP$,且把 Q_0 与 CP_1 连接起来,即 $CP_1 = Q_0$(如图 6-23 所示),则电路将对 CP 脉冲按照 8421BCD 码进行异步十进制加法计数。

(4) 构成 N 进制计数器

例如,采用 74LS290 构成六进制计数器,如图 6-24 所示。由于 Q_1 与 R_{0B} 连接,Q_2 与 R_{0A} 连接,则当输出为 0110 时,计数器清零,实现了逢六清零、重新计数功能。

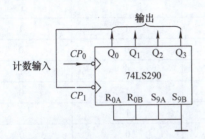

图 6-23　构成 BCD 码十进制计数器

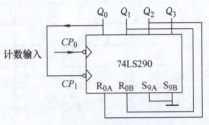

图 6-24　构成六进制计数器

例如,采用 74LS290 构成七进制计数器,如图 6-25 所示。由于 Q_1、Q_2 经过一个与门和 R_{0B} 连接,Q_0 与 R_{0A} 连接,则当输出为 0111 时,计数器清零,实现了逢七清零、重新计数功能。

3. 同步计数器

异步计数器中的各触发器在 CP 脉冲控制下不是同时翻转的,因而翻转速度慢。同步计数器中的各触发器在 CP 脉冲控制下同时翻转,因而翻转速度快。同步计数器有二进制同步计数器、十进制同步计数器等。

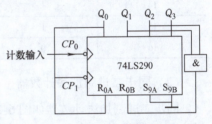

图 6-25　构成七进制计数器

(1) 同步计数器各触发器的翻转规律分析

由于同步计数中的各触发器在 CP 脉冲控制下同时翻转,但高位触发器与低位触发器的翻转规律是不一样的,这就需要分析一下。表 6-7 给出了四位二进制加法计数器 $Q_3Q_2Q_1Q_0$ 的翻转规律。

Q_0 翻转规律:来一个 CP 脉冲就翻转一次。

Q_1 翻转规律:当低位 Q_0 为 1 时,来一个 CP 脉冲就翻转一次,否则状态不变。

Q_2 翻转规律:当低位 Q_0 和 Q_1 均为 1 时,来一个 CP 脉冲就翻转一次;否则状态不变。

Q_3 翻转规律:当低位 Q_0、Q_1 和 Q_2 均为 1 时,来一个 CP 脉冲就翻转一次;否则状态不变。

表 6-7　二进制加法计数器 $Q_3Q_2Q_1Q_0$ 翻转规律

计数顺序	计数器状态			
	Q_3	Q_2	Q_1	Q_0
0	0	0	0	0
1	0	0	0	1
2	0	0	1	0

(续)

计数顺序	计数器状态			
	Q_3	Q_2	Q_1	Q_0
3	0	0	1	1
4	0	1	0	0
5	0	1	0	1
6	0	1	1	0
7	0	1	1	1
8	1	0	0	0
9	1	0	0	1
10	1	0	1	0
11	1	0	1	1
12	1	1	0	0
13	1	1	0	1
14	1	1	1	0
15	1	1	1	1
16	0	0	0	0

（2）同步二进制加法计数器

同步二进制加法计数器如图 6-26 所示。$\overline{R}_D$ 是清零脉冲，低电平有效。由于 CP 脉冲加到四个 JK 触发器（$FF_0 \sim FF_3$）的 CP 端，所以当 CP 脉冲下降沿来到，$FF_0 \sim FF_3$ 触发器将同时翻转。

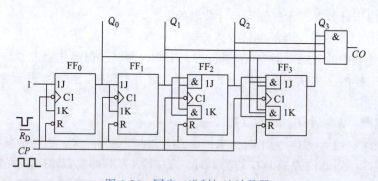

图 6-26　同步二进制加法计数器

图 6-26 所示同步加法计数器具有表 6-7 所示的 $Q_3Q_2Q_1Q_0$ 翻转规律，具体分析如下：

FF_0 的 J、K 端连接在一起，加高电平"1"，则 FF_0 成为 T'触发器，即来一个 CP 脉冲就翻转一次。

FF_1 的 J、K 端连接在一起，则 FF_1 成为 T 触发器。又因为 FF_1 的 JK 端与 Q_0 相连，根据 T 触发器功能，只有当低位 Q_0 为 1 时，来一个 CP 脉冲 FF_1 才翻转一次，当低位 Q_0 为 0 时，FF_1 状态不变。

FF_2 的 J 端和 K 端的输入相同，所以 FF_2 也成为 T 触发器。FF_2 的 J 端和 K 端增加一个二输入与门，二输入分别与 Q_0、Q_1 相连接。根据 T 触发器及与门的功能，只有当低位 Q_0、Q_1 均为 1 时，来一个 CP 脉冲 FF_1 才翻转一次，否则 FF_1 状态不变。

FF_3 的 J 端和 K 端的输入相同，所以 FF_2 也成为 T 触发器。FF_2 的 J 端和 K 端增加一个三输入与门，三输入分别与 Q_0、Q_1、Q_2 相连接。根据 T 触发器及与门的功能，只有当低位 Q_0、Q_1、Q_2 均为 1 时，来一个 CP 脉冲 FF_1 才翻转一次，否则 FF_1 状态不变。

（3）同步加法计数器 CD4518 芯片

CD4518 芯片如图 6-27 所示。CD4518 在一个封装中含有两个同步加二/十进制计数器（8421 编码），其功能引脚分别为 1~7 和 9~15。CD4518 计数器是单路系列脉冲输入（1 脚或 2 脚；9 脚或 10 脚），四路 BCD 码信号输出（3 脚~6 脚；11 脚~14 脚）。

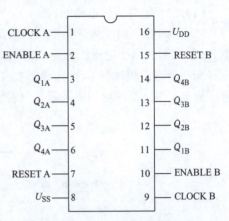

图 6-27 CD4518 芯片引脚图

每个单元有两个时钟输入端 CLOCK（上升沿触发）和 ENABLE（下降沿触发），由图 6-28 所示的 CD4518 时序图可知，若采用 ENABLE 信号下降沿触发，则 CLOCK 端置"0"；若采用 CLOCK 信号上升沿触发，则 ENABLE 端置"1"。

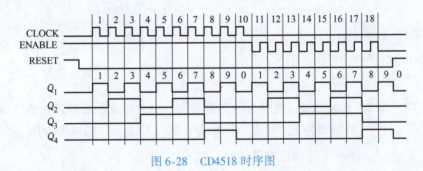

图 6-28 CD4518 时序图

RESET 端是清零端，高电平有效。RESET 端置"1"时，计数器各端输出端 Q_1~Q_4 均为"0"，只有 RESET 端置"0"时，CD4518 才开始计数。

从初始状态（"0"态）开始计数，每输入十个时钟脉冲，计数单元便自动恢复到"0"态。若将第一个加法计数器的输出端 Q_{4A} 作为第二个加法计数器的输入端 ENABLE B 的时钟脉冲信号，便可组成两位 8421 编码计数器，依次下去可以进行多位串行计数。

复习思考题

6.2.2.1 二进制计数器与十进制计数器有何区别？

6.2.2.2 能否采用 74LS290 芯片构成八进制、九进制计数器？

6.2.2.3 异步计数器与同步计数器有何区别？

6.2.3 触发器在 555 定时器中的应用

555 定时器是一种将模拟功能与数字逻辑功能巧妙结合在一起的中规模集成电路，电路功能灵活，应用范围广，只要外接少量元器件，就可以构成多谐振荡器、单稳态触发器或施密特触发器等电路,因而在定时、检测、控制和报警等方面都有广泛的应用。

1. 555 定时器电路的结构及逻辑功能

(1) 555 定时器的电路结构

555 定时器电路的内部结构和引脚排列如图 6-29 所示。555 定时器电路内部含有一个基本 RS 触发器、两个电压比较器 C_1 和 C_2、一个放电晶体管 VT、由三个 $5k\Omega$ 的电阻组成的分压器和一个输出缓冲器 G_3。比较器 C_1 的参考电压为 $2U_{CC}/3$,加在同相输入端,C_2 的参考电压为 $U_{CC}/3$,加在反相输入端,两者均由分压器上取得。

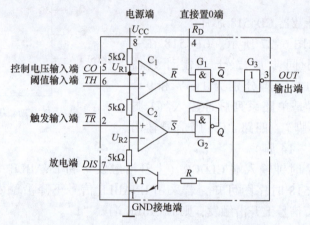

图 6-29 555 定时器电路结构和引脚排列图

(2) 555 定时器的逻辑功能

555 定时器的逻辑功能以各引脚的用途来说明。

1 脚 (GND):接地脚。

2 脚 ($\overline{TR}$):低电平触发端,也称为触发输入端,由此输入触发脉冲。当 2 脚的输入电压高于 $U_{CC}/3$ 时,C_2 的输出为 1;当输入电压低于 $U_{CC}/3$ 时,C_2 的输出为 0,使基本 RS 触发器置 1,即 $Q=1$、$\overline{Q}=0$。这时定时器输出 $OUT=1$。

3 脚 (OUT):输出端,输出电流可达 200mA,因此可直接驱动继电器、发光二极管、扬声器和指示灯等。输出高电压低于电源电压 U_{CC},为 1~3V。

4 脚 ($\overline{R}_D$):置 0 端,当 $\overline{R}_D=0$ 时,基本 RS 触发器直接置 0,使 $Q=0$、$\overline{Q}=1$。

5 脚 (CO):控制电压输入端,如果在 CO 端另加控制电压,则可改变 C_1、C_2 的参考电压。工作中不使用 CO 端时,一般都通过一个 $0.01\mu F$ 的电容接地,以消除高频干扰。

6 脚 (TH):高电平触发端,又称为阈值输入端,由此输入触发脉冲。当输入电压低于 $2U_{CC}/3$ 时,C_1 的输出为 1;当输入电压高于 $2U_{CC}/3$ 时,C_1 的输出为 0,使基本 RS 触发器置 0,即 $Q=0$、$\overline{Q}=1$。这时定时器输出 $OUT=0$。

7 脚 (DIS):放电端。当基本 RS 触发器的 $\overline{Q}=1$ 时,放电晶体管 VT 导通,外接电容元件通过 VT 放电。555 定时器在使用中大多与电容器的充放电有关,为了使充放电能够反复进行,电路特别设计了一个放电端 DIS。

8 脚 (U_{CC}):电源端,若为 TTL 工艺,可在 4.5~16V 范围内使用;若为 CMOS 工艺,可在 3～18V 范围内使用。

555 定时器的功能见表 6-8。

表 6-8 555 定时器功能表

输入			输出	
TH	$\overline{TR}$	$\overline{R_D}$	OUT = Q	VT 状态
×	×	0	0	导通
$>\frac{2}{3}U_{CC}$	$>\frac{1}{3}U_{CC}$	1	0	导通
$<\frac{2}{3}U_{CC}$	$<\frac{1}{3}U_{CC}$	1	1	截止
$<\frac{2}{3}U_{CC}$	$>\frac{1}{3}U_{CC}$	1	不变	不变

2. 由 555 定时器构成多谐振荡器

多谐振荡器是一种自激振荡电路，也称为无稳态触发器。它没有稳定状态，也不需要外加触发脉冲。当电路接好之后，只要接通电源，在其输出端便可获得矩形脉冲。由于矩形脉冲中除基波外还含有极丰富的高次谐波，故称之为多谐振荡器。

图 6-30 是由 555 定时器电路构成的多谐振荡器及其工作波形。R_1、R_2 和 C 是外接定时元件。

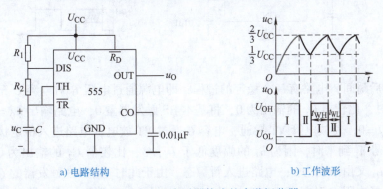

a) 电路结构　　　　　　　　　b) 工作波形

图 6-30 由 555 定时器构成的多谐振荡器

接通电源 U_{CC} 后，电源 U_{CC} 经电阻 R_1 和 R_2 对电容 C 充电，当 u_C 上升到 $2U_{CC}/3$ 时，比较器 C_1 的输出为 0，将基本 RS 触发器置 0，定时器输出 $u_O=0$。这时基本 RS 触发器的 $\overline{Q}=1$，使放电管 VT 导通，电容 C 通过电阻 R_2 和 VT 放电，u_C 下降。当 u_C 下降到 $U_{CC}/3$ 对，比较器 C_2 的输出为 0，将基本 RS 触发器置 1，u_O 又由 0 变为 1。由于此时基本 RS 触发器的 $\overline{Q}=0$，放电管 VT 截止，U_{CC} 又经电阻 R_1 和 R_2 对电容 C 充电。如此重复上述过程，于是在输出端 u_O 产出了连续的矩形脉冲。

第一个暂稳态的脉冲宽度为 t_{WH}，即 u_C 从 $U_{CC}/3$ 充电上升到 $2U_{CC}/3$ 所需的时间：

$$t_{WH}=0.7(R_1+R_2)C$$

第二个暂稳态的脉冲宽度为 t_{WL}，即 u_C 从 $2U_{CC}/3$ 放电下降到 $U_{CC}/3$ 所需的时间：

$$t_{WL}=0.7R_2C$$

振荡周期为

$$T=t_{WH}+t_{WL}=0.7(R_1+2R_2)C \tag{6-1}$$

3. 由 555 定时器构成单稳态触发器

单稳态触发器在数字电路中一般用于定时（产生一定宽度的矩形波）、整形（把不规则的波形转换成宽度、幅度都相等的波形）以及延时（把输入信号延迟一定时间后输出）等。

单稳态触发器具有下列特点：

1）电路有一个稳态和一个暂稳态。

2）在外来触发脉冲作用下，电路由稳态翻转到暂稳态。

3）暂稳态是一个不能长久保持的状态，经过一段时间后，电路会自动返回到稳态。暂稳态的持续时间与触发脉冲无关，仅取决于电路本身的参数。

图 6-31 所示是用 555 定时器构成的单稳态触发器电路及其工作波形。R、C 是外接定时元件，u_i 是输入触发信号，下降沿有效。

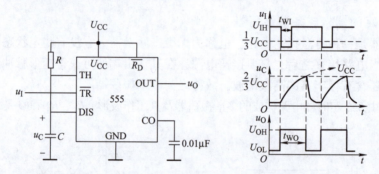

图 6-31 用 555 定时器构成的单稳态触发器

接通电源后瞬间，电路有一个稳定的过程，即电源通过电阻 R 对电容 C 充电，当 u_C 上升到 $2U_{CC}/3$ 时，比较器 C_1 的输出为 0，将基本 RS 触发器置 0，电路输出 $u_O = 0$。这时基本 RS 触发器的 $Q = 0$，使放电管 VT 导通，电容 C 通过 VT 放电，电路进入稳定状态。

当触发信号 u_I 到来时，因为 u_I 的幅度低于 $U_{CC}/3$，比较器 C_2 的输出为 0，将基本 RS 触发器置 1，u_O 又由 0 变为 1，电路进入暂稳态。由于此时基本 RS 触发器的 $Q = 1$，放电管 VT 截止，U_{CC} 经电阻 R 对电容 C 充电。虽然此时触发脉冲已消失，比较器 C_2 的输出变为 1，但充电继续进行，直到 u_C 上升到 $2U_{CC}/3$。时，比较器 C_1 的输出为 0，将基本 RS 触发器置 0，电路输出 $u_O = 0$，VT 导通，电容 C 放电，电路恢复到稳定状态。

忽略放电管 VT 的饱和压降，则 u_C 从 0 充电上升到 $2U_{CC}/3$ 所需的时间，即为 u_O 的输出脉冲宽度 t_{WO}。

$$t_{WO} = 1.1RC \tag{6-2}$$

4. 由 555 定时器构成施密特触发器

（1）什么是施密特触发器

施密特触发器的电压传输特性如图 6-32 所示。从传输特性可以明显地看出，施密特触发器具有滞回特性，当输入电压 u_I 增大时，u_I 超过 U_{T+} 时输出 u_O 才从高电平跳变为低电平；当输入电压 u_I 降低时，u_I 低于 U_{T-} 时输出 u_O 才从低电平跳变为高电平。U_{T+} 称为上限电平，U_{T-} 称为下限电平，上下限电平之差称为回差电压。

施密特触发器有一个最重要的特点，就是能够把变化非常缓慢的输入脉冲波形整形成为适合于数字电路需要的矩形脉冲，而且由于具有滞回特性，所以抗干扰能力也很强。施密特触发器在脉冲的产生和整形电路中应用很广。

(2) 由 555 定时器构成的施密特触发器电路

施密特触发器可以由分立器件、门电路和 555 定时器构成，施密特触发器的专用集成电路也很多，如 TC4584、74LS14 等。

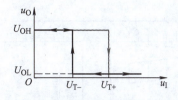

图 6-32 施密特触发器的电压传输特性

将 555 定时器的 TH 端和 $\overline{TR}$ 端连接起来作为信号 u_I 的输入端，便构成了施密特触发器，如图 6-33a 所示。555 定时器中的放电晶体管 VT 的集电极引出端 7 脚通过 R 接电源 U_{CC1}，成为输出端 u_{O2}，其高电平可通过改变 U_{CC1} 进行调整。3 脚是 555 定时器的信号输出端 u_O。

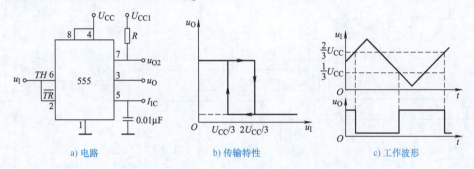

a) 电路　　　　　b) 传输特性　　　　　c) 工作波形

图 6-33 用 555 定时器构成的施密特触发器

施密特触发器的工作原理分析如下：

1) 当 $u_I = 0$ 时，由于比较器 C_1 输出为 1、C_2 输出为 0，基本 RS 触发器置 1，即 $Q = 1$，$u_{O2} = 1$、$u_O = 1$。u_I 升高时，在未到达 $2U_{CC}/3$ 以前，$u_{O2} = 1$、$u_O = 1$ 的状态不会改变。

2) u_I 升高到 $2U_{CC}/3$ 时，比较器 C_1 输出跳变为 0、C_2 输出为 1，基本 RS 触发器置 0，即跳变到 $Q = 0$，u_{O2}、u_O 也随之跳变到 0。此后，u_I 上升到 U_{CC}，然后再降低，但在未到达 $U_{CC}/3$ 以前，$u_{O2} = 0$、$u_O = 0$ 的状态不会改变。

3) u_I 下降到 $U_{CC}/3$ 时，比较器 C_1 输出为 1、C_2 输出跳变为 0，基本 RS 触发器置 1，即跳变到 $Q = 1$，u_{O2}、u_O 也随之跳变到 1。此后，u_I 继续下降到 0，但 $u_{O2} = 1$、$u_O = 1$ 的状态不会改变。

综上分析可知，由 555 构成的施密特触发器，其上限电平 U_{T+} 为 $2U_{CC}/3$，下限电平 U_{T-} 为 $U_{CC}/3$，传输特性如图 6-33b 所示。工作波形如图 6-33c 所示，输入是三角波，输出变成矩形。

复习思考题

6.2.3.1　555 定时器芯片 2 脚为什么称为低电平触发输入端？

6.2.3.2　555 定时器芯片 6 脚为什么称为高电平触发输入端？

6.2.3.3　什么是双稳态、单稳态和无稳态电路？

6.2.4　计数器在电子钟中的应用

电子钟电路如图 6-34 所示，主要元器件包括：六个共阴极七段数码管；六块 74LS48 数码管驱动芯片；七块 74LS90 异步计数器芯片，其功能与 74LS290 芯片相同，仅引脚排列不同；一块 CD4060 芯片，功能是实现时钟振荡与分频；两块 74LS00（四与非门）芯片等构成。

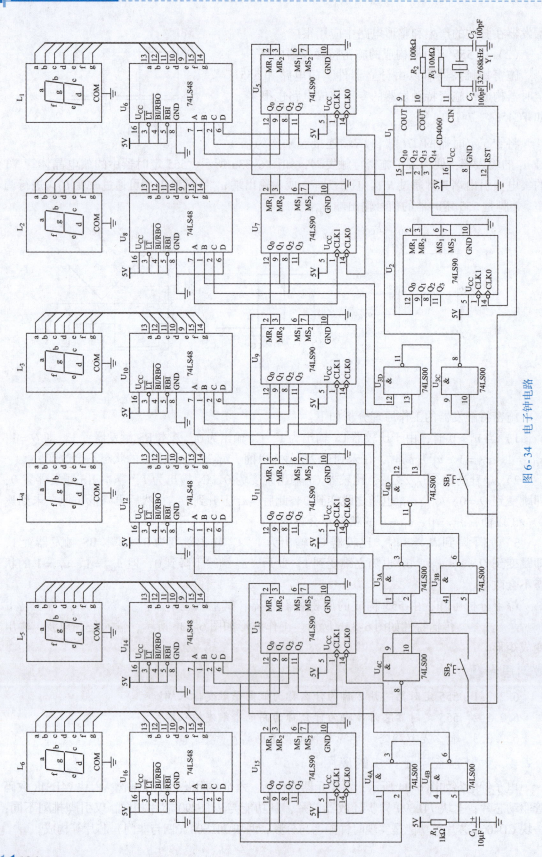

图 6-34 电子钟电路

1. 数码管显示电路

由数码显示管 L_1、L_2 显示 0~60s 数据，由数码显示管 L_3、L_4 显示 0~60min 数据，由数码显示管 L_5、L_6 显示 0~24h 数据。

图 6-35 所示为秒数据显示电路。74LS48 为共阴极数码管驱动芯片，ABCD 为四位二进制秒数据输入，其中 D 为高位。abcdefg 为字形码输出控制，高电平才能点亮共阴极数码管。

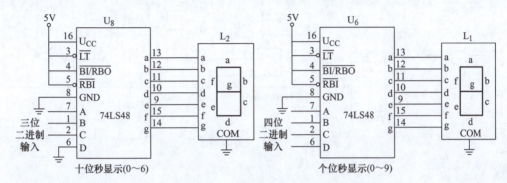

图 6-35　秒数据显示电路

2. 秒脉冲产生电路

秒脉冲产生电路如图 6-36 所示，它主要由 CD4060 和 74LS90 芯片组成。74LS90 连接成一位二进制计数形式，功能是二分频。CD4060 内部由一个时钟振荡器及 14 位二进制串行计数器组成。频率为 32.768kHz 时钟脉冲，经 CD4060 内部 14 级分频，由 CD4060 的 Q_{14} 引脚输出 2Hz 脉冲，再经 74LS90 二分频获得 1Hz 秒脉冲，由 Q_0 引脚输出，送往秒脉冲计数器。

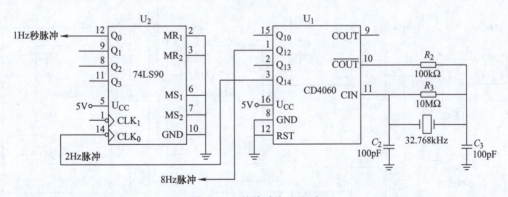

图 6-36　秒脉冲产生电路

3. 秒脉冲计数器电路

秒脉冲计数器电路如图 6-37 所示，它主要由两块 74LS90 芯片 U_5、U_7 组成。两块 74LS90 芯片的 Q_0 引脚均与 CLK_1 引脚相连接，使得两块芯片均单独成为十进制计数器。U_5 芯片的 Q_3 引脚与 U_7 芯片的 CLK_0 引脚相连接，从而实现个位向十位的进位。

U_7 芯片的 Q_1、Q_2 引脚与 U_{3D} 与非门的输入端相连接，从而级联构成六十进制计数器。因为当计数到 60s 时，U_7 芯片的 $Q_2Q_1Q_0$ 为 110，则 U_{3D} 的两个输入均为 1，U_{3D} 输出为 0，这一方面使与非门 U_{3C} 输出 1，因为 U_{3C} 输出与 U_5、U_7 的 MR_1、MR_2 引脚相连接，从而将 U_5、U_7 芯片清零后重新计数；另一方面，U_{3D} 输出为 0，使 U_{4D} 输出为 1，即产生分脉冲

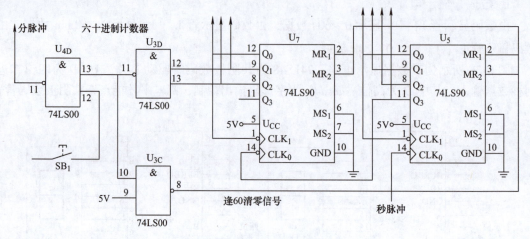

图 6-37 秒脉冲计数器电路

输出。

综上所述,秒脉冲计数是一种六十进制计数器,当计数到 60 时,对自身清零后重新计数,并产生一个分脉冲输出。

4. 分脉冲计数器电路

分脉冲计数器电路如图 6-38 所示,它由两块 74LS90 芯片 U_9、U_{11} 组成。两块 74LS90 芯片的 Q_0 引脚均与 CLK_1 引脚相连接,使得两块芯片单独均成为十进制计数器。U_9 芯片的 Q_3 引脚与 U_{11} 芯片的 CLK_0 引脚相连接,从而实现个位向十位的进位。

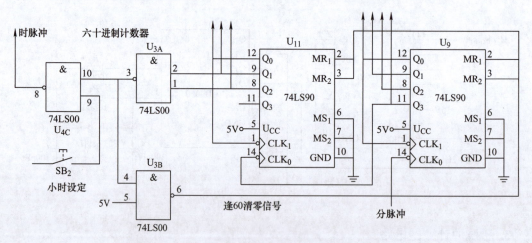

图 6-38 分脉冲计数器电路

U_{11} 芯片的 Q_1、Q_2 引脚与 U_{3A} 与非门的输入端相连接,从而级联构成六十进制计数器。因为当计数到 60min 时,U_{11} 芯片的 $Q_2Q_1Q_0$ 为 110,则与非门 U_{3A} 的两个输入均为 1,U_{3A} 输出为 0,这一方面使与非门 U_{3B} 输出 1,因为 U_{3B} 输出与 U_9、U_{11} 的 MR_1、MR_2 引脚相连接,从而将 U_9、U_{11} 芯片清零后重新计数。另一方面,U_{3A} 输出为 0,使 U_{4C} 输出为 1,即产生时脉冲输出。

综上所述,分脉冲计数是一种六十进制计数器,当计数到 60 时,对自身清零后重新计数,并产生一个时脉冲输出。

5. 时脉冲计数器电路

时脉冲计数器电路如图 6-39 所示,它由两块 74LS90 芯片 U_{13}、U_{15} 组成。两块 74LS90 芯片的 Q_0 引脚均与 CLK_1 引脚相连接,使得两块单独芯片均成为十进制计数器。U_{13} 芯片的 Q_3 引脚与 U_{15} 芯片的 CLK_0 引脚相连接,从而实现个位向十位的进位。

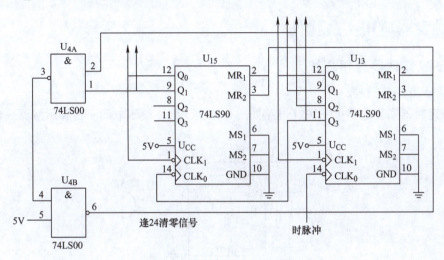

图 6-39　时脉冲计数器电路

U_{4A} 与非门的两个输入端分别与 U_{13} 芯片的 Q_2 引脚、U_{15} 芯片的 Q_1 引脚相连接,从而使 U_{13}、U_{15} 级联成二十四进制计数器。因为当计数到 24,U_{13} 芯片的 Q_2 为 1,U_{15} 芯片的 Q_1 为 1,则与非门 U_{4A} 的两个输入均为 1,U_{4A} 输出为 0,这使得 U_{4B} 输出为 1,因为 U_{4B} 输出与 U_{13}、U_{15} 的 MR_1、MR_2 引脚相连接,从而将 U_{13}、U_{15} 芯片清零后重新计数。

综上所述,时脉冲计数是一种二十四进制计数器,当计数到 24,对自身清零后重新计数。

6. 时、分设置按钮电路

时、分设置按钮电路如图 6-40 所示。当 SB_1 按钮按下时,来自 CD4060 的 Q_{12} 引脚的 8Hz 脉冲经过 U_{4D} 倒相,送往分计数器,使分计数器快速计数,实现分设置功能。同理,当 SB_2 按钮按下时,来自 CD4060 的 Q_{12} 引脚的 8Hz 脉冲经过 U_{4C} 倒相,送往时计数器,使时计数器快速计数,实现分设置功能。

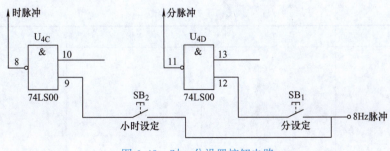

图 6-40　时、分设置按钮电路

复习思考题

6.2.4.1 在电子钟电路中,秒脉冲是如何产生的?

6.2.4.2 电子钟的精度由什么决定?

6.2.4.3 若电子钟采用十二小时制,即下午时间也采用1~12小时来表示,则如何修改电子钟电路?

6.3 触发器应用实践操作

6.3.1 555定时器应用测试

1. 实验电路与器材

集成定时器实验电路板一块(电路如图6-41所示)、稳压电源一台和示波器一台。

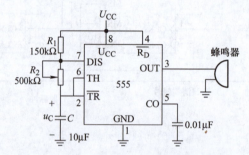

图6-41 由555定时器组成的多谐振荡器

2. 实验内容与步骤

1) 在实验电路板输出端接上蜂鸣器,给实验板电路加5V电压,听蜂鸣器的声响。

2) 静态测试:用万用表测试555定时器芯片各引脚直流电压,将数据填入表6-9中。

表6-9 静态测试

引脚号	1	2	3	4	5	6	7	8
电压/V								

3) 动态测试:用示波器观察555定时器芯片2、3和7脚波形,要求测出波形幅度(峰峰值)与频率。将波形画于表6-10中。

表6-10 动态测试

观察点	2脚	3脚	7脚
波 形			

注:将测试频率与计算频率进行比较。

4)完成实验报告。报告内容包括电路组成、原理分析、测试结果和实训体会等。

6.3.2 30/60s 计数器的制作

1. 电路原理图

30/60s 计数器电路如图 6-42 所示,采用 CD4518 芯片计数,SB 为计数器清零按钮,计数脉冲由 NE555 发出,开关 S_1 用于 30s 与 60s 计数转换。电源为 DC 5~9V。

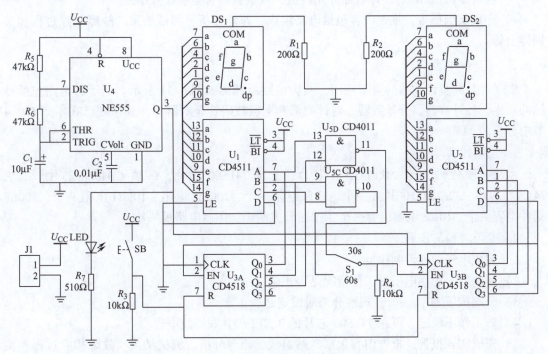

图 6-42 30/60s 计数器电路

U_{3B} 是个位计数器,秒脉冲由多谐振荡器 NE555 发出,秒脉冲加到 U_{3B} 的 CLK 端,由秒脉冲的上升沿触发 U_{3B} 计数,此时 U_{3B} 的 EN 端必须置"1"才能计数。根据多谐振荡器的周期计算公式 [式(6-1)],可得振荡周期 T 为

$$T = 0.7 \times 3 \times 47k\Omega \times 10\mu F = 987ms \approx 1s$$

U_{3A} 是十位计数器,由于 U_{3A} 的 CLK 端接地,因而 U_{3A} 的 EN 端是计数脉冲输入端,属于脉冲下降沿计数。U_{3A} 的 EN 端与 U_{3B} 的 Q_3 端连接,每当 U_{3B} 计满十个时钟脉冲的上升沿后,U_{3B} 的 Q_3 端自动产生一个下降沿,作为 U_{3A} 的 EN 端输入。

S_1 是 30/60s 选择开关。当 S_1 拨在 30s 位置时,则当 U_{3A} 的 $Q_1 = Q_0 = 1$,U_{5D} 输出低电平,使 U_{3B} 的 EN 端为低电平,U_{3B} 将结束计数,数码管显示停在"30"。当 S_1 拨在 60s 位置时,则当 U_{3A} 的 $Q_2 = Q_1 = 1$,U_{5C} 输出低电平,使 U_{3B} 的 EN 端为低电平,U_{3B} 将结束计数,数码管显示停在"60"。

CD4511 为集成七段译码器,用于驱动共阴极的 LED 显示器。CD4511 的 3 脚为测试输入端,应接高电平;4 脚为消隐输入端,应接高电平;5 脚为锁定输入端,应接地。

2. 元器件清单

电路板一块、CD4511 芯片两块、CD4518 芯片一块、NE555 芯片一块、CD4011 芯片一块、共阴极数码管两个、发光二极管一个、轻触按钮（SB）一个、开关（S_1）一个、电阻/电容若干个。

3. 实训内容与步骤

1）完成 30/60s 计数器硬件制作。

2）拨动 S_1，选择 30s 或 60s 计数。

3）按清零按钮 SB 后，计数器开始计数，观察数码管显示计数结果。

4）完成实训报告。报告内容包括电路组成、原理分析、测试结果、故障排除过程和实训体会等。

6.3.3 电子钟的制作

电子钟是异步计数器的典型应用，实训电路原理图如图 6-34 所示。电子钟电路包括秒脉冲产生、秒计数器、分计数器、时计数器和七段数码管显示器等。其原理已在本章 6.2.4 节中分析。

1. 元器件清单

六块七段数码管、六块 74LS48 芯片、七块 74LS90 芯片、一块 CD4060 芯片、二块 74LS00 芯片、32.768kHz 晶振一个、1kΩ 电阻一个、100kΩ 电阻、10MΩ 电阻一个、100pF 瓷片电容两个、10μF 电解电容一个、按钮开关两个、印制电路板一块。

2. 实训内容与步骤

1）完成电子钟硬件制作。

2）通电后，观察电子钟工作情况是否正确。

3）分别按下 SB_1、SB_2，观察分、时设定是否正常。

4）若工作不稳定，可在 74LS00 芯片的 9、12 脚并联滤波电容。

5）完成实训报告。报告内容包括电路组成、原理分析、测试结果、故障排除过程和实训体会等。

习 题

1. 与基本 RS 触发器相比，同步 RS 触发器的特点是什么？设 CP、R 和 S 的波形如图 6-43 所示，试画出同步 RS 触发器 Q 的波形。

2. 触发器及 CP、D 的波形如图 6-44 所示，试对应画出 Q 的波形（注：CP 脉冲上升沿触发）。

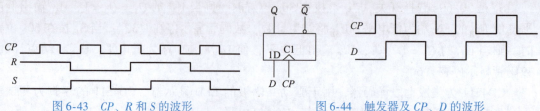

图 6-43　CP、R 和 S 的波形　　　　　图 6-44　触发器及 CP、D 的波形

3. 触发器及 CP、J 和 K 的波形如图 6-45 所示，试对应画出 Q 的波形（注：CP 脉冲下降沿触发）。

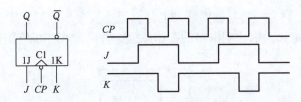

图 6-45 触发器及 CP、J 和 K 的波形

4. 在图 6-46 所示电路中，试画出在图中所示 CP 和 D 的作用下 Q_0、Q_1 的波形。设电路的起始状态为 $Q_1Q_0 = 00$。

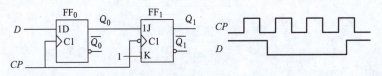

图 6-46 电路图及 CP、D 的波形

5. 分析图 6-47 所示电路，指出是几进制计数器。

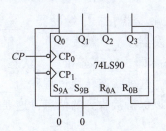

图 6-47 电路图

6. 分析图 6-48 所示电路，并指出是几进制计数器。

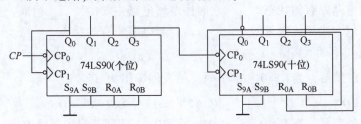

图 6-48 电路图

7. 图 6-49 所示电路是一个防盗报警装置，a、b 两端用一细铜丝接通，将此铜丝置于盗窃者必经之处。当盗窃者闯入室内将铜丝碰掉后，扬声器即发出报警声。试说明电路的工作原理。

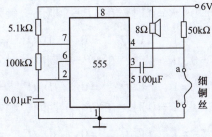

图 6-49 防盗报警装置电路图

8. 图 6-50 所示电路是一简易触摸开关电路,当手摸金属片时,发光二极管亮,经过一定时间,发光二极管熄灭。试说明电路的工作原理,并问发光二极管能亮多长时间?

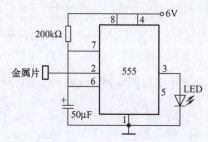

图 6-50　简易触摸开关电路

自测题

一、填空题

1. 触发器按结构可分为＿＿触发器、＿＿触发器、＿＿触发器和＿＿触发器。按逻辑功能可分为＿＿触发器、＿＿触发器、＿＿触发器、＿＿触发器和＿＿´触发器。

2. 触发器具有两个稳定状态,即＿＿状态和＿＿状态。在输入信号作用下,触发器可以从一个稳态转换到另一个稳态,这种状态转换过程称为＿＿＿,这表示触发器能够接收信息。输入信号撤除后,触发器可以保持接收到的信息,这表示触发器具有＿＿功能。

3. 边沿触发器分为 CP 脉冲＿＿＿、CP 脉冲＿＿＿两种触发方式。由于边沿触发器只能在 CP 脉冲边沿时刻翻转,因此可避免＿＿现象发生。

4. 组合逻辑电路主要由＿＿＿组成,特点是:电路任何时刻的输出仅取决于该时刻的＿＿＿,而与电路原有的状态＿＿＿。时序逻辑电路主要由＿＿＿组成,特点是:电路任何时刻的输出不仅取决于该时刻的＿＿＿,而且与电路原有的状态＿＿＿。

二、选择题（单选或多选）

1. 基本 RS 触发器,当 $\bar{R}=0$、$\bar{S}=1$ 时,触发器输出为（　　）。

　　A. $Q^{n+1}=Q^n$　　B. $Q^{n+1}=1$　　C. $Q^{n+1}=0$　　D. $Q^{n+1}=\bar{Q}^n$

2. 同步 RS 触发器,当 $R=0$、$S=1$ 时,在 $CP=1$ 期间,触发器输出为（　　）。

　　A. $Q^{n+1}=Q^n$　　B. $Q^{n+1}=1$　　C. $Q^{n+1}=0$　　D. $Q^{n+1}=\bar{Q}^n$

3. 同步 JK 触发器,当 $J=1$、$K=1$ 时,在 $CP=1$ 期间,触发器输出为（　　）。

　　A. $Q^{n+1}=Q^n$　　B. $Q^{n+1}=1$　　C. $Q^{n+1}=0$　　D. $Q^{n+1}=\bar{Q}^n$

4. 同步 JK 触发器,当 $J=0$、$K=0$ 时,在 $CP=1$ 期间,触发器输出为（　　）。

　　A. $Q^{n+1}=Q^n$　　B. $Q^{n+1}=1$　　C. $Q^{n+1}=0$　　D. $Q^{n+1}=\bar{Q}^n$

5. 同步 JK 触发器,当 $J=0$、$K=1$ 时,在 $CP=1$ 期间,触发器输出为（　　）。

　　A. $Q^{n+1}=Q^n$　　B. $Q^{n+1}=1$　　C. $Q^{n+1}=0$　　D. $Q^{n+1}=\bar{Q}^n$

6. 同步 JK 触发器,当 $J=1$、$K=0$ 时,在 $CP=1$ 期间,触发器输出为（　　）。

　　A. $Q^{n+1}=Q^n$　　B. $Q^{n+1}=1$　　C. $Q^{n+1}=0$　　D. $Q^{n+1}=\bar{Q}^n$

7. 555 定时器属于（　　）芯片。
   A. 模拟　　　　B. 数字　　　　C. 模拟数字混合
8. 住宅楼梯灯点亮定时电路通常由（　　）触发器构成。
   A. 无稳态　　　B. 单稳态　　　C. 双稳态
9. 74LS290 芯片是（　　）计数器。
   A. 同步加法　　B. 异步加法　　C. 同步减法　　D. 异步减法
10. 在电子钟电路中，CD4060 芯片的主要功能是（　　）。
    A. 时钟振荡　　B. 14 级分频　　C. 时钟振荡与 14 级分频

三、判断题（对的打"√"，错的打"×"）

1. 当 JK 触发器的 $J = K = 1$ 时，触发器成为 T′ 触发器。（　　）
2. 寄存器通常由 D 触发器构成。（　　）
3. 计数器通常由 T 或 T′ 触发器构成。（　　）
4. 由触发器构成的逻辑电路称为时序逻辑电路。（　　）
5. 异步计数器中的各触发器不是同时翻转的。（　　）
6. 同步计数器中的各触发器在 CP 脉冲控制下同时翻转。（　　）
7. 同步计数器的速度比异步计数器慢。（　　）
8. 单稳压触发器有一个稳态和一个暂态。（　　）
9. 矩形波发生器又可以称为"无稳态触发器"。（　　）
10. 采用两片 74LS290 芯片，可构成六十进制、二十四进制计数器。（　　）

第7章 数字集成电路及其应用

数字集成电路分成组合逻辑集成电路和时序逻辑集成电路两大类。最常用的组合逻辑集成电路有编码器、译码器、数据选择器、多路分配器、数值比较器、全加器和奇偶校验器等。时序逻辑集成电路有触发器、寄存器、计数器、存储器、A/D 转换器和 D/A 转换器、单片机等。本章主要介绍存储器、A/D 转换器和 D/A 转换器、单片机芯片的应用。

7.1 存储器芯片及其应用

存储器（Memory）是现代信息技术中用于保存信息的记忆设备。其概念很广，有很多层次，在数字系统中，只要能保存二进制数据的都可以是存储器。日常使用的十进制数必须转换成等值的二进制数才能存入存储器中。计算机中处理的各种字符，如英文字母、运算符号等，也要转换成二进制代码才能存储和操作。

7.1.1 存储器类型

存储器有 RAM、ROM 和 FLASH 三大类。

1. RAM 类型

随机存储器（Random Access Memory，RAM）的特点为：存储单元的内容可按需随意读出或写入，存储器在断电时将丢失其存储内容，故主要用于存储短时间使用的程序或数据，读写速度最快，容量小，价格贵。在计算机和手机中一般把 RAM 称为（运行）内存。RAM 分为 SRAM 和 DRAM 两大类。

SRAM：静态（Static）RAM，静态指不需要刷新电路，数据不会丢失，SRAM 速度非常快，是目前读写最快的存储设备之一。

DRAM：动态（Dynamic）RAM，动态指每隔一段时间就要刷新一次数据，才能保存数据，速度比 SRAM 慢，不过它比 ROM 快。

SDRAM：同步（Synchronous）DRAM，同步是指内存工作需要同步时钟，内部命令的发送与数据的传输都以它为基准。

DDR、DDR2 和 DDR3 都属于 SDRAM，DDR 是双速率（Double Date Rate）的意思，三种指的是同一系列的三代，速度更快，容量更大，功耗更小，现在出了 DDR4，也是同一系列。

2. ROM 类型

只读存储器（Read Only Memory，ROM）的特点为：所存数据一般是芯片装入整机前事先写好的，整机工作过程中只能读出，不能改写。ROM 所存数据稳定，断电后所存数据也不会改变；其结构较简单，读出较方便，因而常用于存储各种固定程序和数据，ROM 存储速度不如 RAM，容量大，价格便宜。随着 ROM 存储器的进一步发展，产生了 PROM、EPROM 和 EEPROM。

PROM：可编程（Programmable）只读存储器，根据用户需求来写入内容，但是只能写一次，不能再改变。

EPROM：可擦除（Erasable）可编程只读存储器，这是 PROM 的升级版，可以多次编程更改，但只能使用紫外线擦除。

EEPROM：带电（Electrically）可擦除可编程只读存储器，这是 EPROM 的升级版，可以多次编程更改，使用电擦除。

3. FLASH 存储器

FLASH 存储器又称为闪存，闪存的存储单元为三端器件，与场效应晶体管有相同的名称：源极、漏极和栅极。闪存结合了 ROM 和 RAM 的长处，不仅具备 EEPROM 的性能，而且断电不丢失数据。FLASH 最大特点是按块（Block）擦除，而 EEPROM 是按字节（B）擦除，因而更新速度快，且容量大、价格便宜。FLASH 和 EEPROM 不能互相取代。

NOR 和 NAND 是两种主要闪存。Intel 于 1988 年首先开发出 NOR 闪存技术，彻底改变了 EEPROM 一统天下的局面。东芝公司于 1989 年发表了 NAND 闪存结构。NOR 闪存读取速度比 NAND 快，但是容量不如 NAND，价格也高，NOR 闪存比较适合频繁随机读写的场合，通常用于存储程序代码并直接在闪存内运行，手机是使用 NOR 型闪存的大户。NAND 闪存被广泛用于移动存储 U 盘、数码相机、掌上电脑和 BIOS 芯片等新兴数字设备中。

7.1.2 ROM

1. ROM 的电路结构

图 7-1 所示是 ROM 的电路结构，它是一个组合逻辑电路，由地址译码器和存储体两部分组成，存储体又由若干个二极管组成。

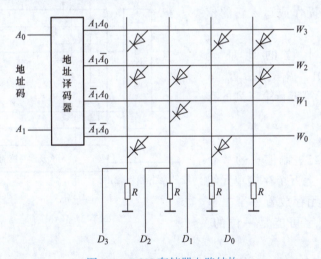

图 7-1　ROM 存储器电路结构

在 ROM 中，两位地址码 A_1A_0 经译码后，产生 2^2 个输出信号 $W_0W_1W_2W_3$，它们是一个个具体的地址。存储体中有 2^2 个存储单元，每一个单元都有一个相应的地址，0 单元的地址是 W_0，1 单元的地址是 W_1，2 单元的地址是 W_2，3 单元的地址是 W_3，$W_0W_1W_2W_3$ 又称为字线。每个单元存储了四位二进制数据 $D_3D_2D_1D_0$，$D_3D_2D_1D_0$ 称为位线。

2. ROM 的原理

对于图 7-1 所示 ROM 组合逻辑电路，其原理说明如下：

例如，若地址码 A_1A_0 为 00，经译码后，$W_0W_1W_2W_3$ 字线为 1000，即只有 W_0 线为高电平，只有 W_0 线上的两个二极管导通，输出 $D_3D_2D_1D_0$ 为 1010。同理，若地址码 A_1A_0 为 01，输出 $D_3D_2D_1D_0$ 为 0100，……。

地址、字线与存储内容的对应关系见表 7-1。

表 7-1 地址、字线与存储内容的关系

地址		字线				存储内容			
A_1	A_0	W_0	W_1	W_2	W_3	D_3	D_2	D_1	D_0
0	0	1	0	0	0	1	0	1	0
0	1	0	1	0	0	0	1	0	0
1	0	0	0	1	0	1	1	0	1
1	1	0	0	0	1	1	0	1	1

7.1.3 RAM

1. RAM 的结构

RAM 的结构如图 7-2 所示，它由三部分电路组成。

（1）行、列地址译码器

它是一个二进制译码器，将地址码翻译成行列对应的具体地址，然后去选通该地址的存储单元，对该单元中的信息进行读出操作或写入新的信息操作。

例如，一个十位的地址码 $A_4A_3A_2A_1A_0 = 00101$，$B_4B_3B_2B_1B_0 = 00011$ 时，则对应于第五行第三列的存储单元被选中。

（2）存储体

它是存放大量二进制信息的"仓库"，该仓库由成千上万个存储单元组成。而每个存储单元存放着一个二进制字信息，二进制字可能是一位的，也可能多位。

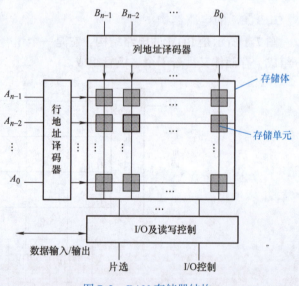

图 7-2 RAM 存储器结构

存储体或 RAM 的容量 = 存储单元的个数 × 每个存储单元中数据的位数。

例如，一个十位地址的 RAM，共有 1024 个存储单元，若每个存储单元存放一位二进制信息，则该 RAM 的容量就是 1024×1 位 = 1024 位，通常称为 1KB（容量）。

（3）I/O 及读/写控制电路

该部分电路决定着存储器是进行读出信息操作还是写入新信息操作。输入/输出缓冲器起数据锁存作用，通常采用三态输出电路结构。因此，RAM 可以与其他外电路相连接，实现信息的双向传输（既可输入，也可输出），使信息的交换和传递十分方便。

2. RAM 的读写过程

以六管静态存储单元电路为例,如图 7-3 所示,可存储一个二进制位。存储单元是由 VF_1、VF_2 组成的触发器,记忆时间不受限制,无须刷新。VF_3、VF_4 作为负载电阻,VF_5、VF_6 作为控制门。

当选择线为 1 时,VF_5 和 VF_6 导通,允许读写操作;当选择线为 0 时,VF_5 和 VF_6 截止,禁止读写操作。写入时,由 I/O 线输入,若 I/O = 1,则 VF_2 导通,VF_1 截止,$A = 1$,$B = 0$。读出时,A、B 点数据由 VF_5、VF_6 送出到 I/O 线上,若 $A = 1$,$B = 0$,则 I/O = 1。

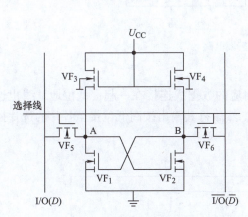

图 7-3　六管静态存储单元电路

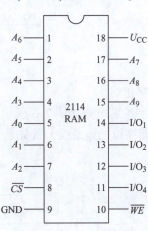

图 7-4　2114 芯片引脚图

7.1.4　常用 RAM 芯片

1. 2114 芯片介绍

常用静态 RAM 芯片有 2114、2142、6116 和 6264 等。2114 芯片储容量为 1024×4 位,18 个引脚,十根地址线 $A_9 \sim A_0$,四根数据线 $I/O_4 \sim I/O_1$,片选 $\overline{CS}$ 引脚与写允许 $\overline{WE}$ 脚,低电平有效。2114 芯片引脚图如图 7-4 所示,引脚工作状态关系见表 7-2。

表 7-2　2114 芯片引脚工作状态关系表

工作方式	$\overline{CS}$	$\overline{WE}$	$I/O_1 \sim I/O_4$
未选中	1	X	高阻
读操作	0	1	输出
写操作	0	0	输入

2114 芯片采用直接耦合的静态电路,不需要时钟信号驱动,也不需要刷新;不需要地址建立时间,读写简单;2114 芯片输入、输出同极性,读出是非破坏性的,使用公共的 I/O 端,能直接与系统总线相连接;2114 芯片采用单电源 5V 供电,输入输出与 TTL 电路兼容,输出能驱动一个 TTL 门和 $C_L = 100pF$ 的负载。2114 芯片具有独立的选片功能和三态输出,具有高速与低功耗性能,读/写周期均小于 250ns。

随机存取存储器种类很多,2114A 是一种常用的静态存储器,是 2114 的改进型。

2. 对 2114 芯片容量进行扩展

(1) 位扩展

如用 2114 芯片接成 1024×8 位,位扩展电路如图 7-5 所示。将地址线 $A_9 \sim A_0$、读/写线

$\overline{WE}$ 和片选线 $\overline{CS}$ 对应地并联在一起,输入/输出 (I/O) 分开使用,作为字的各个位线。

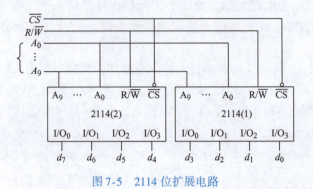

图 7-5 2114 位扩展电路

(2) 字扩展

2114 字扩展电路如图 7-6 所示,各片 RAM 对应的数据线连接在一起;低位地址线也连接起来,而高位的地址线,首先通过译码器译码,然后将其输出按高低位接至各片的选片控制端。

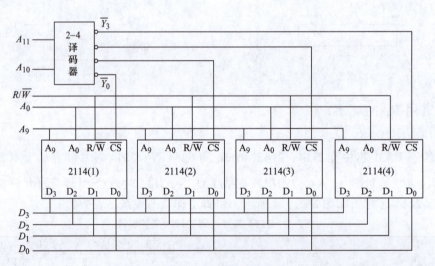

图 7-6 2114 字扩展电路

如用 2114 接成 4096×4 位的存储器时,需要四个 2114 芯片,共 12 根地址线。连接时,将各片中的低位地址 $A_0 \sim A_9$ 对应相连;而高位地址 A_{10}、A_{11} 经 2-4 译码,按高低位控制四片 2114 的 $\overline{CS}$ 端。

用 2114 接成 4096×4 位型存储器时,高位地址和存储单元的关系见表 7-3。

表 7-3 地址和存储单元的关系

A_{11}	A_{10}	选中片序号	对应的存储单元
0	0	2114 (1)	0000~1023
0	1	2114 (2)	1024~2047
1	0	2114 (3)	2048~3071
1	1	2114 (4)	3072~4095

复习思考题

7.1.1 名词解释：RAM、SRAM、DRAM、SDRAM、DDR SDRAM、ROM、PROM、EPROM、EEPROM 和 FLASH。

7.1.2 RAM 和 ROM 各有何特点？

7.1.3 什么是存储器的位扩展、字扩展？

7.2 A/D 转换芯片及其应用

模/数转换器即 A/D 转换器，简称 ADC。A/D 转换器的作用是将时间连续、幅值也连续的模拟量信号（如温度、压力、流量、速度和发光强度等传感器输出信号）转换为时间离散、幅值也离散的数字信号，然后供计算机处理。

7.2.1 A/D 转换的基本原理

A/D 转换一般要经过取样、保持、量化及编码四个过程。在实际电路中，这些过程有的是合并进行的，如取样和保持、量化和编码往往都是在转换过程中同时实现的。A/D 转换步骤如图 7-7 所示。

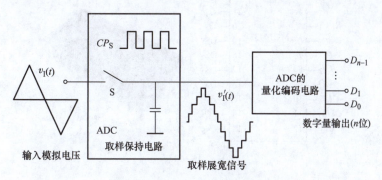

图 7-7　A/D 转换的步骤

采样：在采样脉冲 CP_S 的控制下，将模拟量每隔一定时间抽取一次样值，使时间上连续变化的模拟量变为时间上断续变化的模拟量，这个过程称为采样。采样脉冲频率 f_s 与模拟信号最高频率 f_{Imax} 必须满足关系（称为采样定理）：

$$f_s > 2f_{Imax} \tag{7-1}$$

保持：采样开关 S 在采样脉冲 CP_S 的控制下重复接通，S 接通时，输入模拟信号对电容 C 充电，S 断开时，电容 C 上的电压保持不变，这就是保持。

量化：在数字系统中只有 0 和 1 两个状态，而模拟量的状态很多，ADC 的作用就是把这个模拟量分为很多一小份的量来组成数字量，以便数字系统识别，所以量化的作用就是为了用数字量更精确表示模拟量。

编码：编码是将离散幅值经过量化以后变为二进制数字的过程。

A/D 转换精度取决于采样频率和编码的二进制位数。采样频率越高，采样输出的模拟电压轮廓线越接近于原输入模拟电压。编码的二进制位数越多，误差越小，分辨力越高。如输入模拟电压变化范围为 0～5.12V，若输出八位二进制数，则可分辨的最小模拟电压为 $5.12V \times 2^{-8} = 20mV$；若输出 12 位二进制数，则可分辨的最小模拟电压为 $5.12V \times 2^{-12} = 1.25mV$。

A/D 转换器按工作原理分为计数式、双积分式、逐次逼近式和并行式 ADC；按分辨力可分为四位、六位、八位和十位等。

7.2.2　常用 A/D 转换芯片

集成 A/D 转换芯片很多，常用芯片有 AD571、ADC0801、ADC0804、ADC0809 和 MC14433 等。下面介绍 MC14433 和 ADC0801 芯片。

1. MC14433 芯片

MC14433 是 CMOS 型 A/D 芯片，互换兼容芯片有 5G14433、C14433、SG14433、FMC14433 和 TSC14433 等。MC14433 最主要的用途是数字电压表、数字温度计等各类数字式仪表及计算机数据采集系统的 A/D 转换接口。

MC14433 的电源电压为 ±5V，典型模拟电压输入为 ±2V，输入电阻为 1000MΩ，有两档量程电压（200mV、2V），时钟频率为 66kHz，转换速度为 3~10 次/s。MC14433 芯片如图 7-8 所示，它采用 24 引脚双列直插式封装。

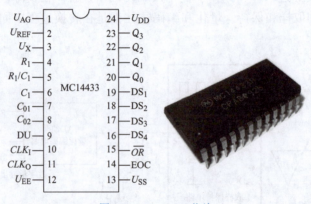

图 7-8　MC14433 芯片

MC14433 芯片的各引脚功能说明如下：

1 脚：模拟地，为高阻输入端，被测电压和基准电压的接入地。

2 脚：外接基准电压 U_{REF} 的输入端。

3 脚：数字电压表被测电压 U_X 的输入端，MC14433 属于双积分型 A/D 转换器，因而被测电压 U_X 与基准电压 U_{REF} 有以下关系：

$$输出读数 = \frac{U_X}{U_{REF}} \times 1.999 \tag{7-2}$$

因此，满量程的 $U_X = U_{REF}$。当满量程选为 1.999V，U_{REF} 可取 2.000V，而当满量程为 199.9mV 时，U_{REF} 取 200.0mV。

4~6 脚：此三个引脚外接积分电阻和电容，积分电容 C1 一般选 0.1μF 聚酯薄膜电容，如果需每秒转换四次，时钟频率选为 66kHz，在满量程为 2.000V 时，电阻 R_1 约为 470kΩ，而满量程为 200mV 时，R_1 取 27kΩ。

7、8 脚：外接失调补偿电容端，一般选 0.1μF 聚酯薄膜电容即可。

9 脚：更新显示控制端 DU，用于保存测量数据，若不需要保存数据而是直接输出测量数据，将 DU 端与 EOC 引脚直接短接即可。

10、11 脚：时钟外接元件端，时钟频率为 66kHz 时，外接电阻取 300kΩ 即可。

12 脚：负电源端。

13 脚：数字电路的负电源引脚。

14 脚：转换周期结束标志位。每个转换周期结束时，EOC 将输出一个正脉冲信号。

15 脚：过量程标志位，当输入电压 $|U_x| > U_{REF}$ 时，输出为低电平。

16~19 脚：多路选通脉冲 DS_1、DS_2、DS_3 和 DS_4 输出端。

20~23 脚：BCD 码数据输出端。

24 脚：正电源电压端。

2. ADC0801 芯片

ADC0801 芯片的代用、兼容和互换芯片有 ADC0801LCN、ADC830、5G0801、ADC0802、ADC0803、ADC0804、C0801 和 CH0801 等。

ADC0801 芯片如图 7-9 所示，它采用 20 引脚双列直插式封装，八位分辨力 A/D 转换器，MOS 型，电源电压为 4.5~6.3V，典型工作电压为 5V，输出驱动电流为 2mA，功耗为 10mW。

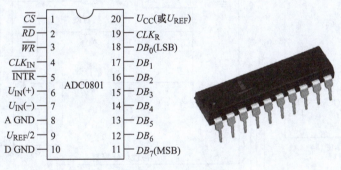

图 7-9　ADC0801 芯片

ADC0801 芯片的各引脚功能说明如下：

1 脚：片选 $\overline{CS}$，低电平有效。

2 脚：输出允许 $\overline{RD}$，低电平有效。

3 脚：输入启动 $\overline{WR}$，低电平有效。

4 脚：外部时钟脉冲输入端，时钟脉冲典型值为 640kHz。

5 脚：输出控制端 $\overline{INTR}$。

6、7 脚：模拟电压输入端，如果输入为正，则 6 脚输入、7 脚接地；如果为负，则反之。

8 脚：模拟地。

9 脚：外接基准电压，其值是输入电压范围的 1/2。当输入为 0~5V，此脚不接，由芯片内部提供基准电压。

10 脚：数字地。

11~18 脚：八位数字量输出端 $DB_7 \sim DB_0$。

19 脚：内部时钟脉冲端，需外接 RC 元件。

20 脚：电源脚，$U_{CC}=5V$。

7.2.3 数字电压表

1. 数字电压表的电路结构

数字电压表电路如图 7-10 所示，它由 A/D 转换器芯片 MC14433、译码器芯片 MC4511、七路达林顿反向驱动器 MC1413、基准电源 MC1403 和共阴极 LED 数码管等组成。

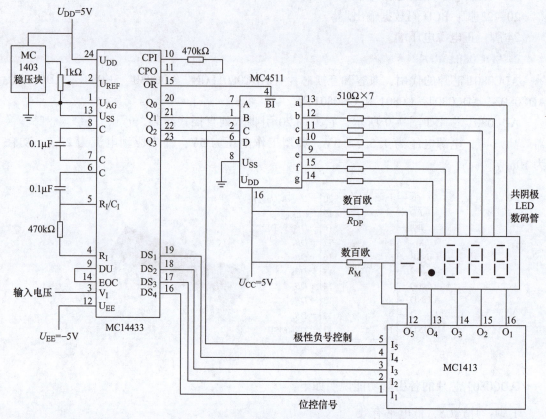

图 7-10 数字电压表电路

MC14433 芯片前面已介绍，下面介绍 MC1403、MC1413 和 MC4511 芯片。

（1）高精度低温漂基准电源 MC1403 芯片

MC1403 芯片采用八引脚双列直插标准封装，如图 7-11 所示。

MC1403 芯片输出电压的温度系数为零，噪声小，输入电压范围大，稳定性好，当输入电压从 4.5V 变化到 15V 时，输出电压值变化量小于 3mV。输出电压值准确度高，在 2.475~2.525V 以内，适用于低压电源，最大输出电流为 10mA。

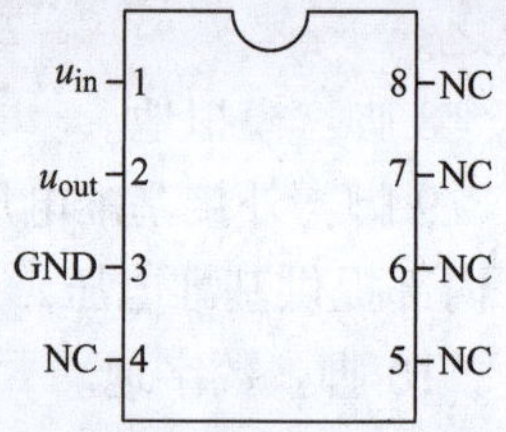

（2）七路达林顿驱动器 MC1413 芯片

MC1413 芯片采用 16 引脚双列直插封装，如图 7-12 所示。MC1413 芯片采用复合达林顿管结构，具有很高的电流增益和很高的输入阻抗，可直接接收 MOS 或 CMOS 集成电路的输出信号，并把电压信号转换成足够大的电流信号，以驱动各种负载。该电路内

图 7-11 MC1403 芯片

含七个集电极开路反相器,每个驱动器输出端均接有一个释放电感负载能量的续流二极管。

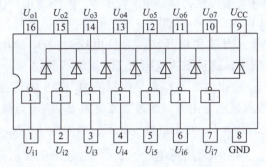

图 7-12　MC1413 芯片

(3) 七段锁存译码驱动器 MC4511 芯片

MC4511 芯片由四位锁存器、七段译码器和驱动器三部分组成,此芯片已在数字抢答器中介绍。

1) 四位锁存器:其功能是将输入的 ABCD 代码寄存起来,由锁存允许端 LE 控制,当 LE = 1 时,锁存器处于锁存状态,四位锁存器封锁输入,此时它的输出为前一次 LE = 0 时输入的 BCD 码;当 LE = 0 时,处于选通状态,输出即为输入代码。

2) 七段译码器:将来自锁存器输出的 BCD 码译成七段显示码输出。MC4511 有两个控制端,$\overline{LT}$ 灯测试端,当 $\overline{LT}$ = 0 时,七段译码器输出全 1,数码管全亮;当 $\overline{LT}$ = 1 时,译码器输出状态由 $\overline{BI}$ 端控制。$\overline{BI}$ 为消隐端,当 $\overline{BI}$ = 0 时,译码器为全 0 输出,数码管各段熄灭;当 $\overline{BI}$ = 1 时,译码器正常输出,数码管正常显示。

3) 驱动器:利用内部设置的 NPN 管射极输出器加强驱动能力,译码器输出驱动电流可达 20mA。

2. 数字电压表原理

本电路是 $3\frac{1}{2}$ 位数字电压表,$3\frac{1}{2}$ 位是指十进制 0000~1999。所谓 3 位是指个位、十位和百位,其数字范围均为 0~9。所谓半位是指千位数,它不能从 0 变化到 9,而只能从 0 变化到 1,即二值状态,所以称为半位。

$3\frac{1}{2}$ 位 A/D 转换器 MC14433 将模拟信号转换成数字信号,MC1403 提供精密电压,供 A/D 转换器作基准电压,MC4511 将二-十进制码转换成七段码,MC1413 驱动数码管的 abc-defg 七个发光段。数字电压表的工作过程如下:

MC14433 的 DS_1~DS_4 输出选通脉冲信号,DS 为高电平时表示对应的数位被选中,此时该位数据在 Q_0~Q_3 端输出,每个 DS 选通脉冲高电平的宽度为 18 个时钟脉冲周期,两个相邻选通脉冲之间的间隔为两个时钟脉冲周期。DS_1 对应最高位(MSD),DS_4 对应最低位(LSD)。在对应的 DS_2、DS_3 和 DS_4 选通期间,Q_0~Q_3 以 8421 码方式输出对应的数字 0~9。在 DS_1 选通期间,Q_0~Q_3 输出千位的半位数 0 或 1 及过量程、欠量程和极性标志信号。

在 DS_1 选通期间,Q_0~Q_3 输出内容如下:

1) Q_3 表示千位,Q_3 = 0 表示千位数的数字显示为 1,Q_3 = 1 表示千位数的数字显示为 0。

2) Q_2 表示被测电压 U_X 的极性，$Q_2 = 1$，表示 U_X 极性为正，$Q_2 = 0$，表示 U_X 极性为负。显示负号（负电压）由 MC1413 内部的一只晶体管控制，符号位的"–"（阴极）与千位数码管阴极连接在一起，当被测电压 U_X 为负电压时，Q_2 输出为 0，Q_2 负号控制使 MC1413 内部一只晶体管截止，通过限流电阻 R_M 使显示器的"–"（即 g 段）点亮；当被测电压 U_X 为正电压时，Q_2 输出为 1，Q_2 负号控制使 MC1413 内部晶体管导通，电阻 R_M 接地，使"–"熄灭。小数点显示是由 U_{DD} 通过限流电阻 R_{DP} 供电点亮。

当 $Q_3 = 0$、$Q_0 = 1$ 时，表示 U_X 处于过量程状态；当 $Q_3 = 1$、$Q_0 = 1$ 时，表示 U_X 处于欠量程状态。若 $|U_X| > U_{REF}$，则 $\overline{OR}$ 输出低电平，表示 U_X 超出量程；若 $|U_X| < U_{REF}$，则 $\overline{OR}$ 输出高电平，表示被测量 U_X 在量程范围内。

MC14433 的 $\overline{OR}$ 端与 MC4511 的消隐端 $\overline{BI}$ 相连，当 U_X 超出量程时，$\overline{OR}$ 输出低电平，使 $\overline{BI}$ 也为低电平，则 MC4511 译码器输出为全 0，数码管显示数字熄灭，而负号和小数点仍发亮。

复习思考题

7.2.1　名词解释：取样、保持、量化和编码。

7.2.2　为什么说 A/D 转换精度取决于采样频率和编码的二进制位数？

7.2.3　在数字电压表电路中，选通脉冲信号 $DS_1 \sim DS_4$ 的作用是什么？

7.3　D/A 转换芯片及其应用

数模转换器又称为 D/A 转换器，简称 DAC，它是把数字量转换成模拟量的器件。如果要实现计算机对模拟信号（如温度、压力、流量、速度和发光强度等信号）的控制，必须由 D/A 转换器将计算机中的数字控制信号转换成模拟控制信号。

7.3.1　D/A 转换的基本原理

DAC 主要由数字寄存器、模拟电子开关、位权网络、求和运算放大器和基准电压源（或恒流源）组成。数字寄存器用于寄存数字量的各位数码，分别控制对应位的模拟电子开关，使数码为 1 的位在位权网络上产生与其位权成正比的电流值，再由运算放大器对各电流值求和，并转换成电压值。

以四位 D/A 转换器为例，电路如图 7-13 所示。由数字信号 $D_0D_1D_2D_3$ 分别对应控制模拟电子开关 $BS_0BS_1BS_2BS_3$。运算放大器的同相端接地，反相端输入 $I_0I_1I_2I_3$ 权电流，所谓权电流即有下列电流关系：

$$I_3 = U_{REF}/2R, \quad I_2 = I_3/2, \quad I_1 = I_3/4, \quad I_0 = I_3/8$$

输出电压为

$$U_{OUT} = -I_{out}R_{fb} = -(I_0 + I_1 + I_2 + I_3)R_{fb} \tag{7-3}$$

例如：$D_0D_1D_2D_3 = 1111$，则 $U_{OUT} = -(I_0 + I_1 + I_2 + I_3)R_{fb}$

$D_0D_1D_2D_3 = 1000$，则 $U_{OUT} = -(I_0 + 0 + 0 + 0)R_{fb}$

$D_0D_1D_2D_3 = 0100$，则 $U_{OUT} = -(0 + I_1 + 0 + 0)R_{fb}$

$D_0D_1D_2D_3 = 0010$，则 $U_{OUT} = -(0 + 0 + I_2 + 0)R_{fb}$

$D_0D_1D_2D_3 = 0001$,则 $U_{OUT} = -(0+0+0+I_3)R_{fb}$

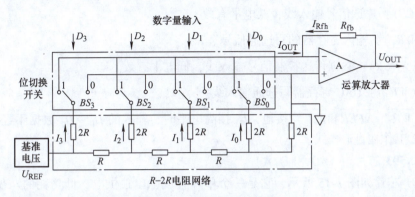

图 7-13　四位 D/A 转换器

分辨力反映 D/A 转换器对模拟量的分辨能力，定义为基准电压与 2^n 之比值，其中 n 为 D/A 转换器的位数，所以分辨力取决于 D/A 转换器的位数 n。

7.3.2　常用 D/A 转换芯片

1. DAC0832 芯片

DAC0832 芯片如图 7-14 所示，它是八位分辨力的 D/A 转换集成芯片，与微处理器完全兼容。这个 DAC 芯片以其价格低廉、接口简单和转换控制容易等优点，在单片机应用系统中得到了广泛的应用。D/A 转换器由八位输入锁存器、八位 DAC 寄存器、八位 D/A 转换电路及转换控制电路构成。DAC0832 的技术参数如下：分辨力为八位，功耗为 20mW，电流建立时间为 $1\mu s$，精度为 ±1LSB（最低位），线性误差为 ±0.1%。

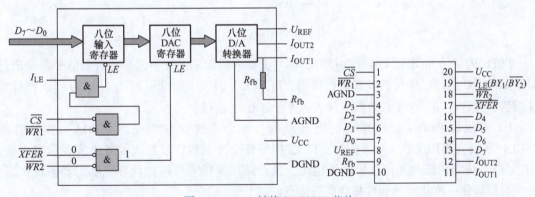

图 7-14　D/A 转换 DAC0832 芯片

DAC0832 各引脚功能说明如下：

4～7 脚、13～16 脚（$D_0 \sim D_7$）：数据输入线，TLL 电平。

19 脚（I_{LE}）：数据锁存允许控制信号输入线，高电平有效。

11 脚（I_{OUT1}）：电流输出线，当输入全为 1 时 I_{OUT1} 最大。

12 脚（I_{OUT2}）：电流输出线，其值与 I_{OUT1} 之和为一常数。

9 脚（R_{fb}）：反馈信号输入线，芯片内部有反馈电阻。

20 脚（U_{CC}）：电源输入线（5～15V）。

8 脚（U_{REF}）：基准电压输入线（$-10 \sim 10V$）。

1 脚（$\overline{CS}$）：片选信号输入线，低电平有效。

2 脚（$\overline{WR_1}$）：输入寄存器的写选通信号。

17 脚（$\overline{XFER}$）：数据传送控制信号输入线，低电平有效。

18 脚（$\overline{WR_2}$）：DAC 寄存器写选通输入线。

当 $\overline{CS}$、$\overline{WR_1}$、$\overline{XFER}$ 和 $\overline{WR_2}$ 均接地，I_{LE} 接高电平时，输入的 $D_0 \sim D_7$ 数据不经两级寄存，即 DAC0832 工作在直通模式。

2. PCF8591 芯片（A/D 和 D/A）

PCF8591 芯片如图 7-15 所示，它是一个单片集成、单独供电、低功耗的八位 CMOS 数据获取器件。PCF8591 具有四个模拟输入、一个模拟输出，这就是说，在单片机配合下，它既可以用作 A/D 转换也可以用作 D/A 转换。

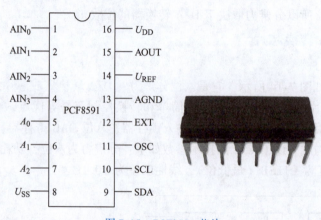

图 7-15　PCF8591 芯片

PCF8591 有一个串行 I^2C 总线接口，芯片上输入输出的地址、控制和数据信号都是通过双线双向 I^2C 总线以串行的方式进行传输。PCF8591 的三个地址引脚 $A_0 A_1 A_2$ 可用于硬件地址编程，允许在同一个 I^2C 总线上接入八个 PCF8591 器件。

I^2C 总线是 Philips 公司推出的串行总线，整个系统仅靠数据线（SDA）和时钟线（SCL）实现完善的全双工数据传输，即 CPU 与各个外围器件仅靠这两条线实现信息交换。I^2C 总线系统与传统的并行总线系统相比，具有结构简单、可维护性好、易实现系统扩展、易实现模块化标准化设计和可靠性高等优点。

PCF8591 芯片的引脚功能说明如下：

1~4 脚（$AIN_0 \sim AIN_3$）：模拟信号输入端。

5~7 脚（$A_0 \sim A_2$）：地址端。

16 脚、8 脚（U_{DD}、U_{SS}）：电源端（$2.5 \sim 6V$）。

9 脚、10 脚（SDA、SCL）：I^2C 总线的数据线、时钟线。

11 脚（OSC）：外部时钟输入端，内部时钟输出端。

12 脚（EXT）：内部、外部时钟选择线，使用内部时钟时 EXT 接地。

13 脚（AGND）：模拟信号地。

15 脚（AOUT）：D/A 转换输出端。

14 脚（U_{REF}）：基准电源端。

7.3.3 程控放大器

程控放大器又称为数控放大器，即采用二进制数字信号来改变放大器的增益，该数字信号通常由单片机提供，而单片机需要编程。

程控放大电路如图 7-16 所示，它主要由 DAC0832 芯片、高精度运放 LM357 组成。利用 DAC0832 输出与基准电压 V_{REF} 成正比这个特点，模拟输入信号 U_i 从 DAC0832 芯片的 V_{REF} 引脚输入。DAC0832 的 $D_0 \sim D_7$ 引脚原为被转换的八位二进制数字信号输入，现改为八位二进制控制信号输入，即放大器的增益由控制信号 $D_0 \sim D_7$ 决定。

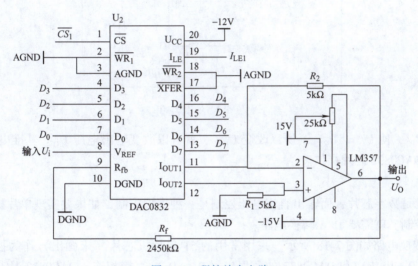

图 7-16　程控放大电路

互补输出端 I_{OUT1} 和 I_{OUT2} 分别接 LM357 的反相输入端和同相输入端。DAC0832 的互补输出端 I_{OUT1} 和 I_{OUT2} 均为电流信号，需外接一个放大器 LM357 实现电流信号到电压信号的转换。接一个阻值为 2.45MΩ 反馈电阻 R_f，就构成了一个程控放大电路。$D_0 \sim D_7$ 是八位二进制数字增益控制信号，R_2 是负反馈电阻。

当控制信号 $D_0 \sim D_7$ 在 00000000 ~ 11111111 范围内变化时，输出信号 U_0 的大小被分为 0 ~ 255 个级别。

7.3.4 数控电源

通常稳压电源都是通过调节电位器来调整输出电压的，功能相对单一，利用单片机可实现稳压电源输出电压的数字化调整。

1. 电源输出控制电路

电源输出控制电路如图 7-17 所示（摘自参考文献 [3]，为尊重原稿，图中元件编号不连续）。它的作用是当电网电压或负载电流发生变化时，保持输出电压基本不变。它由取样、基准、比较放大和调整四部分组成。稳压过程：取样电路（R_{14}、R_{15} 和 R_{P3}）把输出电压 U_O 的变化部分取出来，送到比较放大器 OP07（IC_7）反相输入端，与同相输入端的基准电压 U_{REF} 相比较，并将比较误差信号放大，用来控制调整管 VT_3 和 VT_5 组成的复合达林顿管的基极电流，即控制调整管的压降 U_{CE}，使 U_{CE} 产生与 U_O 相反的变化来抵消 U_O 的变化，从而达到稳定 U_O 的目的。

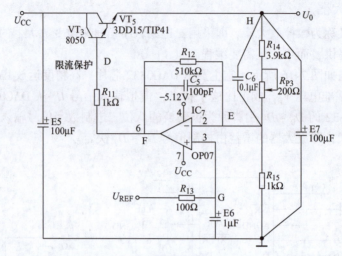

图 7-17　电源输出控制电路

调整 R_{P3}，使 $U_O = 5U_{REF}$，所以改变 U_{REF}，就可以改变输出电压 U_O。基准电压 U_{REF} 由 D/A 转换 DAC0832 芯片提供。

2. D/A 转换电路

单片机是数字芯片，而输出直流电压控制是一种模拟控制，如果要实现单片机对输出直流电压的控制，就需要 D/A 转换电路。

D/A 转换电路如图 7-18 所示。采用常用的 51 单片机芯片（未画出）作为控制器，其 P1 口（P1.0～P1.7）和 DAC0832 的数据口（D_0～D_7）直接相连，DAC0832 是八位分辨力 D/A 转换芯片，DAC0832 的 $\overline{CS}$、$\overline{WR_1}$、$\overline{WR_2}$ 和 XFER 引脚接地，让 DAC0832 工作在直通方式下。DAC0832 的 8 脚接参考电压 -5.12V，所以在 DAC0832 的 11 脚输出电压的分辨力为 5.12V/256 = 0.02V，也就是说，D/A 输入数据端每增加 1，电压增加 0.02V。

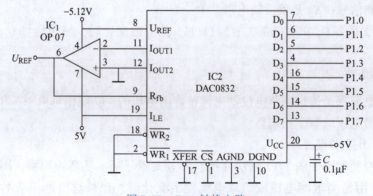

图 7-18　D/A 转换电路

D/A 的电压输出端接放大器 IC_1（OP07）的输入端，IC_1 的放大倍数为 1，再经图 7-17 中的 IC_7 取样放大及 VT_3、VT_5 复合管调整，电压分辨力被放大为五倍，即数控电源输出电

压分辨力为 $0.02V \times 5 = 0.1V$。所以，当 DAC0832 输入数据增加 1 时，最终输出电压增加 0.1V，当调节电压时，可以以每次 0.1V 的梯度增加或降低输出电压。

复习思考题

7.3.1　在四位 D/A 转换电路中，为什么称 I_0、I_1、I_2 和 I_3 为权电流？

7.3.2　什么是 DAC0832 芯片的直通模式？

7.3.3　在图 7-17 电路中，调整 R_{P3} 可改变输出电压，请计算输出电压的调整范围。

7.4　单片机芯片及其应用

单片微型计算机（Single Chip Microcomputer）简称单片机，是一种数字集成电路芯片。它采用超大规模集成电路技术把具有数据处理能力的中央处理器（CPU）、随机存储器（RAM）、只读存储器（ROM）、多种 I/O 口、中断系统和定时器/计数器等功能（可能还包括显示驱动电路、脉宽调制电路、模拟多路转换器和 A/D 转换器等电路）集成到一块硅片上构成一个小而完善的微型计算机系统，通过编程实现某种功能，在工业控制领域应用广泛。

7.4.1　单片机的硬件与软件

1. 单片机的硬件结构

单片机芯片实物图如图 7-19 所示，单片机芯片型号很多，MCS-51 单片机是美国 Intel 公司生产的内核兼容的一系列单片机的总称。"MCS-51"代表这一系列单片机的内核，该系列单片机的硬件结构相似、指令系统兼容，包括 8031、8051、8751、8032、8052 和 8752 等基本型，其中 8051 单片机是 MCS-51 系列中最早期、最典型和应用最为广泛的产品。

图 7-19　单片机芯片实物图

目前，单片机正朝着低功耗、高性能和多品种方向发展，32 位单片机已进入实用阶段，但八位单片机在性能价格比上占有优势，八位单片机仍是主流产品。

MCS-51 单片机的硬件结构如图 7-20 所示，主要由中央处理器（CPU）、存储器（RAM、ROM）、并行输入/输出接口、定时/计数器、中断系统和时钟电路等组成。

（1）中央处理器（CPU）

中央处理器是单片机的核心，由运算器和控制器组成。运算器有两个功能：一是执行各种加、减等算术运算，二是执行与、或、非等基本逻辑运算及数据比较、移位等操作。控制器由程序计数器、指令寄存器、指令译码器、时序发生器和操作控制器等组成，是发布命令的"决策机构"，即协调和指挥整个微机系统的操作。

单片机依靠程序工作，用户事先将编好的程序写入单片机的程序存储器中，单片机的工作过程就是运行程序的过程。程序由若干条指令组成，单片机的工作过程就是不断地取指令、分析指令和执行指令的过程，具体如下：

1）取指令：从 ROM 中取出一条指令，并指出下一条指令在内存中的位置。

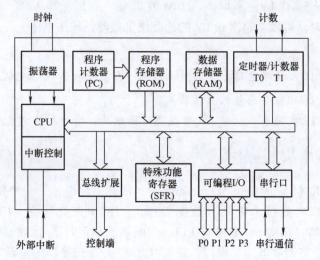

图 7-20　单片机芯片的硬件结构

2）分析指令：对指令进行译码和测试，并产生相应的操作控制信号，以便于执行规定的动作。

3）执行指令：根据指令译码内容执行相应操作，如数据传送、加法运算、与或非运算、数据比较、数据输入和数据输出等。

（2）数据存储器（RAM）

8051 单片机内部有 256 个 RAM 单元，可读可写，掉电后数据丢失。其中，高 128 个单元被专用寄存器占用；低 128 个单元供用户使用，用于暂存中间数据。

（3）程序存储器（ROM）

8051 单片机内部有 4KB 掩膜 ROM，只能烧写 1 次，掉电后数据不会丢失。ROM 用于存放程序或程序运行过程中不会改变的原始数据，通常称为程序存储器。

（4）并行 I/O 口

8051 单片机内部有四个八位并行 I/O 口（称 P1、P2、P3 或 P4），可实现数据的并行输入输出。每个 I/O 口既可以按位操作使用单个引脚，也可以按字节操作使用八个引脚。

（5）串行口

8051 单片机内部有一个全双工异步串行口，可实现单片机与其他设备之间的串行数据通信。该串行口也可作为同步移位器使用，扩展外部 I/O 端口。

（6）定时/计数器

8051 单片机内部有两个 16 位定时/计数器（T0、T1），可实现定时或计数功能。

（7）中断控制

8051 单片机内部有五个中断源，分为高级和低级两个优先级别。中断是指：在单片机运行程序的过程中，外部设备向 CPU 发出中断请求，要求 CPU 暂停当前程序的运行而转去执行相应的处理程序，待处理程序运行完毕后，再继续执行原来被中断的程序。

（8）时钟电路

单片机所有工作都是在时钟节拍下进行的，8051 单片机内部有时钟振荡电路，只需外接石英晶体和微调电容即可。晶振频率通常选择 6MHz、12MHz。

2. 单片机的软件结构

单片机的本质就是一个微型计算机，它是靠程序工作的，并且可以修改程序。用户通过编制程序，并将程序写入单片机程序存储器中，通过运行程序才能实现不同的功能。

早期的程序设计均使用机器语言，机器语言是机器指令的集合，每一种单片机都有自己的机器指令集合。机器指令就是二进制指令，不方便阅读、修改、辨别和记忆，于是汇编语言产生了。

汇编语言是一种用于单片机或其他可编程器件的低级语言，亦称为符号语言。在汇编语言中，用助记符代替机器指令的操作码，用地址符号或标号代替指令或操作数的地址。在不同的单片机中，汇编语言对应着不同的机器语言指令集，需要通过汇编过程转换成机器指令，才能写入单片机程序存储器中。

以 8051 单片机为例，其汇编语言由 111 条指令组成，具体如下：

1) 数据传送类指令 29 条：包括通用数据传送指令 MOV、条件传送指令 CMOV、堆栈操作指令 PUSH/POP 和交换指令 XCHG/XLAT 等。

2) 算术运算类指令 24 条：包括加法指令 ADD/ADC、减法指令 SUB/SBB、加一指令 INC、减一指令 DEC、比较操作指令 CMP、乘法指令 MUL 和除法指令 DIV 等。

3) 逻辑运算类指令 24 条：包括非运算 NOT、与运算 AND、或运算 OR、异或运算 XOR、左移位 SHL 和右移位 SHR 指令等。

4) 位操作类指令 12 条：包括位测试指令 BT、位置位指令 SET、位取反指令 CPL 和位清零指令 CLR 等。

5) 控制转移类指令 22 条：无条件转移指令 JMP、条件转移指令 JCXZ、循环指令 LOOP、过程调用指令 CALL、子程序返回指令 RET 和中断指令 INT 等。

7.4.2 单片机芯片 89C51 介绍

单片机芯片型号繁多，最为广泛应用的是 Intel 公司的 MCS-51 系列，如 80C31、80C32、80C51、80C52、87C51 和 87C52 等。20 世纪 90 年代，Atmel 公司的 AT89 系列取代了 MCS-51 系列，如 AT89C51、AT89C52、AT89C2051、AT89S51 和 AT89S52 等。

89C51 是一种带 4KB 闪烁可编程可擦除只读存储器的低电压、高性能 CMOS 八位微处理器，俗称单片机，该芯片与工业标准的 MCS-51 指令集和输出管脚相兼容。

89C51 的主要特性：4KB 可编程 FLASH 存储器，1000 次写/擦循环，数据保留时间 10 年，全静态工作 0～24MHz，三级程序存储器锁定，128×8 位内部 RAM，32 可编程 I/O 线，两个 16 位定时器/计数器，五个中断源，可编程串行通道，低功耗的闲置和掉电模式，片内振荡器和时钟电路。

89C51 芯片引脚图如图 7-21 所示，主要引脚功能说明如下：

32～39 脚（P0 口）：P0 口为一个八位漏级开路双向 I/O 口，也即地址/数据总线复用口。作为输出口使用时，每脚可吸收八个 TTL 门电流。

1～8 脚、21～28 脚（P1 口和 P2 口）：P1 口或 P2 口是内部提供上拉电阻的八位双向 I/O 口，其输出缓冲级可驱动（吸收或输出）四个 TTL 门电流。

10～17 脚（P3 口）：P3 口引脚是八个带内部上拉电阻的双向 I/O 口，P3 口的输出缓冲级可驱动（吸收或输出）四个 TTL 门电流。P3 口也可作为特殊功能口，说明如下：P3.0/

RXD（串行输入口），P3.1/TXD（串行输出口），P3.2/$\overline{INT0}$（外部中断 0），P3.3/$\overline{INT1}$（外部中断 1），P3.4/T0（定时器 0 外部输入），P3.5/T1（定时器 1 外部输入），P3.6/$\overline{WR}$（外部数据存储器写选通），P3.7/$\overline{RD}$（外部数据存储器读选通）。

9 脚（RST）：复位输入。

30 脚（ALE/$\overline{PROG}$）：地址锁存控制信号。在 FLASH 编程期间，此引脚用于输入编程脉冲。

29 脚（$\overline{PSEN}$）：外部程序存储器的选通信号。

31 脚（$\overline{EA}/U_{PP}$）：外部访问允许。当$\overline{EA}$端保持低电平时，单片机读取外部程序存储器（0000H~FFFFH）；当$\overline{EA}$端保持高电平时，单片机读取内部程序存储器。在 FLASH 编程期间，此引脚也用于施加 12V 编程电源（U_{PP}）。

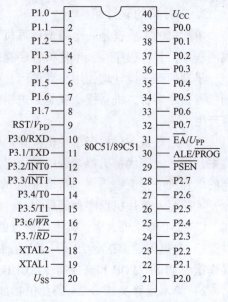

图 7-21　89C51 芯片引脚图

18~19 脚（XTAL1 和 XTAL2）：当使用芯片内部时钟时，两引脚外接石英晶体和微调电容。

7.4.3　单片机 C 语言程序设计

汇编语言是机器语言的汇编助记符，由于存在指令难记、指令功能弱等缺点，因此造成了学习困难。而 C 语言是一种通用的程序设计语言，数据类型及运算符丰富，并具有良好的程序结构，适用于各种应用的程序设计，是目前使用较广的单片机编程语言。

受篇幅限制，下面只能非常简单地介绍单片机 C 语言程序设计，以使读者对其有一个初步印象，希望能激发起读者的学习兴趣。

1. 初识单片机 C 语言编程

下面以一个简单例子来认识单片机 C 语言编程，这是一个使单片机芯片 P1.0 引脚输出方波的程序。启动 Keil C51 软件，在该软件文本编辑窗口中编写如下程序：

```
#include <reg51.h>         //包含头文件 reg51.h，定义单片机的专用寄存器
sbit  P1.0 = P1^0;          //定义 P1.0 引脚名称为 P1.0
void  delay (unsigned int i)  //延时函数
{
   unsigned  int  k;
   for (k=0; k<i; k++);     //k 初值为 0，k 与 i 比较，若 k<i，若 k 自动加 1
}
void  main ()               //主函数
{
   while (1)                //while 循环语句，由于条件一直为真，功能为无限循环
   {
      P1.0 =0;              //将 P1.0 引脚置 0
```

```
        delay（20000）;            //调用延时函数，实际参数为20000
        P1.0 = 1;                  //将 P1.0 引脚置 1
        delay（20000）;            //调用延时函数，实际参数为20000
    }
}
```

此源程序经编译后，生成十六进制代码文件（扩展名 .hex），再将 .hex 文件下载到单片机内部的程序存储器中，即可实现预定功能。

2. 单片机 C 语言的基本内容

在上述程序中，#include < reg51.h > 是预处理命令，必须放在源程序的最前面，它定义了单片机的专用寄存器。

（1）注释符号 "//"

程序中的 "//" 是单行注释符号，它对程序进行简要说明，以提高程序的可读性。程序在编译时，不对注释内容做任何处理。

（2）函数

一个 C 语言源程序由一个或若干个函数组成，每一个函数完成相对独立的功能。每个 C 语言程序都必须有一个主函数 main（），程序执行总是从主函数开始，再调用其他函数后返回主函数，不管函数的排列顺序如何，最后在主函数中结束整个程序。

一个函数由函数定义和函数体组成，如 void main（），void 是函数类型，main 是函数名，（）内部是形式参数，main（）表示没有形式参数。紧跟 main（）后面一对大括号 {…} 内的部分称为函数体。

又如 void delay（unsigned int i），表示函数名为 delay，函数类型为 void，形式参数为无符号整型变量 i，紧跟的 {…} 是 delay 的函数体。

（3）基本语句

C 语言的基本语句有表达式语句、选择语句和循环语句，如 P1.0 = 0；delay（20000）；P1.0 = 1 语句属于表达式语句。if-else、if-else-if、switch 语句是选择语句；while、for 语句是循环语句。

for 语句的一般格式：for（循环变量赋初值；循环条件；修改循环变量）{语句体}；如 for（k = 0；k < i；k + +）的功能是：k 的初值为 0，然后 k 与 i 比较，若 k < i，则 k 自动加 1。接着 k 再与 i 比较，如此循环往复，直至 k < i 条件不成立。若形式参数 i 的取值为 1200，则循环 1200 次，即实现程序运行中的约 10ms 延时功能。

while（表达式）{语句体} 是循环语句，当表达式为 "真" 时，就执行循环体，再判别表达式，若仍为 "真"，则重复执行循环体，为 "假" 则退出循环。while（1）由于条件一直为 "真"，则其后面的语句体被无限循环地执行，即无限循环。

（4）数据类型

C 语言数据类型有短整型（short）、整型（int）、长整型（long）、单精度浮点型（float）、双精度浮点型（double）、字符型（char）、位类型（bit）和可寻址位（sbit）等。

（5）常量与变量

常量的值在程序执行期间不会变化。常量的数据类型有整型、浮点型、字符型、字符串型和位类型。

变量的值在程序执行期间可以发生变化。变量由变量名和变量值组成，变量名就是单片机存储单元地址的符号表示，变量值就是该单元存放的内容。

变量必须先定义后使用，如 unsigned int i，定义 i 为无符号整型变量。

（6）运算符与表达式

算术运算符：+、-、*、/、%（取余）、++（自动加1）、--（自动减1）。

关系运算符：>（大于）、<（小于）、==（等于）、>=、<=、!=（不等于）。

逻辑运算符：!（非）、&&（与）、||（或）。

位运算符：&（与）、|（或）、^（异或）、~（取反）、>>（右移）、<<（左移）。

赋值表达式：如 k=0xff（十六进制数以 0x 开头）、b=c=33、x=y+z 等。

关系表达式：如 a+b>c、x>3/2、c==5 等。

逻辑表达式：如 a&&b、a||b、!a 等。

位运算表达式：如 a<<4（a 的各位左移 4 位）。

7.4.4 汽车转向灯控制

1. 硬件设计

模拟汽车转向灯控制电路如图 7-22 所示。并行口 P1 的 P1.0 和 P1.1 引脚控制两个发光二极管 VL-L 和 VL-R，当引脚为 0 时，相应二极管点亮；P3 口的 P3.0 和 P3.1 引脚分别连接一个拨动开关 SL 和 SR。当开关 SL 拨至位置 2 时，P3.0 引脚为低电平，P3.0 = 0；当 SL 拨至位置 1 时，P3.0 引脚为高电平，P3.1 = 1。拨动开关 SR 亦然。

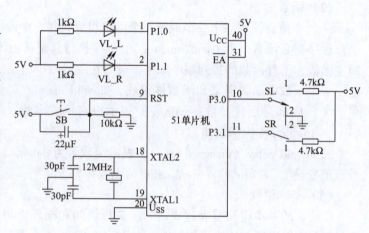

图 7-22 模拟汽车转向灯控制电路

系统采用两个发光二极管来模拟汽车左转灯和右转灯，用单片机的 P1.0 和 P1.1 引脚控制发光二极管的亮、灭状态，用 P3.0 和 P3.1 引脚的开关 SL 和 SR 模拟驾驶人发出左转和右转命令。P3.0 和 P3.1 引脚电平与控制功能关系见表 7-4。

表 7-4　P3.0 和 P3.1 引脚电平与控制功能关系

P3.0	P3.1	P1.0	P1.1	控制功能
1	1	1	1	左灯 VL-L、右灯 VL-R 均不亮
1	0	1	0	右转灯 VL-R 亮
0	1	0	1	左转灯 VL-L 亮
0	0	0	0	左、右灯全亮，表示汽车故障

2. 软件设计

Keil C51 软件是目前最流行的开发 51 单片机的工具软件，启动 Keil C51 软件，在该软件文本编辑窗口采用 C 语言编程，模拟汽车转向灯控制的源程序如下：

```c
//程序：ex1.c
//功能：模拟汽车转向灯控制
#include <reg51.h>          //包含头文件 reg51.h，定义单片机的专用寄存器
sbit  VL_L = P1^0;          //定义 P1.0 引脚名称为 VL_L
sbit  VL_R = P1^1;          //定义 P1.1 引脚名称为 VL_R
sbit  SL = P3^0;            //定义 P3.0 引脚名称为 SL
sbit  SR = P3^1;            //定义 P3.1 引脚名称为 SR
void  delay (unsigned int i)   //延时函数声明
{
   unsigned  int  k;
   for (k=0; k<i; k++);
}
void  main ()               //主函数
{
   bit  left, right;        //定义位变量 left、right 表示左、右状态
   while (1)                //while 循环语句，由于条件一直为真，功能为无限循环
   {
      left = SL;            //读取 P3.0 引脚状态并赋值给 left
      right = SR;           //读取 P3.1 引脚状态并赋值给 right
      VL_L = left;          //将 left 的值送至 P1.0 引脚
      VL_R = right;         //将 right 的值送至 P1.1 引脚
      delay (20000);        //调用延时函数，实际参数为 20000
      VL_L = 1;             //将 P1.0 引脚置 1，熄灭左灯
      VL_R = 1;             //将 P1.1 引脚置 1，熄灭右灯
      delay (20000);        //调用延时函数，实际参数为 20000
   }
}
```

将 ex1.c 源程序编译后，生成十六进制代码文件 ex1.hex，编译过程参见单片机 C 语言编程教材，将该文件直接下载到单片机的程序存储器中，便可实现模拟汽车转向灯控制功能。

复习思考题

7.4.1　什么是单片机？

7.4.2　通常单片机芯片内部由哪些电路组成？

7.4.3　在单片机编程中，汇编语言与 C 语言各有何特点？

7.4.4　请说一说 89C51 单片机芯片有哪些引脚。

7.5 数字集成电路应用实践操作

7.5.1 ADC0801 芯片测试

1. ADC0801 芯片实验电路

利用 ADC0801 进行一次 A/D 转换，其工作过程为：先由外电路给 $\overline{CS}$ 端输入一个低电平，选中此芯片使之进入工作状态。当外电路给 $\overline{WR}$ 端输入一个低电平时，启动芯片正式开始 A/D 转换。A/D 转换完成后，$\overline{RD}$ 输出为低电平，允许外电路取走数据，此时外电路 $\overline{CS}$ 和 $\overline{WR}$ 为高电平，A/D 转换停止。外电路取走 $D_0 \sim D_7$ 数据后，使 $\overline{INTR}$ 为低电平，表示数据已取走。若再进行一次 A/D 转换，则重复上述控制转换过程。

图 7-23 是 ADC0801 实验电路，使 $\overline{CS}$ 和 $\overline{WR}$ 端接地，允许电路开始 A/D 转换，因为不需要外电路取转换结果，也使 $\overline{RD}$ 和 $\overline{INTR}$ 端接地，此时在时钟脉冲控制下，对输入电压 U_i 进行 A/D 转换。八位二进制输出端 $D_0 \sim D_7$ 接八个发光二极管的阴极，输出为高电平的输出端，其对应二极管不亮；输出为低电平的输出端，其对应的二极管发亮。通过二极管的亮灭就可以知道 A/D 转换的结果。在 0～5V 范围内改变输入模拟电压的值，就可以得到不同的二进制输出值。

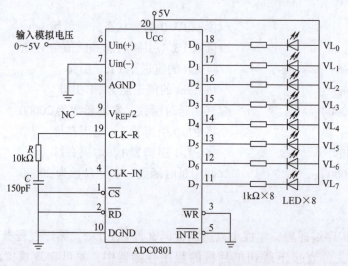

图 7-23　ADC0801 实验电路

2. 实验内容

在万能板上焊接图 7-23 所示电路。元器件清单：万能板一块、DIP20 插座一个、DIP20 封装的 ADC0801 芯片一个、150pF 瓷片电容一个、发光二极管八个、1kΩ 电阻八个和 10kΩ 电阻一个。

通电后，观察发光二极管亮、灭情况。当在 0～5V 范围内改变输入模拟电压时，八个发光二极管 LED 亮、灭情况应发生变化。

将输入模拟电压分别调到 0V、1V、2V、3V、4V、5V，将观察到的八个发光二极管亮、灭情况填入表 7-5 中，亮为 0，灭为 1。

表 7-5 ADC0801 芯片测试表

输入模拟电压	VL_0	VL_1	VL_2	VL_3	VL_4	VL_5	VL_6	VL_7
0V								
1V								
2V								
3V								
4V								
5V								

7.5.2 DAC0832 芯片测试

1. DAC0832 芯片实验电路

DAC0832 芯片实验电路如图 7-24 所示。在电路中，DAC0832 的 $\overline{CS}$、$\overline{WR_1}$、$\overline{WR_2}$ 和 $\overline{XFER}$ 引脚接地，让 DAC0832 工作在直通方式下。DAC0832 的 8 脚接参考电压为 -5.12V，通过开关 $S_0 \sim S_7$ 来模拟不同的八位二进制信号输入，开关闭合时输入为 0，开关断开时输入为 1。输出端接运放 OP07，电压放大倍数为 1。

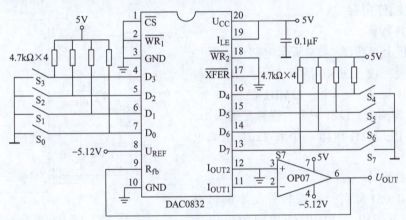

图 7-24 DAC0832 芯片实验电路

DAC0832 8 脚参考电压为 -5.12V，$2^8 = 256$，所以 DAC0832 的 11 脚输出电压的分辨力为 5.12V/256 = 0.02V，也就是说，D/A 输入数据端每增加 1，输出电压 U_{OUT} 增加 0.02V。

2. 实验内容

在万能板上焊接图 7-24 所示电路。元器件清单：万能板一块、DIP20 插座一个、DAC0832 芯片一个、单运放 OP07 芯片一个、开关八个、0.1μF 电容一个和 4.7kΩ 电阻八个。

通电后，通过开关 $S_0 \sim S_7$ 来模拟不同的八位二进制信号输入，测试输出电压 U_{OUT} 值，填入表 7-6 中，并与 U_{OUT} 计算值比较，以验证 DAC0832 的 D/A 转换性能。U_{OUT} 计算式如下：

$$U_{OUT} = -U_{REF} \times DATA/256 \tag{7-4}$$

表7-6　DAC0832芯片测试表

输入 $D_0 \sim D_7$								输出 U_{OUT}	
D_7	D_6	D_5	D_4	D_3	D_2	D_1	D_0	测试值	计算值
0	0	0	0	1	0	0	0		
0	0	0	1	0	0	0	0		
0	0	1	0	0	0	0	0		
0	1	0	0	0	0	0	0		
1	0	0	0	0	0	0	0		
1	1	1	1	1	1	1	1		

7.5.3　单片机控制 LED 发光电路的制作

1. 单片机控制 LED 发光电路

单片机实验电路如图 7-25 所示。这是一个发光二极管闪烁控制电路。单片机工作条件是：5V 供电、时钟振荡、复位，振荡频率为 12MHz，SB 为复位按钮。单片机芯片的 P1.0 引脚接一个发光二极管 VL，引脚低电平可点亮发光二极管，高电平时发光二极管 VL 熄灭，若 P1.0 引脚电平发生高、低变化，则发光二极管 VL 发生闪烁。

2. 实践操作内容

（1）硬件制作

在万能板上焊接图 7-25 所示电路。元器件清单：万能板一块、DIP40 插座一个、DIP40 封装的 51 单片机芯片一个、12MHz 晶振一个、30pF 瓷片电容两个、LED 一个、弹性按键一个、1kΩ 电阻一个、10kΩ 电阻一个和 22μF 电解电容一个。

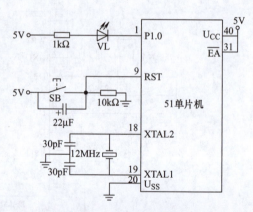

图 7-25　单片机实验电路

（2）软件设计

启动 Keil C51 软件，在该软件文本编辑窗口采用 C 语言编程，LED 闪烁控制的源程序如下：

```
//程序：ex1_1.c
//功能：LED 闪烁控制
#include <reg51.h>            //包含头文件 reg51.h，定义 51 单片机的专用寄存器
sbit  P1_0 = P1^0;            //定义位名称
void  delay (unsigned int i)  //延时函数
{
   unsigned int k;
   for (k = 0; k < i; k++);
}
void  main ()                 //主函数
{
```

```
    while (1)                    //while 循环语句，功能为无限循环
      {
        P1_ 0 =0;                //点亮 LED
        delay (12000);           //调用延时函数，实际参数为 12000
        P1_ 0 =1;                //熄灭 LED
        delay (12000);           //调用延时函数，实际参数为 12000
      }
 }
```

（3）源程序编译与下载

将 ex1_ 1.c 源程序编译后，生成十六进制代码文件 ex1_ 1.hex，编译过程参见单片机 C 语言编程教材。

将 ex1_ 1.hex 文件下载到单片机内部的程序存储器中。

将单片机芯片插到实验板的 DIP40 插座中，通电观察 LED 闪烁功能是否实现。

习 题

1. 4×4ROM 电路如图 7-26 所示，请将表 7-7 填写完整。

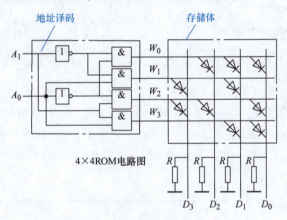

图 7-26 4×4ROM 电路

表 7-7 电路测试表

地 址		字 线				存储内容			
A_1	A_0	W_0	W_1	W_2	W_3	D_3	D_2	D_1	D_0
0	0								
0	1								
1	0								
1	1								

2. 四位 D/A 转换器电路如图 7-27 所示。试分析 $I_0 I_1 I_2 I_3$ 权电流之间的关系。

3. DAC0832 电路如图 7-28 所示，U_{REF} 为 -5V，当输入数字信号 $D_0 \sim D_7$ 在 00000000~11111111 范围内变化时，输出电压 $V_O = -(0 \sim 255)U_{REF}/256$。

1) 当输入数据为 11001101 时，求输出电压 U_O。

2) 当 U_{REF} 为 -10V、+10V 时，U_O 又为多少？

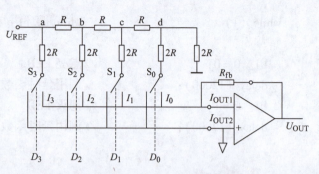

图 7-27 四位 D/A 转换器电路

4. 51 单片机控制蜂鸣器电路如图 7-29 所示，由于单片机 P/I 引脚输出电流较小，不能直接驱动蜂鸣器，可通过晶体管 9012 放大输出电流后驱动蜂鸣器。当 P1.0 为高电平时，晶体管截止，蜂鸣器无声；当 P1.0 为低电平时，晶体管导通，蜂鸣器发声。请采用 C 语言编程，使 P1.0 引脚输出频率为 2~5kHz 的方波信号，驱动蜂鸣器发声。

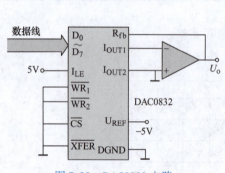

图 7-28 DAC0832 电路

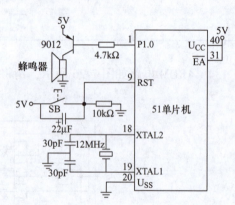

图 7-29 51 单片机控制蜂鸣器电路

自测题

一、填空题

1. 存储器有 RAM、ROM 和 FLASH 三大类，RAM 的中文含义是_____，ROM 的中文含义是_____，FLASH 的中文含义是_____。

2. ADC 的中文含义是_____，它是将_____转换为_____的器件。A/D 转换一般要经过_____、_____、_____及_____四个过程。

3. DAC 的中文含义是_____，它是把_____转变成_____的器件。

4. 单片微型计算机简称_____，它采用超大规模集成电路技术把具有数据处理能力的_____、_____、_____、_____、_____等功能集成到一块硅片上构成一个小而完善的微型计算机系统，通过_____实现芯片的应用。

二、选择题（单选）

1. 2114 芯片的存储容量为（　　）。

　　A. 1024×4 位　　　　B. 2048×4 位　　　　C. 512×4 位　　　　D. 256×4 位

2. 计算机中的内存通常是指（　　）。
   A. ROM　　　　　　B. RAM　　　　　　C. FLASH
3. 可以多次带电擦除的存储器芯片是（　　）。
   A. PROM　　　　　B. EPROM　　　　　C. EEPROM
4. 在存储器芯片中，通常有$\overline{WE}$脚，其功能是（　　）。
   A. 允许写入数据、低电平有效　　　　B. 允许写入数据、高电平有效
   C. 允许读出数据、低电平有效　　　　D. 允许读出数据、高电平有效
5. A/D 转换精度取决于采样频率和编码的二进制位数，（　　），转换精度最高。
   A. 采样频率高、编码位数少　　　　　B. 采样频率高、编码位数多
   C. 采样频率低、编码位数少　　　　　D. 采样频率低、编码位数多
6. PCF8591 芯片是（　　）转换芯片。
   A. A/D　　　　　　B. D/A　　　　　　C. A/D 和 D/A
7. 若 DAC0832 芯片的 8 脚接参考电压 –5.12V，则其输出电压的分辨力为（　　）。
   A. 10mV　　　　　B. 20mV　　　　　C. 50mV
8. 单片机依靠程序工作，用户事先将编好的程序写入到单片机的（　　）中。
   A. RAM　　　　　　B. ROM　　　　　　C. FLASH
9. 89C51 单片机芯片有（　　）双向 I/O 口。
   A. 四个　　　　　　B. 三个　　　　　　C. 两个
10. 写在单片机程序存储器中的程序是（　　）程序。
    A. C 语言　　　　　B. 汇编语言　　　　C. 机器语言

三、判断题（对的打"√"，错的打"×"）

1. ROM 中的数据可读可写。（　　）
2. 断电后，RAM 中的数据不会消失。（　　）
3. 断电后，FLASH 存储器中的数据会消失。（　　）
4. 在多芯片存储器中，$\overline{CS}$引脚的功能是芯片选择。（　　）
5. FLASH 最大的特点是，内部数据可以按字节（B）擦除。（　　）
6. ADC0801 芯片和 DAC0832 芯片的分辨力都是八位。（　　）
7. 5V 供电、时钟振荡及复位通常是单片机芯片的工作条件三要素。（　　）
8. 汇编语言是机器语言的汇编助记符。（　　）
9. 不同型号的单片机芯片，其汇编语言完全相同。（　　）
10. 单片机 C 语言由 C 语言继承而来，运行于单片机平台。（　　）

参 考 文 献

[1] 王静霞. 单片机应用技术：C 语言版 [M]. 4 版. 北京：电子工业出版社，2019.
[2] 胡汉章，叶香美. 数字电路分析与实践 [M]. 北京：中国电力出版社，2009.
[3] 李雄杰，翁正国. 电子产品设计 [M]. 北京：电子工业出版社，2017.